数学建模与数学实验

汪天飞 邹 进 张 军 主编

科学出版社

北 京

内 容 简 介

本书涵盖了数学建模所涉及的常用方法和内容，如初等数学模型、数学规划模型、线性代数模型、微分方程模型、层次分析法、图论方法和多元回归分析等，并对每种方法的原理、应用和程序实现都做了系统而全面的介绍．程序使用 MATLAB、LINDO、LINGO 等软件编写代码，实用性强．

全书共分为 10 章，按照由简单到复杂、由初级到高级的顺序组织课程内容．每个知识点都给出了具体的实例，注重对学生实践能力的培养，在解决问题的过程中适当引入相关的理论知识，使学生能够将学到的知识直接转化为解决问题的手段，有利于激发学生学习的积极性．

本书不仅注重建模方法训练、建模思维培养，更强调数学工具软件的应用．本书可作为高等师范院校或一般本科院校数学专业和非数学专业相关课程学习用书，也可作为数学建模竞赛的培训教材．

图书在版编目(CIP)数据

数学建模与数学实验/汪天飞，邹进，张军主编. —北京：科学出版社，2013

ISBN 978-7-03-037732-6

Ⅰ．①数…　Ⅱ．①汪…　②邹…　③张…　Ⅲ．①数学模型　②高等数学—实验　Ⅳ．①O141.4 ②O13-33

中国版本图书馆 CIP 数据核字（2013）第 120844 号

责任编辑：赵彦超 李静科 / 责任校对：彭立军
责任印制：徐晓晨 / 封面设计：陈 敬

科学出版社 出版
北京东黄城根北街 16 号
邮政编码：100717
http://www.sciencep.com

北京虎彩文化传播有限公司 印刷
科学出版社发行 各地新华书店经销
*
2013 年 6 月第 一 版　　开本：B5（720×1000）
2020 年 5 月第八次印刷　　印张：24 1/4
字数：473 000

定价：98.00 元
（如有印装质量问题，我社负责调换）

前　言

数学建模从 20 世纪 80 年代进入我国大学课堂至今，经过近 30 年的发展和一大批数学建模教育工作者的辛勤耕耘，其规模和影响力已今非昔比．它不仅在培养数学实践应用型人才方面发挥了积极作用，还有力地推动了大学数学教育改革．可以说数学建模已经成为各级各类学校的重要课程．

作为典型的普通高等师范院校，乐山师范学院从 1994 年起开设数学建模选修课程，1997 年建立数学实验室后又开设了数学实验课程．但是鉴于课时比较紧，上机实践的机会很少，学生感觉数学建模课很难、很抽象；上实验课时又只是机械地做实验，实验的理论背景难以讲解清楚，所以两门课程单独开设的效果并不好．2005 年开始，我们将两门课程合二为一，充分利用数学建模课程中的各种典型案例及时开展数学实验，这样既弥补了单独开设的缺点，又在一定程度上节省了课时，而且效果也非常好，学生的学习兴趣不断增强．通过 10 余年的摸索和建设，我校逐渐形成了以数学建模与数学实验主干课程为专业基础教学平台，建模协会、第二课堂为建模知识普及平台，校级建模竞赛为选拔平台，暑期集中培训为强化提高平台，参加全国建模竞赛、挑战杯为展示平台，校企合作为拓展平台，以培养数学实践与创新人才为主线的"六位一体"的全方位、多层次的人才培养体系和模式．"数学建模与数学实验"课程也于 2008 年被批准为省级精品课程．但是鉴于数学建模与数学实验，特别是数学建模竞赛包含的内容太多、面太广，教师不可能成为每个领域的专家，而这方面真正实用的教材又很少，所以长期以来教师不得不花费大量时间、精力去收集各种案例、素材，边学习边讲授．

虽然社会上关于数学建模的教材繁多，但真正符合高等师范院校学生特点和能力水平的教材几乎没有．因此在多年的教学和竞赛指导中，我们一直试图编写一本较好的教材，既能系统介绍数学建模的各种原理、方法、典型案例，又注重实验训练．

基于这一点，我们花费了 3 年时间，在查阅了大量数学建模和数学实验文献资料的基础上，结合自己多年的经验和思考，编写了本书．本书针对高等师范院校和普通本科院校的学生，强调"淡化理论，注重实践"，对涉及复杂数学理论的内容都进行了简化，侧重强调方法原理的使用；通过各种具有代表性的案例介绍，充分展示如何分析建模，同时如何利用各种数学软件对模型求解，最后对结果进行深入分析和拓展．因此本书注重的是建模能力和意识的培养，以及利用计算机工具求解的技能训练．本书在表现形式上能更直接地揭示数学知识和实际问题之间的联系；在内容设计上注重由简到难，逐层深入，每一部分都有简单直观的小问题，也有综合性较强的复杂案例；在描述上尽量做到通俗易懂，图文并茂.

本书是编者十余年从事数学建模教学和竞赛培训指导的经验总结，是在充分调查同类院校数学建模课程开展情况的基础上结合教学实际而编写的，符合数学建模实验课程的教学规律和学生的学习习惯，有很强的针对性和实用性，可以作为高等师范院校或普通本科院校数学专业和非数学专业相关课程教学用书，也可作为数学建模竞赛的培训教材.

全书共分 10 章，由汪天飞、邹进、张军担任主编. 具体分工为：第 1、4 章由邹进编写，第 2、3、5、6、7、10 章由汪天飞编写，第 8、9 章由张军编写，最后由汪天飞定稿.

本书是四川省精品课程"数学建模与数学实验"的配套建设教材，并被列为乐山师范学院重点资助建设项目，得到了教务处的大力支持. 在编写本书的过程中还得到了数学与信息科学学院许多老师的帮助，在此表示衷心的感谢！同时在编写过程中，编者参考了大量文献资料，有些案例素材源于或改编于这些文献书籍，在此向原著者表示衷心的感谢.

虽然编者倾注了大量心血，耗费了大量精力，但由于教材内容涉及面广，加之编者水平有限，书中难免存在一些不足之处，恳请读者多提宝贵意见.

编 者

2013 年 1 月

目　录

第 1 章 数学建模与数学实验概况

1.1 数学模型、数学建模与数学实验

在学习和生活中经常听到模型这个概念,如飞机模型、分子结构模型、人体模型、建筑物模型等. 按照这些模型的实用性和表现特点可以大致分为 3 类:一是用于观赏展示的实物模型,如玩具、飞机模型、火箭模型、售楼部的房屋模型等;二是用于科学研究的物理模型,如水箱中的舰艇、地震模拟装置等;三是具有一定抽象性的符号模型,如交通图、化学中的分子符号、物理中的电路图等. 其中前两类模型属于物质模型,而符号模型由于已经使用数学、物理符号表示一些实际的东西,所以体现了一定的抽象性. 数学模型不同于上述模型,在表现形式上更具抽象性,下面给出数学模型的定义.

数学模型是对于一个实际问题,为了一个特定目的,根据其内在规律,做出必要的简化假设,运用适当的数学工具,抽象简化出来的一个由数字、字母或其他数学符号组成的数学结构.

这里的数学结构一般指公式、函数、方程、算法、图表等数学表达式. 例如,圆的面积公式就是求解圆面积的数学模型,只要知道圆的半径,就可以确定圆的面积. 从这个意义上说,我们对数学模型并不陌生,很早就在接触.

那什么是数学建模呢?虽然说法上与数学模型接近,但是涵义还是不一样的. 它要求从实际错综复杂的关系中找出其内在规律,然后用数字、图表、符号和公式把它们表示出来,再经过数学方法与计算机的处理,得出供人们进行分析、决策、预报或者控制的定量结果. 这种将实际问题进行简化,归结为数学问题并求解的过程就称为建立数学模型,简称**数学建模**或建模. 简单地说,数学建模就是用数学的方法建立数学模型,解决实际问题的全过程.

数学实验与数学建模密切相关,通常有两层含义:一是利用计算机和数学软件对学习知识过程中的某些问题进行实验探究、发现规律;二是结合已掌握的数学知识,去探究、解决一些实际问题,从而熟悉建模、求解到实验分析的科学研究方法,并不断提高创新实践能力.

数学实验是计算机技术和数学软件引入教学后出现的新事物,并有如下特点和功能:

1) 有助于提高学生学习数学的兴趣、应用数学的意识,以及分析、解决问题的能力.

2）不同于物理、化学等自然科学实验，它只需要计算机和软件系统，不涉及其他设备和原材料．实验形式以程序编写和专业数学软件的应用为主，是一种抽象实验，可以重复执行，成本低廉．

3）数学实验能实现繁杂的科学计算，大大提高工作效率．

4）数学实验能把部分抽象的东西变得直观形象．例如，可以通过计算机绘制复杂函数的图形，从而辅助研究函数性质；可以通过近似方法计算曲边梯形的面积，从而加深对定积分概念的理解；也可以计算一个数列或级数的有限项，以观察数列或级数的收敛状况，等等．

5）数学实验可以进行探究性计算、模拟，有助于进行科学分析与研究．实际中很多问题通过理论分析是很难真正找到解决方法或全面解决方案的，通过实验可以发现、弥补理论分析的不足．

1.2 数学建模的基本方法与步骤

数学建模的方法大致有机理分析法、测试分析法和计算机仿真法．机理分析法要求分析事物的内在机理和规律，一般从基本物理定律以及系统的结构数据来推导模型．机理分析法包括以建立变量之间函数关系的比例分析法；以求解离散问题为主的代数法；以解决社会学和经济学等领域的决策、对策问题的逻辑法；以解决两个或两个以上变量之间的变化规律为主的微分方程建模法．测试分析法则是指从大量的观测数据中运用统计方法建立数学模型，常用的有多元回归分析法和时序分析法等．比较理想的是用机理分析法确定模型，然后用测试分析法估计参数．

建立数学模型、解决实际问题的过程因为题目不同、要求不同有较大区别，没有统一的模式．下面介绍一个简单的案例，说明数学建模的大致思路和步骤．

问题描述：甲、乙两地路程为 36 km，两地间的道路上下坡交替出现．某人骑自行车从甲地到乙地需 192 min，而从乙地到甲地可少用 24 min，已知下坡比上坡平均每小时多行 5 km，求上坡和下坡的速度分别是多少？

问题分析：

1）由于从甲地到乙地的道路上下坡交替出现，所以在实际行驶中也将上坡、下坡交替行驶，如图 1.1 所示．

图 1.1 甲到乙道路示意图

由于不清楚道路每段上下坡的长度、弧度、角度等具体情况，要想利用传统运动学规律分段直接计算是不可能的，而且在每一个上坡、下坡的速度也是有区别的，要想精确计算每时每刻的速度在这里显然不可能．根据题目信息，可以考虑适当简化问题.

2）转换思路，将上坡路、下坡路拼接在一起，如图 1.2 所示，且假定上坡、下坡速度是恒定的，即要求是平均速度.

图 1.2 拼接后甲乙道路示意图

3）设从甲地到乙地上坡路长为 y km，则下坡路长为 $(36-y)$ km，上坡速度为 x km/h，则下坡速度为 $(x+5)$ km/h.

4）根据以上信息，利用运动学规律可建立方程组模型

$$\begin{cases} \dfrac{y}{x}+\dfrac{36-y}{x+5}=\dfrac{16}{5} \\ \dfrac{36-y}{x}+\dfrac{y}{x+5}=\dfrac{14}{5} \end{cases}.$$

5）解上述方程组得两组解 $x=10$，$y=24$；$x=-3$，$y=444/25$．显然第二组解没有现实意义，从而上、下坡速度分别为 10 km/h、15 km/h.

6）进一步思考，当从甲地到乙地，再从乙地到甲地时，上、下坡的总和都是 36 km，而一个来回所用的时间恰好是 6 h，因而在上坡速度为 x km/h 的条件下，可建方程模型

$$\frac{36}{x}+\frac{36}{x+5}=6,$$

显然这个模型比前一个更简洁、合理.

上述案例只是一个简单的应用问题，而实际问题要复杂得多．但是其求解过程却已经反映了数学建模的基本思想和步骤，即根据建模目的和问题背景做出适当的简化假设（上、下坡速度恒定）；用数学的语言（各种字母、符号）描述问题中的变量；利用已知条件列出二元代数方程组，即数学模型；通过解方程组求出两组解；通过实践检验排除不合理的解；求得方程解，即上、下坡速度分别为 10 km/h，15 km/h；对模型进行改进.

一般地，数学建模的步骤大致描述如图 1.3 所示.

图 1.3　数学建模步骤示意图

1）模型准备：对于一个实际问题，先要弄清楚问题的背景和建模的目的，同时收集各种相关信息，如各种数据、对类似问题的研究等．

2）抽象简化：一个实际问题往往涉及的因素多、关系复杂且具有不确定性，因此在全面分析问题的基础上，要抓住主要矛盾，忽略次要因素，并做出必要的、合理的假设，以规范和简化问题；同时利用各种数学符号表示问题中的各种变量，这称为抽象，也就是用数学的语言描述问题．经过这一步骤，一个实际问题基本上转化成一个数学问题．

3）模型建立：运用适当的数学方法，如代数法、微分法、优化法、图论法、层次分析法、统计法等建立数学模型．

4）模型求解：运用相应的数学方法求解建立的模型，如代数方程的求解、微分方程的求解、图论算法的实现、统计模型参数的估计等．这里的求解包含两层含义：一是数学意义上的求解，一般能用数学方法推导、求出解析解的最好求出准确解；二是利用计算机和数学软件进行的数值求解或模拟，这样得到的解一般是近似解．实际中两种方式会兼顾使用．

5）分析检验：对求解出来的结果必须在实际中进行检验，看是否符合实际情况，还要做误差分析、稳定性分析等．如果吻合效果不好或误差太大，可能需要修改假设，重新建模．

6）实际应用：和实际吻合效果较好，稳定性、可靠性良好的模型可以在实际中加以应用，并根据实际情况不断改进、优化．

1.3　数学模型的分类

数学模型可以按照不同的方式分类，下面介绍常用的几种分类方式．

1）按照所用方法分类：如初等数学模型、几何模型、微分方程模型、图论模型、数学规划模型等．

2）按照应用领域分类：如人口模型、生态模型、交通流量模型、环境模型、城镇规划模型、水资源模型、污染模型、生物学数学模型、医学数学模型、地质学数学模型、气象学数学模型、经济学数学模型、社会学数学模型、物理学数学模型、化学数学模型、天文学数学模型、工程学数学模型等.

3）按照建模目的分类：如描述模型、分析模型、预报模型、决策模型、优化模型、控制模型等.

4）按照表现特点分类：数学模型按是否考虑随机因素的影响分为确定性模型和随机性模型，近年来随着数学的发展，又出现了突变性模型和模糊性模型；按是否考虑时间因素引起的变化分为静态模型和动态模型；按模型基本关系是否是线性分为线性模型和非线性模型，如函数、微分方程是否是线性的；按模型中的变量（主要是时间变量）为离散还是连续的可分为离散模型和连续模型.

虽然现实中大多数问题是随机性的、动态的、非线性的，但由于确定性、静态、线性模型更容易处理，因此建模时通常先考虑确定性、静态、线性模型. 连续模型便于利用微积分方法求解，可做理论分析，而离散模型更适合在计算机上做数值计算，所以用哪种模型要根据具体问题和个人习惯而定. 实际建模过程中，将连续模型离散化，或离散变量视为连续量都是经常采用的处理方法.

5）按照了解程度分类：可分为白箱模型、灰箱模型、黑箱模型. 白箱主要包括用力学、热学、电学等一些机理比较清楚的学科描述的现象以及相应的工程技术问题，这方面的模型大多已经基本确定，主要研究的是相关优化设计和控制等问题；灰箱主要指生态、气象、经济、交通等领域中机理尚不十分清楚的现象，在建立和改善模型方面还需要深入研究；黑箱主要指生命科学和社会科学等领域中一些机理还很不清楚的现象. 当然，白箱、灰箱、黑箱模型之间并没有明显的界限，随着科技的发展和人类认识世界能力的增强，黑箱必将逐渐变成白箱.

现实中，我们描述一个模型往往不是只表达一种属性，而是同时表述多重属性，如确定性线性模型、连续动态模型、非线性数学规划模型等.

1.4　数学建模课程的特点与学习方法

1. 数学建模课程的特点

1）包罗万象，信息量大. 数学建模课程是综合应用各种数学知识解决实际问题的课程，几乎涵盖了大学期间所有数学课程，如微积分、线性代数、微分方程、概率统计、计算方法、最优化理论、模糊数学、组合数学、图论等. 所以课程内容形式上比较散乱，不像数学分析、高等代数等专业基础课程那样具有连续性、承前启后性. 很多学生在学习过程中会感觉思维是跳跃的、离散的，可能一会儿在用微积分，一会儿又涉及图论算法，不如传统专业课程那样连贯，因此学习过程中要善于转换思维.

2）淡化理论，强调应用. 数学建模强调的是运用数学知识解决问题，而不关心这个方法的深层次的原理和理论基础，因此在学习过程中注重的是思维方式的培养和分析解决问题能力的培养，而不是具体掌握这个案例的解决过程．一般来说，首先运用适当的数学方法建模，然后利用计算机编程求解．

3）案例学习，启迪思维．这门课程涉及大量的数学建模案例，往往某一门数学专业课程或知识会引出一些典型案例，这些案例的解决过程并不重要，关键是解决问题的思维过程，即如何思考，如何巧妙地和数学联系．

4）没有对错，只有优劣．同一个实际问题，不同的人使用的方法、建立的模型及得到的结论可能千差万别，这不能说谁对谁错．评价模型好坏的唯一标准是实践检验，与实际吻合得好的模型说明其方法应用是恰当的，而且解决方法不在乎难易，能用简单的方法则尽量避免复杂方法．

5）以点带面，辐射性强．通过数学建模课程的学习，可以很好地培养学生分析解决问题的能力，有助于加强理论联系实际，这对于学生开展科学研究、毕业论文设计以及教学改革研究都有非常积极的辐射作用．

2. 数学建模课程学习方法

先学习别人做的案例，再进行改进，然后自己尝试解决一些实际问题．

第 2 章 MATLAB 基础

MATLAB 是 Matrix Laboratory（矩阵实验室）的缩写，是由美国 MathWorks 公司于 1984 年推出的一套科学计算软件，分为总包和若干工具箱，具有强大的矩阵计算和数据可视化能力. MATLAB 一方面可以实现数值分析、优化、统计、偏微分方程数值解、自动控制、信号处理、系统仿真等若干领域的数学计算，另一方面可以实现二维图形绘制、三维图形绘制、三维场景创建和渲染、科学计算可视化、图像处理、虚拟现实和地图制作等图形图像方面的处理.

同时，MATLAB 是一种解释式语言，简单易学，代码短小高效，计算功能强大，图形绘制和处理容易，可扩展性强. 其优势在于：

1）矩阵的数值运算、数值分析、模拟.

2）数据可视化、2D/3D 的绘图.

3）可以与 FORTRAN、C/C++进行数据链接.

4）几百个核心内部函数.

5）大量可选用的工具箱.

MATLAB 的版本较多，本书使用的是 7.1 版本，它包括 MATLAB 的各种工具箱，功能强大，适合于较高配置的计算机. 在各高等院校，MATLAB 已经成为大学生必须掌握的基本工具之一.

2.1 MATLAB 基本环境

1. MATLAB 的工作界面

MATLAB 的工作界面主要包括 6 部分：标题栏、菜单栏、工具栏、工作窗格、命令窗口以及历史记录窗格，如图 2.1 所示.

2. MATLAB 系统的启动

1）使用 Windows "开始" 菜单.

2）运行 MATLAB 系统启动程序.

3）双击 MATLAB 快捷方式图标.

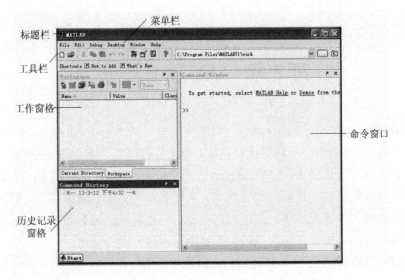

图 2.1　MATLAB 工作界面

3. MATLAB 系统的退出

1）在 MATLAB 主窗口中选择 File→Exit MATLAB 选项.

2）在 MATLAB 命令窗口输入 exit 或 quit 命令.

3）单击 MATLAB 主窗口的"关闭"按钮.

注：要执行一个命令，可以直接在命令窗口提示符下输入命令，其格式为

　　>>命令

也可以在程序窗口中建立 M 文件.

2.2　MATLAB 变量与函数

2.2.1　MATLAB 变量

1. 变量的命名规则

变量的命名规则如下：

1）变量名必须是不含空格的单个词.

2）变量名区分大小写.

3）变量名长度不超过 63 个字符（MATLAB 6.5 以前为 19 个字符）.

4）变量名必须以字母开头，之后可以是任意字母、数字或下划线，变量名中不允许使用标点符号.

2. 特殊变量

特殊变量见表 2.1.

表 2.1　特殊变量

特殊变量	取值
ans	用于结果的默认变量名
pi	圆周率
eps	计算机的最小数,当和 1 相加就产生一个比 1 大的数
flops	浮点运算数
inf	无穷大,如 1/0
NaN	不定量,如 0/0
i, j	$i = j = \sqrt{-1}$
nargin	所用函数的输入变量数目
nargout	所用函数的输出变量数目
realmin	最小可用正实数
realmax	最大可用正实数

2.2.2　数学运算符号及标点符号

1. 算术运算符

算术运算符见表 2.2.

表 2.2　算术运算符

算术运算符	功能
+	加法运算,适合于两个数或者两个同阶矩阵相加
−	减法运算,适合于两个数或者两个同阶矩阵相减
*	乘法运算,适合于两个数或者符合线性代数中矩阵乘法的两个矩阵相乘
.*	点乘运算,适合于两个同型矩阵对应分量相乘
/	除法运算,适合于两个数(除数非零)相除或者线性方程组中的右端向量除以系数矩阵
./	点除运算,适合于两个同型矩阵对应分量相除
^	乘幂运算,适合于计算矩阵的整数次方幂
.^	点乘幂运算,适合于两个同型矩阵进行对应分量的方幂计算
\	反斜杠左除运算,适合于除法运算中的除数与被除数交换位置进行运算

2. 关系运算符

关系运算符见表 2.3.

表 2.3　关系运算符

关系运算符	功能
<	小于
<=	小于或等于
>	大于
>=	大于或等于
==	等于
~=	不等于

3. 逻辑运算符

逻辑运算符见表 2.4.

表 2.4　逻辑运算符

逻辑运算符	功能
&	与
|	或
~	非

4. 标点符号

1）MATLAB 的每条命令后，若为逗号或无标点符号，则显示命令的结果；若命令后为分号，则禁止显示结果.

2）"%" 后面所有文字为注释.

3）"…" 表示续行.

各运算符的优先级见表 2.5.

表 2.5　各运算符的优先级

优先级别	运算符					
1	括号( )					
2	转置.'	共轭转置'	数组幂 .^	矩阵幂 ^		
3	代数正＋	代数负－	逻辑非~			
4	数组乘.*	数组除 ./	数组除 .\	矩阵乘 *	矩阵左除 \	矩阵右除 /
5	加＋	减－				
6	冒号 :					
7	小于<	大于>	等于==	不小于>=	不大于<=	不等于~=
8	数组与&					
9	数组或|					

2.2.3　基本数学函数

MATLAB 的内部函数是指包括基本初等函数在内的一些函数. 这些函数的使用需要给定自变量数据, 然后输入函数名、括号、自变量名并按 Enter 键, 便可得对应的函数值数据. 表 2.6 中列出了部分数学函数.

表 2.6　部分数学函数

函　数	名　　称	函　数	名　　称
$\sin(x)$	正弦函数	$\text{asin}(x)$	反正弦函数
$\cos(x)$	余弦函数	$\text{acos}(x)$	反余弦函数
$\tan(x)$	正切函数	$\text{atan}(x)$	反正切函数
$\text{abs}(x)$	绝对值	$\max(x)$	最大值
$\min(x)$	最小值	$\text{sum}(x)$	元素的总和
$\text{sqrt}(x)$	开平方	$\exp(x)$	以 e 为底的指数
$\log(x)$	自然对数	$\log_{10}(x)$	以 10 为底的对数
$\text{sign}(x)$	符号函数	$\text{fix}(x)$	取整

注: 这些基本函数是 MATLAB 提供的内部函数, 可以直接在命令提示符下或程序编辑器中调用.

例 2.1　函数 $\sin(x)$ 和 $\min(x)$ 示例.

```
>> sin(pi/2)
ans =
    1
>> min([3,2,6,8])        %求数组[3,2,6,8]的最小元素
ans =
      2
```

2.2.4　M 文件的编辑与建立

在 MATLAB 中定义外部函数或编写程序时需要建立 M 文件. 可以直接单击工具栏中空白页图标, 新建一个 M 文件; 也可以选择 File→New→M-file 选项, 新建文件, 然后在命令窗口中输入程序内容, 最后选择 File 菜单中的 Save 命令存盘. M 文件有两类: 命令文件和函数文件, 它们都可被别的 M 文件调用.

1. 自定义函数

MATLAB 的内部函数是有限的, 有时为了研究某一个函数的各种形态, 需要定义新的函数, 为此必须编写函数文件. 其格式为

```
function  因变量名=函数名(自变量名)
```

函数值的获得必须通过具体的运算实现，并赋给因变量.

例2.2　在 MATLAB 中定义二元函数示例.

建立文件 fun.m：

```
function y=fun(a,b)
if b>0
    y=exp(a)+log(b);
end
```

注：函数名必须跟文件名一致，且与主程序必须在同一目录下.

2. 命令文件（MATLAB 程序）

例2.3　在 MATLAB 中定义二元函数示例.

```
>> syms x y
>> f=2^x+sin(y)
    f=
    2^x+sin(y)
```

2.3　数组与矩阵及其运算

2.3.1　数组

1. 数组的创建

根据不同的要求，数组的创建有多种方式.

（1）直接从键盘输入

```
>>a=[1 4 6 2 6 7]           %数组要用[]括起来,元素之间可以是空格或","
    a=
      1    4    6    2    6    7
```

（2）用函数生成数组

常用的用于生成数组的函数（如":"，linspace，logspace 等）及其格式如下：

```
x=first:last
%创建从 first 开始,步长为 1,到 last 结束的数组
x=first:increment:last
%创建从 first 开始,步长为 increment,last 结束的数组
x=linspace(first,last,n)
%利用线性等分指令生成向量
x=logspace(first,last,n)
```

```
%利用对数等分指令生成向量
x=rand(1,n)
%产生 0 到 1(不包括 1)的 n 个随机数
```

例 2.4　函数生成数组示例.

```
>> b=-1:2:10
b=
    -1     1     3     5     7     9
>> linspace(1,10,5)
ans=
    1.0000   3.2500   5.5000   7.7500   10.0000
```

注：若数组是行方向分布的，称为行向量. 若数组是列方向分布的，则称为列向量，它的数组操作和运算与行向量是一样的，唯一的区别是结果以列形式显示. 列向量可以由行向量转置产生，例如，a=[1,3,5,7]; b=a'即表示列向量. 也可以用 b=[1;3;5;7]直接输入. 这里以空格或逗号分隔的元素指定的是不同列的元素，而以分号分隔的元素指定了不同行的元素.

2. 数组的访问

（1）单个元素的访问

例 2.5　数组单个元素访问示例.

```
>> x=[2 5 7 3 6 6 3 8];
>> x(3)                    % x(i)表示访问数组 x 的第 i 个元素
   ans=
       7
```

（2）访问一块元素

例 2.6　数组块元素访问示例.

```
>> x(2:2:6)
%x(a:b:c)表示访问数组 x 的从第 a 个元素开始,以步长为 b,到第 c 个元素间的所
有元素,其中 b 可以为负数,b 省略时为 1
ans =
    5     3     6
```

3. 数组的运算

（1）标量-数组运算

数组对标量的加、减、乘、除、乘方是数组的每个元素对该标量施加相应的

加、减、乘、除、乘方运算.

设 $a=[a_1, a_2, \cdots, a_n]$，$c=$标量，则

$$a+c=[a_1+c, a_2+c, \cdots, a_n+c]$$
$$a.*c=[a_1*c, a_2*c, \cdots, a_n*c]$$
$$a./c=[a_1/c, a_2/c, \cdots, a_n/c] \text{（右除）}$$
$$a.\backslash c=[c/a_1, c/a_2, \cdots, c/a_n] \text{（左除）}$$
$$a.\char`\^ c=[a_1\char`\^ c, a_2\char`\^ c, \cdots, a_n\char`\^ c]$$
$$c.\char`\^ a=[c\char`\^ a_1, c\char`\^ a_2, \cdots, c\char`\^ a_n]$$

（2）数组-数组运算

当两个数组有相同维数时，加、减、乘、除、幂运算可按元素对元素方式进行，不同大小或维数的数组是不能进行运算的.

设 $a=[a_1, a_2, \cdots, a_n]$，$b=[b_1, b_2, \cdots, b_n]$，则

$$a+b=[a_1+b_1, a_2+b_2, \cdots, a_n+b_n]$$
$$a.*b=[a_1*b_1, a_2*b_2, \cdots, a_n*b_n]$$
$$a./b=[a_1/b_1, a_2/b_2, \cdots, a_n/b_n]$$
$$a.\backslash b=[b_1/a_1, b_2/a_2, \cdots, b_n/a_n]$$
$$a.\char`\^ b=[a_1\char`\^ b_1, a_2\char`\^ b_2, \cdots, a_n\char`\^ b_n]$$

例 2.7　数组-数组运算示例.

```
a=[1,2,1,2,4];
b=[3,2,5,7,3];
c1=a+b
c2=a-b
c3=a.*b
c4=a./b
c5=a.^2
```

输出结果：

```
c1=
    4      4      6      9      7
c2=
   -2      0     -4     -5      1
c3=
    3      4      5     14     12
c4=
    0.3333    1.0000    0.2000    0.2857    1.3333
c5=
    1      4      1      4     16
```

2.3.2　矩阵

计算函数值须输入自变量数据，计算机程序也必须在数据集合上才能运行，所以初始数据的输入十分必要．在计算机程序设计中人们习惯将矩阵称为二维数组，将向量称为一维数组．向量本质上是一类特殊的矩阵，矩阵可以分解为一系列行向量或列向量，有限个同维行（列）向量也可以构成一个矩阵．

1.　矩阵的创建

（1）直接输入矩阵

```
>> A=[3,5,6;2,5,8;3,5,9;3,7,9]
```

元素与元素之间用逗号或空格隔开，当一行输入结束时输入分号续行或者按 Enter 键继续输入．

（2）特殊矩阵的生成

```
a=[ ]
%产生一个空矩阵,当对一项操作无结果时,返回空矩阵,空矩阵的大小为零
b=zeros(m,n)              %产生一个 m 行、n 列的零矩阵
c=ones(m,n)              %产生一个 m 行、n 列的元素全为 1 的矩阵
d=eye(m,n)               %产生一个 m 行、n 列的单位矩阵
e=diag([a1 a2 … an])     %产生对角线元素为 a1,a2,…,an 的对角形矩阵
f=magic(n)               %产生 n 阶魔方矩阵
g=randint(m,n,p);        %产生一个 m 行、n 列的元素都小于 p 的整随机矩阵
```

例 2.8　特殊矩阵生成示例．

```
>> A=randint(3,3,10)    %产生一个 3 阶,元素全介于 0~10 的整随机矩阵 A
A=
     8     2     0
     6     6     0
     2     5     2
>> B=diag(diag(A))    %B 的对角线元素跟 A 的对角线元素相同,其余元素为 0
B=
     8     0     0
     0     6     0
     0     0     2
```

2.　矩阵及其元素的调用

矩阵 A 的第 r 行：$A(r,:)$．

矩阵 A 的第 r 列：$A(:,r)$.

依次提取矩阵 A 的每一列，将 A 拉伸为一个列向量：$A(:)$.

取矩阵 A 的第 $i_1 \sim i_2$ 行、第 $j_1 \sim j_2$ 列构成新矩阵：$A(i_1:i_2, j_1:j_2)$.

以逆序提取矩阵 A 的第 $i_1 \sim i_2$ 行，构成新矩阵：$A(i_2:-1:i_1,:)$.

以逆序提取矩阵 A 的第 $j_1 \sim j_2$ 列，构成新矩阵：$A(:,j_2:-1:j_1)$.

删除 A 的第 $i_1 \sim i_2$ 行，构成新矩阵：$A(i_1:i_2,:)=[\ ]$.

删除 A 的第 $j_1 \sim j_2$ 列，构成新矩阵：$A(:,j_1:j_2)=[\ ]$.

将矩阵 A 和 B 拼接成新矩阵：$[A \quad B]$；$[A;\ B]$.

3. 矩阵的运算

（1）基本运算

矩阵的基本运算如下：

$A+B$——加法；

$k*A$——数乘矩阵；

A'——A 的转置；

$A\verb|^|n$——A 的 n 次幂；

A/B——A 右除 B；

$B\backslash A$——A 左除 B.

例 2.9　设 $A=\begin{pmatrix} 1 & 2 \\ 5 & 3 \end{pmatrix}$，$B=\begin{pmatrix} 2 & -1 \\ -2 & 0 \end{pmatrix}$，试求 $A+2B$，$A*B$，$B*A$，A^3.

```
>> A=[1,2;5,3];B=[2,-1;-2,0];
>> C=B*2;
>> M=A+C
M=
     5     0
     1     3
>> N=A*B
N=
    -2    -1
     4    -5
>> N1=B*A
N1=
    -3     1
    -2    -4
>> D=A^3
D=
    51    46
```

　　　115　　97

（2）矩阵函数

常用的矩阵函数如下：

inv(A)——A 的逆矩阵；

poly(A)——A 的特征多项式；

cond(A)——A 的条件数；

det(A)——A 的行列式；

eig(A)——A 的特征值；

norm(A,1)——A 的 1 范数；

norm(A)——A 的 2 范数（系统默认省略时为二范数）；

rank(A)——A 的秩；

trace(A)——A 的迹数；

size(A)——A 的阶.

例 2.10　求矩阵 $A=\begin{pmatrix} 2 & 4 & 7 \\ 5 & 2 & 3 \\ 3 & 6 & 1 \end{pmatrix}$ 的行列式、秩及逆矩阵.

解　在 MATLAB 中新建 M 文件，输入程序：

```
A=[2,4,7;5,2,3;3,6,1];
d=det(A)
r=rank(A)
i=inv(A)

d=
   152
r=
    3
i=
  -0.1053    0.2500   -0.0132
   0.0263   -0.1250    0.1908
   0.1579         0   -0.1053
```

2.4　数据的输入/输出

1. 输入单个参数的 input( )函数

用键盘输入数据，则可以使用 input( )函数，该函数的调用格式为

```
A=input(提示信息,选项);
```

其中,提示信息为一个字符串,用于提示用户输入什么样的数据.

如果在 input( )函数调用时采用 's' 选项,则允许用户输入一个字符串. 例如,想输入一个人的姓名,可采用命令:

```
xm=input('What''s your name?','s');
```

2. 小型矩阵的输入

小型矩阵的输入与直接输入生成矩阵相同.

3. 导入数据文件

MATLAB 的数值计算功能强大,对一些基本格式的软件也有一定的接口函数,因而可以方便地输入/输出数据. 下面介绍几个常用的输入/输出函数:

save:可以保存计算的结果,以.mat 格式保存,但其只能在 MATLAB 中可见,优点是把所有的结果都保存到一个 .mat 文件中.

load:读取.mat 格式的文件.

imread:读取图像的数据,即把一个图片以数据的格式读取,然后可方便进行图像处理.

dlmwriter:可以把数据写为.txt 格式的数据,并且数与数之间的间隔符号可以自己定义,如空格、逗号等.

dlmread:读取.txt 格式的文件.

xlswrite:把数据直接写到 Excel 文件中.

xlsread:可以从 Excel 文件中读数据.

4. 数据的输出

MATLAB 提供的命令窗口输出函数主要为 disp( )函数,其调用格式为

```
disp(输出项)
```

其中,输出项既可以为字符串,也可以为矩阵.

例 2.11 数据的输出示例.

1)输入 x, y 的值,并将它们的值互换后输出.

```
x=3;
y=5;
z=x;
x=y;
```

```
y=z;
disp(x);
disp(y);
```

输出结果:

```
5
3
```

2)求一元二次方程 $ax^2+bx+c=0$ 的根.

```
a=1;
b=5;
c=2;
d=b*b-4*a*c;
x=[(-b+sqrt(d))/(2*a),(-b-sqrt(d))/(2*a)];
disp(['x1=',num2str(x(1)),',x2=',num2str(x(2))]);
```

输出结果:

```
x1=-0.43845,x2=-4.5616
```

2.5 MATLAB 中的微积分运算

2.5.1 导数

diff(f)——函数 f 对符号变量 x 或字母表上最接近字母 x 的符号变量求导数;
diff(f, t)——函数 f 对符号变量 t 求导数.
(1)用 diff(f)求导数
例 2.12 函数求导数示例.

```
>>syms a b t x y
>>f=sin(a*x*y)+cos(b*t/y);
>>g=diff(f)
>>gg=diff(f,t)                    %可以看作二元函数求偏导数
```

输出结果:

```
g=
   cos(a*x*y)*a*y
gg=
    -sin(b*t/y)*b/y
```

（2）用 diff(*f*, 2)求二阶导数

例 2.13   函数求高阶导数示例.

```
>>syms a b t x y
>>f=sin(a*x*t*y)+cos(b*t*x^2)-2*x*t^3/y;
>>diff(f,2)
>>diff(f,t,2)
```

输出结果：

```
ans =
    -sin(a*x*t*y)*a^2*t^2*y^2-4*cos(b*t*x^2)*b^2*t^2*x^2-2*
    sin(b*t*x^2)*b*t
 ans =
     -sin(a*x*t*y)*a^2*x^2*y^2-cos(b*t*x^2)*b^2*x^4-12*x*t/y
```

注：当微分运算作用于符号矩阵时，作用于矩阵的每个元素.

例 2.14   符号矩阵求导数示例.

```
>>syms a x
>> a=[sin(a*x),cos(a*x);-cos(a*x),-sin(a*x)]
>> dy=diff(a)
```

输出结果：

```
 a =
    [  sin(a*x),cos(a*x)]
    [ -cos(a*x),-sin(a*x)]
 dy =
    [  cos(a*x)*a,-sin(a*x)*a]
    [  sin(a*x)*a,-cos(a*x)*a]
```

2.5.2 积分

int(*f*)——函数 *f* 对符号变量 *x* 或接近字母 *x* 的符号变量求不定积分；

int(*f*, *t*)——函数 *f* 对符号变量 *t* 求不定积分；

int(*f*, *a*, *b*)——函数 *f* 对符号变量 *x* 或接近字母 *x* 的符号变量求从 *a* 到 *b* 的定积分；

int(*f*, *t*, *a*, *b*)——函数 *f* 对符号变量 *t* 求从 *a* 到 *b* 的定积分.

例 2.15   函数积分示例.

```
>>syms a x
>>f=sin(a*x)
```

```
>>g=int(f)
>>gg=int(f,a)
```

输出结果：

```
f=
    sin(a*x)
g=
    -1/a*cos(a*x)
gg=
    -1/x*cos(a*x)
```

例 2.16　函数定积分示例.

```
>>syms a x
>>f=sin(a*x)
>>g=int(f,0,pi)
```

输出结果：

```
f=
    sin(a*x)
g=
    -(cos(pi*a)-1)/a
```

注：当不定积分无解析表达式时，可用 double( ) 计算其定积分的数值解.

例 2.17　定积分数值求解示例.

```
>>sym x
>>f=exp(-x^2)
>>g=int(f)
>>gg=int(f,0,1)
>>a=double(gg)
```

输出结果：

```
ans=
    x
f=
    exp(-x^2)
g=
    1/2*pi^(1/2)*erf(x)
gg=
    1/2*erf(1)*pi^(1/2)
```

```
a=
    0.7468
```

2.5.3 极限

limit(f)——当符号变量 x（或最接近字母 x 的符号变量）$\to 0$ 时，函数 f 的极限；

limit(f, t, a)——当符号变量 $t \to a$ 时，函数 f 的极限.

例 2.18 求解函数极限示例.

```
>>syms x t a
>>f=sin(x)/x
>>g=limit(f)
>>limit((cos(x+a)-cos(x))/a,a,0)
>>limit((1+x/t)^t,t,inf)
```

输出结果:

```
f=
    sin(x)/x
g=
    1
ans=
    -sin(x)
ans=
    exp(x)
```

例 2.19 左、右极限的求法.

```
>>sym x
>>limit(1/x)
>>limit(1/x,x,0,'left')
>>limit(1/x,x,0,'right')
```

输出结果:

```
ans=
    x
ans=
    NaN
ans=
    -Inf
ans=
    Inf
```

2.5.4　级数和

symsum(*s*, *t*, *a*, *b*)——*s* 中的符号变量 *t* 从 *a* 到 *b* 的级数和（*t* 省略时设定为 *x* 或最接近 *x* 的字母）.

例 2.20　级数和示例.

```
>>syms x k
>>symsum(1/x,1,3)
```

输出结果：

```
ans=
    11/6
>>s1=symsum(1/x^2,1,inf)
>>s2=symsum(x^k,k,0,inf)
```

输出结果：

```
s1=
    1/6*pi^2
s2=
    -1/(x-1)
```

2.5.5　泰勒多项式

taylor(*f*, *n*, *a*)——函数 *f* 对符号变量 *x*（或最接近字母 *x* 的符号变量）在 *a* 点的 *n*−1 阶泰勒多项式（*n* 省略时值为 6，*a* 省略时值为 0）.

例 2.21　泰勒多项式示例.

```
>>taylor(sin(x))
```

输出结果：

```
ans=
    x-1/6*x^3+1/120*x^5
```

```
>>f=log(x)
>>s=taylor(f,4,2)
```

输出结果：

```
f=
    log(x)
s=
    log(2)+1/2*x-1-1/8*(x-2)^2+1/24*(x-2)^3
```

2.6　MATLAB 图形功能

　　强大的绘图功能是 MATLAB 的特点之一. MATLAB 提供了一系列的绘图函数, 用户不需要过多地考虑绘图的细节, 只需要给出一些基本参数就能得到所需图形, 这类函数称为高层绘图函数. 此外, MATLAB 还提供了直接对图形句柄进行操作的低层绘图操作. 这类操作将图形的每个图形元素（如坐标轴、曲线、文字等）看作一个独立的对象, 系统给每个对象分配一个句柄, 可以通过句柄对该图形元素进行操作, 而不影响其他部分.

2.6.1　二维图形的绘制

1. 散点图的绘制

　　在 MATLAB 中, 最基本而且应用最为广泛的绘图函数为 plot( ), 利用它可以在二维平面上绘制出不同的曲线.

　　plot( )函数的基本用法: plot( )函数用于绘制二维平面上的线性坐标曲线图, 要提供一组 x 坐标和对应的 y 坐标, 可以绘制分别以 x 和 y 为横、纵坐标的二维曲线.

　　plot( )函数的基本调用格式有以下几种.

　　1) plot(X, Y): 此格式绘制出以 $X=[x_1, x_2, \cdots, x_n]$ 为横坐标, 以 $Y=[y_1, y_2, \cdots, y_n]$ 为纵坐标的平面上点的连线图.

　　2) plot(Y): 此格式绘出以 $Y=[y_1, y_2, \cdots, y_n]$ 为纵坐标, 以 $X=[1, 2, \cdots, n]$ 为横坐标的二维图形.

　　3) plot($X1, Y1, X2, Y2$): 此格式同时绘出两个函数表$(X1, Y1)$及$(X2, Y2)$所描述的图形.

　　4) plot($x, y, 's'$): 此格式中的选项 s 可以控制图形的颜色及图形的线（或点）方式（在后文详细列出）.

　　例 2.22　在区间$[0, 2\pi]$, 绘制曲线.

在命令窗口中输入以下命令:

```
>> x=0:pi/100:2*pi;
>> y=2*exp(-0.5*x).*sin(2*pi*x);
>> plot(x,y)
```

绘制出的曲线如图 2.2 所示.

图 2.2　曲线

注：指数函数和正弦函数之间要用点乘运算，因为二者是向量．

2. 符号函数的图形绘制

如果给定了函数的显式表达式，可以先设置自变量向量，然后根据表达式计算函数向量，从而用 plot( )等函数绘制出图形．但是当函数采用隐函数形式时，多数情况很难利用上述方法绘制图形．MATLAB 提供了 ezplot( )函数，用于绘制隐函数图形，当然它也可以绘制一般显函数的图形．其用法如下。

1）对于函数 $f=f(x)$，ezplot( )函数的调用格式为

```
ezplot('f(x)',[a,b])     %表示在 a<x<b 绘制显函数 f=f(x)的函数图
```

2）对于隐函数 $f=f(x, y)$，ezplot( )函数的调用格式为

```
ezplot('f(x,y)',[xmin,xmax,ymin,ymax])
%表示在区间 xmin<x<xmax 和 ymin<y<ymax 绘制隐函数 f(x,y)=0 的函数图
```

3）对于参数方程 $x=x(t)$，$y=y(t)$，ezplot( )函数的调用格式为

```
ezplot('x(t)','y(t)',[tmin,tmax])
%表示在区间 tmin<t<tmax 绘制参数方程 x=x(t),y=y(t)的函数图
```

例 2.23　符号函数绘图举例．
MATLAB 程序代码如下：

```
subplot(2,2,1);          %subplot()函数将在后文进行介绍
ezplot('x^2+y^2-9');axis equal;
subplot(2,2,2);
```

```
ezplot('x^3+y^3-5*x*y+1/5')
subplot(2,2,3);
ezplot('cos(tan(pi*x))',[0,1]);
subplot(2,2,4);
ezplot('8*cos(t)','4*sqrt(2)*sin(t)',[0,2*pi]);
```

绘制出的图形如图 2.3 所示.

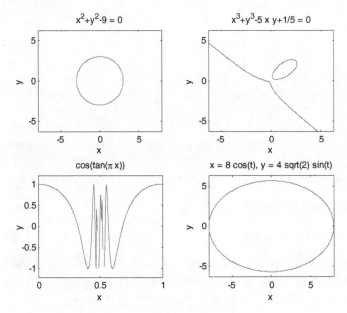

图 2.3　常见符号函数曲线

其他符号函数绘图命令还有 ezpolar( ), ezcontour( ), ezplot3( ), ezmesh( ), ezmeshc( ), ezsurf( ), ezsurfc( )等.

3. 绘图控制与图形标注

（1）曲线的色彩、线型、数据点形

通过在 plot( )函数中添加样式控制参数,就可以改变所绘制图形的色彩、线型、数据点形,制作出样式丰富的各种图形. 表 2.7～表 2.9 给出了常用样式控制参数设置值的含义.

表 2.7　颜色控制

字符	颜色	字符	颜色
b	蓝色	m	紫红色
c	青色	r	红色

续表

字符	颜色	字符	颜色
g	绿色	w	白色
k	黑色	y	黄色

表 2.8　线型控制

符号	线型	符号	线型
-	实线（默认）	:	点连线
-.	点划线	--	虚线

表 2.9　数据点标记符

控制符	标记	控制符	标记
.	点	h	六角形
+	十字号	p	五角星
*	星号	v	下三角
o（字母）	圆圈	^	上三角
x	叉号	>	右三角
s	正方形	<	左三角
d	菱形		

（2）绘制图形的辅助操作

绘制完图形以后，可能还需要对图形进行一些辅助操作，以使图形意义更加明确，可读性更强.

1）坐标轴的调整. 在绘制图形时，MATLAB 可以自动根据要绘制曲线数据的范围选择合适的坐标刻度，使得曲线能够尽可能清晰地显示出来. 所以，一般情况下用户不必选择坐标轴的刻度范围. 但是，如果用户对坐标不满意，可以利用 axis( )函数对其重新设定. 其调用格式为

　　　　axis([Xmin,Xmax,Ymin,Ymax]),axis('控制字符串')

axis 控制符见表 2.10.

表 2.10　axis 控制符

字符串	功能
auto	自动设置坐标系
square	将图形设为正方形
equal	x、y 坐标轴的单位长度相同

字符串	功能
normal	关闭 axis(square)和 axis(equal)函数的作用
xy	使用笛卡儿坐标系
ij	matrix 坐标系（原点在左上方，x 向右，y 向下）
on	打开所有轴标记和背景
off	关闭所有轴标记和背景

对图形坐标轴的刻度进行标示：

```
set(gca,'xtick',标示向量)
set(gca,'ytick',标示向量)
```

2）文字标示. 在绘制图形时，可以对图形附加一些说明，如图形的名称、坐标轴以及图形某一部分的含义等，这些操作称为添加图形标注. 有关图形标注函数的调用格式为

```
title('字符串')        %图形标题
xlabel('字符串')       %x 轴标注
ylabel('字符串')       %y 轴标注
text(x,y,'字符串')     %在坐标(x,y)处标注
gtext('字符串')        %用光标在指定处标注
```

3）图例注解. 格式为

```
legend('字符串 1','字符串 2',…,参数)
```

图例参数的含义见表 2.11.

表 2.11　图例参数的含义

参数	含义
0	尽量不与数据冲突，自动放置在最佳位置
1	放置在图形右上角（默认）
2	放置在图形左上角
3	放置在图形左下角
4	放置在图形右下角
−1	放置在图形视窗外右边

4）图形保持.
hold——保持当前图形；
hold on——保持当前图形及轴系的所有特性；

hold off——解除 hold on.

5）网格控制.

grid on——添加网格线；

grid off——去掉网格线.

6）图形窗口分割.

subplot(*mnp*)或 subplot(*m*, *n*, *p*)——将图形窗口分割成 $m \times n$ 个图形区域, *p* 代表目前的区域号.

7）图形的填充.

格式为

```
fill(x,y,'color').
```

2.6.2　三维图形的绘制

1. 空间曲线

最基本的三维图形函数为 plot3( )，它将二维绘图函数 plot( )的有关功能扩展到三维空间，可以用来绘制三维曲线. 其调用格式为

```
plot3(x1,y1,z1,'参数 1',x2,y2,z2,'参数 2',…)
```

说明　1）若 *x*, *y*, *z* 是同样长度的矢量，则绘制出一条在三维空间贯穿的曲线；

2）若 *x*, *y*, *z* 是 $m \times n$ 阶的矩阵，则绘制出 *m* 条三维空间曲线.

例 2.24　绘制空间曲线，该曲线对应的参数方程为 $\begin{cases} x = 8\cos t \\ y = 4\sqrt{2}\sin t, \ 0 \leqslant t \leqslant 2\pi \\ z = -4\sqrt{2}\sin t \end{cases}$.

MATLAB 程序代码如下：

```
t=0:pi/50:2*pi;
x=8*cos(t);
y=4*sqrt(2)*sin(t);
z=-4*sqrt(2)*sin(t);
plot3(x,y,z,'p');
title('Line in 3-D Space');
text(0,0,0,'origin');
xlabel('X');ylabel('Y');zlabel('Z');grid;
```

绘制出的图形如图 2.4 所示.

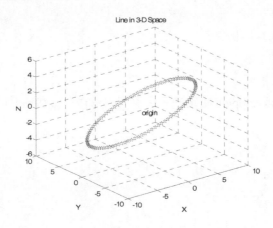

图 2.4   三维曲线图

2. 带网格的曲面

三维曲面图形函数见表 2.12.

表 2.12   三维曲面图形函数

函数名称	命令格式	说明
三维网格曲面	$\text{mesh}(x, y, z, c)$ $\text{mesh}(x, y, z)$ $\text{mesh}(z, c)$; $\text{mesh}(z)$	
带等高线的三维 网格曲面	$\text{meshc}(x, y, z, c)$ $\text{meshc}(x, y, z)$ $\text{meshc}(z, c)$; $\text{meshc}(z)$	绘制有等高线（xoy 面）的三维网格曲面
带底座的三维网 格曲面	$\text{meshz}(x, y, z, c)$ $\text{meshz}(x, y, z)$ $\text{meshz}(z, c)$; $\text{meshz}(z)$	绘制带有底座（在 xoy 面）的三维网格曲面
填充颜色三维网 格曲面	$\text{surf}(x, y, z, c)$ $\text{surf}(x, y, z)$ $\text{surf}(z, c)$; $\text{surf}(z)$	

一般情况下，x，y，z 是维数相同的矩阵，x，y 是网格坐标矩阵，z 是网格点上的高度矩阵，c 用于指定在不同高度下的颜色范围. c 省略时，MATLAB 认为 $c=z$，即颜色的设定是正比于图形的高度的. 这样就可以得到层次分明的三维图形. 当 x，y 省略时，把 z 矩阵的列下标当作 x 轴的坐标，把 z 矩阵的行下标当作

y 轴的坐标, 然后绘制三维图形. 当 x, y 是向量时, 要求 x 的长度必须等于 z 矩阵的列, y 的长度必须等于 z 矩阵的行, x, y 向量元素的组合构成网格点的 x, y 坐标, z 坐标则取自 z 矩阵, 然后绘制三维曲线.

例 2.25　为了便于分析三维曲面的各种特征, 下面采用 3 种不同形式来绘制三维曲面.

MATLAB 程序代码如下:

```
%program 1
x=0:0.1:2*pi;
[x,y]=meshgrid(x);
z=sin(y).*cos(x);
subplot(311),mesh(x,y,z);
xlabel('x-axis'),ylabel('y-axis'),zlabel('z-axis');
title('mesh');
%program 2
x=0:0.1:2*pi;
[x,y]=meshgrid(x);
z=sin(y).*cos(x);
subplot(312),surf(x,y,z);
xlabel('x-axis'),ylabel('y-axis'),zlabel('z-axis');
title('surf');
%program 3
x=0:0.1:2*pi;
[x,y]=meshgrid(x);
z=sin(y).*cos(x);
subplot(313),plot3(x,y,z);
xlabel('x-axis'),ylabel('y-axis'),zlabel('z-axis');
title('plot3-1');grid;
```

程序执行结果如图 2.5 所示. 从图中可以发现, 网格图 (mesh) 中线条有颜色, 线条间补面无颜色. 曲面图 (surf) 的线条都是黑色的, 线条间补面有颜色. 进一步观察, 曲面图补面颜色和网格图线条颜色都是沿 z 轴变化的. 用 plot3( ) 绘制的三维曲面 (plot3-1) 实际上由三维曲线组合而成. 可以分析 plot(x', y', z') 所绘制的曲面的特征.

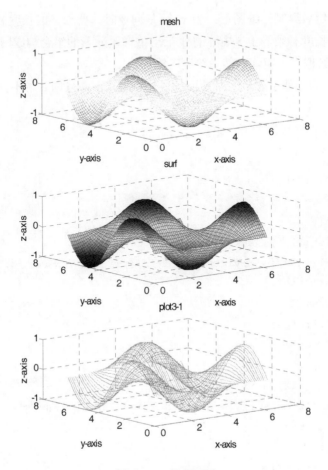

图 2.5   三维曲面图

3. 等高线

contour(x, y, z, n)——(x, y)是平面 $z=0$ 上点的坐标矩阵，二维函数 z 为相应点的高度值矩阵，等高曲线是一个平面的曲线，n 是等高线条数.

contour(Z, n)——绘制 n 条等高线；

C=contourc(Z, n)——计算 n 条等高线的坐标；

clable(C)——给等高线加标注.

例 2.26   绘制双峰函数的等高线.

```
>> contour(peaks,10);
C=contourc(peaks,10);
clabel(C)
```

绘制出的图形如图 2.6 所示．

图 2.6　等高线

4. 特殊图形绘制

（1）特殊的二维图形函数

1）极坐标图：polar(theta, rho, *s*)．

其中，用角度 theta（用弧度表示）和极半径 rho 做极坐标图，用 *s* 指定线型．

例 2.27　用 polar( )函数绘制特殊二维图形示例．

MATLAB 程序代码如下：

```
theta=linspace(0,2*pi);
r=cos(4*theta);
polar(theta,r);
```

绘制出的图形如图 2.7 所示．

2）散点图：scatter(*X*, *Y*, *S*, *C*)．在向量 *X* 和 *Y* 的指定位置显示彩色圈，*X* 和 *Y* 必须大小相同．

例 2.28　绘制出给定数据 *t*=0:pi/10:2*pi，*y*=sin(*t*)的散点图．

MATLAB 程序代码如下：

```
t=0:pi/10:2*pi;
y=sin(t);
```

```
scatter(t,y)
```

绘制出的图形如图 2.8 所示.

图 2.7　极坐标图　　　　　　　　　　　　　　图 2.8　散点图

3）平面等值线图：contour(x, y, z, n).

例 2.29　绘制 n 个等值线的二维等值线图.

MATLAB 程序代码如下：

```
clear; x=-3:0.1:3; y=-3:0.1:3;
[X,Y]=meshgrid(x,y); Z=sqrt(X.^2+Y.^2);
contour (X,Y,Z,10);
xlabel('X-axis'), ylabel('Y-axis');
title('Contour3 of Surface')
grid on
```

绘制出的图形如图 2.9 所示.

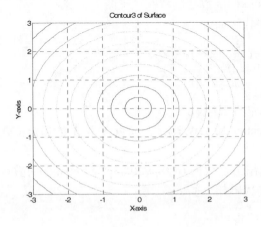

图 2.9　等值线

（2）特殊的三维图形函数

1）空间等值线图：contour3(x, y, z, n). 其中，n 表示等值线数.

例 2.30　空间等值线图示例.

MATLAB 程序代码如下：

```
clear;
x=-3:0.1:3;
y=-3:0.1:3;
[X,Y]=meshgrid(x,y);
Z=sqrt(X.^2+Y.^2);
contour3(X,Y,Z,10);
xlabel('X-axis'),ylabel('Y-axis'),zlabel('Z-axis');
title('Contour3 of Surface')
grid on
```

绘制出的图形如图 2.10 所示.

图 2.10　空间等值线图

2）三维散点图：scatter3(***X***, ***Y***, ***Z***, ***S***, ***C***). 在向量 ***X***, ***Y*** 和 ***Z*** 指定的位置上显示彩色圆圈，向量 ***X***, ***Y*** 和 ***Z*** 的大小必须相同.

例 2.31　三维散点图示例.

MATLAB 程序代码如下：

```
t=0:pi/10:2*pi;
x=0.5*sin(t);
y=sqrt(2)*sin(t);
z=cos(t);
```

```
scatter3(x,y,z)
```
绘制出的图形如图 2.11 所示.

图 2.11   三维散点图

2.7   MATLAB 编程

MTALAB 与其他高级语言一样, 也可以在其基础上进行综合程序设计, 而且由于 MATLAB 集成了大量的数学函数, 所以在科学计算方面, MATLAB 的编程具有明显的优势. 作为一种编程语言, MATLAB 具有程序设计的 3 种结构, 即顺序结构、分支结构和循环结构.

2.7.1   循环控制语句

1. for 循环语句

基本格式:

```
for  x=array
    {commands}
end
```

例 2.32   求前 100 个自然数或 100 内奇数的和.
MATLAB 程序代码如下:

```
%求前 100 个自然数的和
s=0;    %用变量 s 表示前 100 个自然数的和,置初始值为 0
for i=0:100
    s=s+i;
```

```
end
s        %输出前 100 个自然数的和
%求 100 内奇数的和
s=0;     %用变量 s 表示 100 内奇数的和,置初始值为 0
for i=1:2:100
    s=s+i;
end
s        %输出 100 内奇数的和
```

2. while 循环语句

基本格式:

```
while expression
    {commands}
end
```

例 2.33　Fibonacci 数列求和.

MATLAB 程序代码如下:

```
a=[  ];                          %定义数组 a,并用数组 a 表示 Fibonacci 数列
a(1)=1;                          %为 Fibonacci 数列赋初值
a(2)=1;
i=3;                             %变量 i 为数组 a 的下标
s=a(1)+a(2);                     %用变量 s 表示 Fibonacci 数列的和
while i<101                      %这里只求 Fibonacci 数列前 100 项的和
    a(i)=a(i-1)+a(i-2);          %先求 Fibonacci 数列的各项
    s=s+a(i);
    i=i+1;
end
s                               %输出 Fibonacci 数列前 100 项的和
```

注:可用 if 和 break 语句来跳出 for 循环和 while 循环.

2.7.2　条件语句

1. if-else-end 条件语句

1) 有一个选择条件,其一般格式为

```
if  expression
    {commands}
```

```
        end
```

如果在表达式（expression）中的所有元素为真，就执行 if 和 end 语句之间的命令串{commands}.

2）有三个或更多的选择条件，其一般格式为

```
if (expression1)
  {commands1}
 else if (expression2)
    {commands2}
 else if (expression3)
      {commands3}
    else if  ……
……
else
{commands}
end
end
end
……
end
```

例 2.34　设 $f(x)=\begin{cases} 2x+1 & x\geqslant 0 \\ \mathrm{e}^{-x} & x<0 \end{cases}$，求 $f(-4)$，$f(6)$.

MATLAB 程序代码如下：

```
function  y=fun1(x)
if x>=0
    y=2*x+1;
else
    y=1/exp(x);
end
```

再在 MATLAB 命令窗口输入 fun1(−4)，fun1(6)即可.

例 2.35　个人所得税分配方案.

备受社会关注的个人所得税起征点标准，已经得到落实. 全国人民代表大会常务委员会高票表决通过关于修改个人所得税法的决定，修改后的个人所得税从 2011 年 9 月 1 日起，起征点为 3500 元. 适用七级超额累进税率（3%～45%）计缴个人所得税（见表 2.13）. 工资、薪金所得个人所得税计算方法如下：工资、薪

金所得是指个人因任职或受雇而取得的工资、薪金、奖金、年终加薪、劳动分红、津贴、补贴以及与任职、受雇有关的其他所得. 三费一金是指社保费、医保费、养老费和住房公积金. 计算公式为

工资、薪金所得个人所得税应纳税额＝应纳税所得额×适用税率－速算扣除数

表 2.13　超额累进税率

级数	含税级距	不含税级距	税率/%	速算扣除数
1	不超过 1500 元的	不超过 1455 元的	3	0
2	超过 1500～4500 元的部分	超过 1455～4155 元的部分	10	105
3	超过 4500～9000 元的部分	超过 4155～7755 元的部分	20	555
4	超过 9000～35000 元的部分	超过 7755～27255 元的部分	25	1005
5	超过 35000～55000 元的部分	超过 27255～41255 元的部分	30	2755
6	超过 55000～80000 元的部分	超过 41255～57505 元的部分	35	5505
7	超过 80000 元的部分	超过 57505 元的部分	45	13505

注：1) 表中所列含税级距、不含税级距，均为按照税法规定减除有关费用后的所得额.

2) 含税级距适用于由纳税人负担税款的工资、薪金所得；不含税级距适用于由他人（单位）代付税款的工资、薪金所得.

若王某于某月取得工资收入 9400 元，该月个人承担住房公积金、基本养老保险金、医疗保险金、失业保险金共计 1000 元，费用扣除额为 3500 元，则王某该月应纳税所得额＝9400－1000－3500＝4900(元). 应纳个人所得税税额＝4900×20%－555＝425(元).

解　先定义外部函数：

```
function y=fun2(a,b)        % a 为月工资收入，b 为每月应扣除的部分总和
a=a-b-3500;                 % a 为月应纳税所得额
if a<=0
    y=0;
elseif a>0 & a<=1500
    y=a*0.03;
elseif a>1500 & a<=4500
    y=a*0.1-105;
elseif a>4500 & a<=9000
    y=a*0.2-555;
elseif a>9000 & a<=35000
    y=a*0.25-1005;
elseif a>35000 & a<=55000
    y=a*0.3-2755;
```

```
    elseif a>55000 & a<=80000
        y=a*0.35-5505;
    else a>80000
        y=a*0.4-13505;
    end
```

然后在命令窗口中输入 fun2(9400,1000)得到 425；输入 fun2(6000,800)得到 65.

2. switch 分支选择语句

switch 结构是一种典型的多分支选择结构，根据表达式的结果执行后面与表达式一致的 case 中的语句. 其基本格式为

```
switch    表达式
    case    表达式 1
            语句组 1
    case    表达式 2
            语句组 2
        ......
    case    表达式 n
            语句组 n
    otherwise
            语句组 n+1
  end
```

例 2.36 从键盘输入一个数字，判断它能否被 5 整除.
MATLAB 程序代码如下：

```
n=input('请输入一个数字 n=')
switch mod(n,5)
    case 0
        fprintf('n 是 5 的倍数',n)
    otherwise
        fprintf('n 不是 5 的倍数',n)
end
```

输出结果：

请输入一个数字：

n=44

n 不是 5 的倍数

习　题

1. 求齐次线性方程组 $Ax=b$ 的解（用左除指令 $A\backslash b$ 求解）.

$$\begin{cases} x_1+2x_2+x_3-2x_4=4 \\ 2x_1+5x_2+3x_3-2x_4=7 \\ -2x_1-2x_2+3x_3+5x_4=-1 \\ x_1+3x_2+2x_3+3x_4=0 \end{cases}$$

2. 计算积分 $\dfrac{1}{\sqrt{2\pi}}\displaystyle\int_{-\infty}^{+\infty}\mathrm{e}^{-\frac{x^2}{2}}\mathrm{d}x$.

3. 用 mesh( ) 函数绘制巴拿马草帽图形 $z(x,y)=\dfrac{\sin(\sqrt{x^2+y^2})}{\sqrt{x^2+y^2}}$.

4. 用 MATLAB 编程实现十进制向二进制的相互转化（可用 while 和 for 循环语句实现）.

5. 编程求出 1000 以内的水仙花数. 水仙花数是指一个 n 位数（$n \geqslant 3$），它的每个位上的数字的 n 次幂之和等于它本身（如 1^3＋5^3＋3^3＝153）.

第3章 初等数学模型

本章介绍的模型一般不涉及复杂的机理，研究对象往往是静态的、确定的，通常使用初等数学方法及微积分初步知识即可解决问题. 在这一章中我们重点培养学生如何分析问题、怎么抓主要矛盾、怎么将实际问题转换成数学问题并加以解决的能力. 通过典型案例的学习，有意识地培养数学建模的思维和理论联系实际的习惯.

3.1 商品调价问题

问题描述： 现代市场经济中，调整商品价格是市场营销的一种重要手段. 作为消费者，总希望买到物美价廉的商品，为了迎合消费者的这种心理，大多数商家会把价格标的比实际价值高很多，然后进行所谓的打折促销，以吸引消费者. 那么从商家角度出发，如何确定商品价格上调幅度以及打折幅度，使得商品能保持较高的销售价格？下面给出了6种调价方案：

A. 先涨价 $p\%$，再降价 $q\%$；

B. 先涨价 $q\%$，再降价 $p\%$；

C. 先涨价 $\dfrac{p+q}{2}\%$，再降价 $\dfrac{p+q}{2}\%$；

D. 先涨价 $\sqrt{pq}\%$，再降价 $\sqrt{pq}\%$；

E. 先涨价 $\dfrac{p+q}{2}\%$，再降价 $\sqrt{pq}\%$；

F. 先涨价 $\sqrt{pq}\%$，再降价 $\dfrac{p+q}{2}\%$.

其中，$p>q>0$.

若规定两次调价后该商品的价格最高的方案为好方案，请判断其中哪一个是好方案.

模型建立与求解： 设该商品原价为1，采用方案 A、B、C、D、E、F 调价后的商品价格分别为 a，b，c，d，e，f，则6种调整方案对应的价格模型分别为

$$a=(1+p\%)(1-q\%)=1+\frac{p-q}{100}-\frac{pq}{100^2},$$

$$b=(1+q\%)(1-p\%)=1+\frac{q-p}{100}-\frac{pq}{100^2},$$

$$c=\left(1+\frac{p+q}{2}\%\right)\left(1-\frac{p+q}{2}\%\right)=1-\frac{(p+q)^2}{4\times100^2},$$

$$d=(1+\sqrt{pq}\%)(1-\sqrt{pq}\%)=1-\frac{pq}{100^2},$$

$$e=\left(1+\frac{p+q}{2}\%\right)(1-\sqrt{pq}\%)=1+\frac{p+q}{200}-\frac{\sqrt{pq}}{100}-\frac{(p+q)\sqrt{pq}}{2\times100^2},$$

$$f=(1+\sqrt{pq}\%)\left(1-\frac{p+q}{2}\%\right)=1+\frac{\sqrt{pq}}{100}-\frac{p+q}{200}-\frac{(p+q)\sqrt{pq}}{2\times100^2}.$$

为确定上述表达式中价格最高者，如果两两相互比较，显然很繁琐，为此我们先制定一些具体的 p，q 参数值，对上述价格做一个直观的了解.

分别考虑如下两组参数：①$p=0.15$，$q=0.1$；②$p=0.25$，$q=0.15$. 在 MATLAB 中计算并绘出 6 种方案对应的价格，如图 3.1 所示.

图 3.1　两次调价方式下 6 种方案对应商品价格示意图

其中，实线对应第①组参数值，虚线对应第②组参数值. 从图 3.1 中可看出，在两组参数中，方案 A 对应的商品价格都是最高的，这是巧合还是必然呢？带着这个问题，我们尝试证明价格 a 是 6 种价格中最高的.

事实上，由 $p>q>0$ 易得

$$a-b=\frac{p-q}{100}-\frac{q-p}{100}=\frac{2(p-q)}{100}>0,$$

$$a-c=\frac{p-q}{100}-\frac{pq}{100^2}+\frac{(p+q)^2}{4\times100^2}=\frac{p-q}{100}+\frac{(p+q)^2-4pq}{4\times100^2}=\frac{p-q}{100}+\frac{(p-q)^2}{4\times100^2}>0,$$

$$a-e=\frac{p-q}{100}-\frac{pq}{100^2}-\frac{p+q}{200}+\frac{\sqrt{pq}}{100}+\frac{(p+q)\sqrt{pq}}{2\times100^2}$$

$$= \frac{p-3q+2\sqrt{pq}}{200} + \frac{(p+q-2\sqrt{pq})\sqrt{pq}}{2\times100^2}$$

$$= \frac{p-q+2\sqrt{q}(\sqrt{p}-\sqrt{q})}{200} + \frac{(\sqrt{p}-\sqrt{q})^2\sqrt{pq}}{2\times100^2} > 0.$$

同理可以证明 $a-d>0$，$a-f>0$，即 A 方案是最好的.

3.2 多步决策问题

问题描述：现实中有些问题不是一次性就能解决的，往往需要循环往复多次操作才能完成，每一次都需要在满足一定条件的情况下制定相应的对策，这种问题称为多步决策问题. 一个典型的例子就是商人渡河问题. 已知 3 个商人带着 3 个仆人过河，渡河的工具为一艘小船，每次至多只能同时载两个人过河. 在河的任何一边，只要仆人的数量超过商人的数量，仆人就会联合起来将商人杀死并抢夺其财物，应如何设计过河顺序才能让所有人都安全地渡到河的另一边？

问题分析：这是一个古老的智力游戏问题，对于人数较少的情况可以通过逻辑思考结合穷举法加以解决，但当人数较多，如 n 名商人各带一名随从，船的容量为 m（$m<n$）这种一般情形时，这种算法就比较麻烦了，因此有必要建立一般化的求解方法. 这里仅针对 3 名商人的情形给出解决方法.

不妨假设渡河前商人们所在的河岸为此岸，对岸目的地为彼岸. 事实上，商人过河问题可以视为一个多步决策过程. 每一步，即船由此岸驶向彼岸或从彼岸驶回此岸都要对船上的商人、仆人数做出决策，在保证两岸的仆人数都不比商人多的安全前提下，经有限步使全部人员安全过河. 为此可以用状态（变量）表示某一岸的人员状况，用决策（变量）表示船上的人员状况，想办法找出状态随决策变化的规律，然后在状态和决策的允许范围内，确定每一步的渡河决策，直到全部人员安全渡河为止.

模型建立：首先引入如下变量和参数.

x_k, $y_k=0, 1, 2, 3$, $k=1, 2, \cdots$

x_k——第 k 次渡河前此岸的商人数；

y_k——第 k 次渡河前此岸的仆人数；

$s_k=(x_k, y_k)$——第 k 次渡河前此岸的状态；

u_k, $v_k=0, 1, 2$, $k=1, 2, \cdots$

u_k——第 k 次渡船上的商人数；

v_k——第 k 次渡船上的仆人数；

$d_k=(u_k, v_k)$——第 k 次渡河的决策.

显然上面给出的状态共有 $4\times4=16$ 种，但由于安全渡河的条件是无论何时，

河的任一岸，仆人数都不能多于商人数，所以须将允许出现的状态全部列出来，用集合 S 来表示，称为允许状态集合，即

$$S=\{(x,y)|x=0,y=0,1,2,3;x=3,y=0,1,2,3;x=y=1,2\}.$$

同理，对于每次渡河的可行决策也表示出来，用 D 表示，称为允许决策集合，由于小船至多载两个人，故有

$$D=\{(u,v)|u+v=1,2\}.$$

对于相邻的第 k 次和第 $k+1$ 次渡河，此案的状态与渡河的决策之间有密切的关系．当 k 是奇数时，是从此岸到彼岸，渡河后此岸的人数减少，故有

$$s_{k+1}=s_k-d_k.$$

反之，当 k 是偶数时，是从彼岸到此岸，渡河后此岸的人数增加，即有

$$s_{k+1}=s_k+d_k.$$

注：s_{k+1} 也可以理解为第 k 次渡河以后此岸的状态．将上述两式合并表示为

$$s_{k+1}=s_k+(-1)^k d_k,$$

称为**状态转移规律**．

根据以上分析和建模，过河问题可以等效地转换为数学问题：求系列决策 $d_k\in D(k=1,2,\cdots,n)$，使 $s_k\in S$，并按状态转移规律由初始状态 $s_1=(3,3)$ 经最少次渡河到达终结状态 $s_{n+1}=(0,0)$.

模型求解：对于上述多步决策模型，有多种解法，其中姜启源编著的《数学模型》中给出了比较巧妙的图解法，有兴趣的读者可参考相关书籍．这里对该模型利用计算机编程方式加以求解，代码如下：

```
a=[0 0 0 0 3 3 3 3 1 2
   0 1 2 3 0 1 2 3 1 2]';        %允许状态集
d=[0 2 1 0 1
   2 0 1 1 0]';                  %允许决策集
i=1;j=1;k=1;
s(1,:)=[3,3];                    %此岸初始状态
[m,n]=size(a);
disp('此岸--船上--彼岸')
for i=1:20                       %渡河次数的上限值
    for j=1:5
        t=0;r=mod(i,2);w=r;u=0;
        for k=1:m
            if s(i,:)+(-1)^i*d(j,:)==a(k,:)
                t=1;
            end;
        end;
```

```
            if i+1>=3
            for w=1+r:2:i-1
                if s(i,:)+(-1)^i*d(j,:)==s(w,:)
                    u=1;
                end;
            end;
        end
        if t==1
            if u==0
                s(i+1,:)=s(i,:)+(-1)^i*d(j,:);
                c(i+1,:)=d(j,:);
                break;
            else if u==1
                continue;
                end;
            end
        end
    end
    if t==0 disp('无可行方案');
    break;end;
    b(i+1,:)=s(1,:)-s(i+1,:);
    result=sprintf('{%d,%d}-{%d,%d}-{%d,%d}',s(i,1),s(i,2),
c(i+1,1),c(i+1,2),b(i+1,1),b(i+1,2));
    disp(result)                        %输出每次渡河的决策及两岸状态
    if s(i+1,:)==[0,0]
    break;end;                          %当此岸状态为[0,0]时结束程序
end
```

输出结果:

```
此岸--船上--彼岸
{3,3}-{0,2}-{0,2}
{3,1}-{0,1}-{0,1}
{3,2}-{0,2}-{0,3}
{3,0}-{0,1}-{0,2}
{3,1}-{2,0}-{2,2}
{1,1}-{1,1}-{1,1}
{2,2}-{2,0}-{3,1}
{0,2}-{0,1}-{3,0}
{0,3}-{0,2}-{3,2}
```

```
{0,1}-{0,1}-{3,1}
{0,2}-{0,2}-{3,3}
```

从输出结果可以明显看出每次渡河的决策以及两岸的允许状态，共计需要 11 次渡河.

3.3　公平的席位分配

在现实生活中，经常遇到名额分配的问题，如一个地区人大代表名额的分配、一个学校科研项目数量的投放、一个班级优秀学生名额的分配等. 所有这些问题都没有一个统一的完全科学合理的标准，往往都是根据人数基数、整体水平"想当然"给出的，具有较强的主观性，因此很难做到公平公正. 当然，名额分配涉及很多因素，除上面的人数基数外，诸如一个地区的经济发展水平、一个学校的层次等都是不可忽视的因素，为了便于说明初等数学思想、方法在实际问题中的应用，这里仅考虑人数基数这个主要因素. 那么怎样分配才能做到公平公正呢？

通常在数学上，代表席位分配问题是这样描述的：设名额总数为 N，共有 s 个单位，各单位的人数分别为 p_i，$i=1, 2, \cdots, s$. 如果遵循尽量按人口比例分配这一原则，应如何确定一组整数 $n_1, n_2, \cdots, n_s$ 使得 $n_1+n_2+\cdots+n_s=N$，并且尽量接近它应得的比例份额 m_i？

$$m_i = \frac{p_i N}{p_1 + p_2 + \cdots + p_s}.$$

如果对每个单位，比值 m_i 恰好是整数，则第 i 个单位分得 $m_i=n_i$（n_i 是第 i 个单位所获得的代表席位数）个席位. 这样的分配在只考虑人数多少的情况下是绝对公平的，每个席位所代表的人数是相同的. 然而现实中 m_i 往往不是整数，于是经常只能用接近于 m_i 的整数 n_i 来代替. 在实际应用中，这种处理方法会给不同的单位或团体带来不公平，因此以一种平等、公正的方式选择 n_i 是非常重要的，即确定尽可能公平的分配方案，使不公平程度降到最低. 常用的处理方法有两种，即 Hamilton（哈密顿）方法和 Huntington（亨廷顿）方法，下面通过一个案例分别予以介绍.

问题描述：设某校有 3 个系，共有 500 名学生，其中甲系 200 名，乙系 200 名，丙系 100 名. 该校召开学风建设大会，共有 40 个学生代表名额，应该怎样分配才能做到公平公正？如果丙系有 7 名同学分别转入甲系 4 名和乙系 3 名，席位分配如何变化？考虑到 40 个代表参加的大会在表决某些提案时可能出现 20：20 的局面，会议决定下一届会议增加 1 个席位，分配方案是否需要调整？

问题分析：根据前面描述的处理方法，对于第一个问题有 $s=3$，$p_1=200$，

$p_2=200$，$p_3=100$，$N=40$．此时根据各系学生人数的比例算出来的份额分别为 $m_1=16$，$m_2=16$，$m_3=8$ 均为整数．所以 3 个系分得的席位数分别为 16，16，8.

当发生转系后，各参数调整为 $p_1=204$，$p_2=203$，$p_3=93$．此时通过简单计算发现各比例份额 m_i 不是整数，一个自然的想法是：对 m_i 进行"四舍五入取整"或者"去掉尾数取整"，但这样将导致名额多余或者名额不够分配．因此，必须有更科学合理的分配方案．

问题求解：分别采用 Hamilton 方法和 Huntington 方法.

1）Hamilton 方法.

Hamilton 方法具体操作过程如下：

① 先让各个单位取得比例份额 m_i 的整数部分$[m_i]$；

② 计算余数 $r_i=m_i-[m_i]$，按照从大到小的顺序排列，将余下的席位依次分给各个相应的单位，即小数部分最大的单位优先获得余下席位的第一个，次大的取得余下名额的第二个，依此类推，直至席位分配完毕．

按照该方法，上述 3 个系的 40 个名额的分配结果见表 3.1 中第 4 列和第 5 列，也就是各个系先按整数部分分得 16，16，7 个名额，再将剩下的 1 个名额分给小数部分最大的丙系．

表 3.1   按 Hamilton 方法确定的代表名额的分配方案

系别	学生人数	人数比例/%	40 席的分配		41 席的分配	
			按比例分配的席位	最终分配结果	按比例分配的席位	最终分配结果
甲	204	40.8	16.32	16	16.728	17
乙	203	40.6	16.24	16	16.646	17
丙	93	18.6	7.44	8	7.626	7
总和	500	100.0	40.00	40	41.000	41

Hamilton 方法看来是非常合乎常理的，但这种方法也存在缺陷．例如，当 s 和人数比例 m_i 不变时，代表名额的增加反而可能导致某单位名额 q_i 的减少．以增加一个席位为例，重新计算按照比例分配所得的份额，见表 3.1 中第 6 列．各个系先分别获得 16，16，7 个席位，由 Hamilton 方法剩下的两个席位第一个先给甲系，最后一个给乙系，而丙系没有增加，最后结果见表 3.1 中最后一列．显然这个结果对丙系是极其不公平的，因为总名额增加一个，而丙系的代表名额却由 8 个减少为 7 个．

由此可见，Hamilton 方法存在很大缺陷．20 世纪 20 年代，哈佛大学数学家 Huntington 提出了一个新方法，较好地解决了这一问题．

2）Huntington 方法.

根据前面对符号的描述易知，p_i/n_i 表示第 i 个单位每个席位所代表的人数．很显然, 在以人数基数作为衡量公平的准则下, 当且仅当 p_i/n_i 全相等时, 席位的分配才是公平的. 但是一般来说, 它们不会全相等, 这就说明席位的分配是不公平的, 并且 p_i/n_i 中数值较大的一方吃亏或者说对这一方不公平. 同时我们看到, 在名额分配问题中要达到绝对公平是非常困难的. 既然很难做到绝对公平, 那么就应该使不公平程度尽可能小, 因此我们必须建立衡量不公平程度的数量指标.

不失一般性, 先考虑 A, B 双方席位分配的情形 ($s=2$). 设 A, B 双方的人数为 p_1, p_2, 占有的席位分别为 n_1, n_2, 则 A, B 的每个席位所代表的人数分别为 p_1/n_1, p_2/n_2, 如果 $p_1/n_1=p_2/n_2$, 则席位分配是绝对公平的, 否则就是不公平的, 且对数值较大的一方不公平. 为了量化不公平程度, 需要引入数量指标, 一个很直接的想法就是用数值 $|p_1/n_1-p_2/n_2|$ 来表示双方的不公平程度, 称之为**绝对不公平度**, 它衡量的是不公平的绝对程度. 显然, 其数值越小, 不公平程度越小, 当 $|p_1/n_1-p_2/n_2|=0$ 时, 分配方案是绝对公平的. 用绝对不公平度可以在一定程度上衡量两种不同分配方案的公平程度, 例如:

$$p_1=150, \quad n_1=10, \quad p_2=100, \quad n_2=10, \quad |p_1/n_1-p_2/n_2|=5,$$

$$p_1=150, \quad n_1=12, \quad p_2=100, \quad n_2=10, \quad |p_1/n_1-p_2/n_2|=2.5,$$

显然第二种分配方案比第一种更公平. 但是, 绝对不公平度有时无法区分两种不公平程度明显不同的情况, 例如:

$$p_1=150, \quad n_1=10, \quad p_2=100, \quad n_2=10, \quad |p_1/n_1-p_2/n_2|=5,$$

$$p_1=1050, \quad n_1=10, \quad p_2=1000, \quad n_2=10, \quad |p_1/n_1-p_2/n_2|=5,$$

这两种情况绝对不公平度相同, 能够说两种方案的公平程度等效吗? 注意, 虽然指标相同, 但第二种情形显然比第一种情形的不公平程度已经降低了很多, 因为当基数很大时, 人们往往不会在乎多几个或少几个名额. 这就好比两个人发奖金, 一个 1000 元, 一个 500 元, 可能感觉差距很大, 如果一个 10500 元, 一个 10000 元, 此时绝对差距是一样的, 但 500 相对于 10000 这个数目来说已经很小了, 人们可能更容易接受. 所以绝对不公平度并不是一个好的数量指标, 它在很多时候不能真实反映不公平的程度, 必须寻求新的数量指标.

绝对不公平度之所以不能真实反映不公平的程度, 主要原因是忽视了人数基数的作用, 于是想到用相对标准来衡量, 下面我们引入相对不公平度的概念. 如果 $p_1/n_1>p_2/n_2$, 则说明对 A 方是不公平的, 称

$$r_A(n_1, n_2)=\frac{p_1/n_1-p_2/n_2}{p_2/n_2}=\frac{p_1 n_2}{p_2 n_1}-1$$

为**对 A 的相对不公平度**; 如果 $p_1/n_1<p_2/n_2$, 则称

$$r_B(n_1, n_2)=\frac{p_2/n_2-p_1/n_1}{p_1/n_1}=\frac{p_2 n_1}{p_1 n_2}-1$$

为对 B 的相对不公平度.

相对不公平度可以解决绝对不公平度所不能解决的问题. 用相对不公平度重新评价上面绝对不公平度均为 5 的两个方案，显然均有 $p_1/n_1 > p_2/n_2$，此时 $r_A^1(10,10)=0.5$，$r_A^2(10,10)=0.05$，很明显第二种方案比第一种方案更公平.

建立了衡量分配方案的不公平程度的数量指标 r_A, r_B 后，制定分配方案的原则是：相对不公平度尽可能小.

假设 A, B 双方已经分别占有 n_1, n_2 个名额，下面考虑当分配名额再增加一个时，应该给 A 方还是给 B 方，如果这个问题解决了，就可以按照该方法逐步确定整个分配方案. 因为每个单位至少应分配到一个名额，我们首先分别给每个单位一个席位，然后考虑下一个名额给哪个单位，直至分配完所有名额.

不失一般性，假设 $p_1/n_1 > p_2/n_2$，这时对 A 方不公平，当再增加一个名额时，就有以下 3 种情形.

情形 1：$p_1/(n_1+1) > p_2/n_2$，这表明即使 A 方再增加一个名额，仍然对 A 方不公平，所以这个名额理所应当给 A 方；

情形 2：$p_1/(n_1+1) < p_2/n_2$，这表明 A 方增加一个名额后，就对 B 方不公平，这时需要计算对 B 的相对不公平度

$$r_B(n_1+1, n_2) = \frac{p_2(n_1+1)}{p_1 n_2} - 1 ;$$

情形 3：$p_1/n_1 > p_2/(n_2+1)$，这表明 B 方增加一个名额后，对 A 方更加不公平，这时需要计算对 A 的相对不公平度

$$r_A(n_1, n_2+1) = \frac{p_1(n_2+1)}{p_2 n_1} - 1 .$$

还有 $p_1/n_1 < p_2/(n_2+1)$ 这种情形，请读者思考为什么不考虑.

公平的名额分配方法应该是使得相对不公平度尽可能小，所以若情形 1 发生，增加的名额应该给 A 方；否则需考察 $r_B(n_1+1, n_2)$ 和 $r_A(n_1, n_2+1)$ 的大小关系，如果 $r_B(n_1+1, n_2) < r_A(n_1, n_2+1)$，则增加的名额应该给 A 方，否则应该给 B 方. 上面的计算和判断比较麻烦，可以考虑把这个判断过程简化，注意到 $r_B(n_1+1, n_2) < r_A(n_1, n_2+1)$ 等价于

$$\frac{p_2^2}{n_2(n_2+1)} < \frac{p_1^2}{n_1(n_1+1)} ,$$

而且若情形 1 发生，仍然有上式成立. 记

$$Q_i = \frac{p_i^2}{n_i(n_i+1)} ,$$

则增加的名额应该给 Q 值较大的一方. 这样就把席位分配问题转化成了 Q 值的计算和判断，相对简单多了. 该方法也称为 Q 值法.

上述方法可以推广到 s 个单位的情形，设第 i 个单位的人数为 p_i，已经占有 n_i 个名额，$i=1,2,\cdots,s$，当总名额增加一个时，计算

$$Q_i=\frac{p_i^2}{n_i(n_i+1)},$$

则这个名额应该分给 Q 值最大的那个单位.

实际应用中没有必要从一开始就用 Q 值法开始分配，而应结合按比例分配的方式，先将按比例计算的份额整数部分分给各个单位，对剩下的席位数逐一用 Q 值法解决. 该方法将一次性的席位分配转化为动态的席位分配.

下面用 Q 值法对 3 个系重新分配 41 个席位. 先按人数比例的整数部分将 39 席分配给 3 系，得到如下信息：$p_1=204$，$n_1=16$；$p_2=203$，$n_2=16$；$p_3=93$，$n_3=7$.

用 Q 值法分配第 40 席和第 41 席.

第 40 席：$Q_1=\dfrac{204^2}{16\times17}=153.00$，$Q_2=\dfrac{203^2}{16\times17}\approx151.50$，$Q_3=\dfrac{93^2}{7\times8}\approx154.45$，$Q_3$ 最大，第 40 席应给丙系.

第 41 席：$Q_3=\dfrac{93^2}{8\times9}\approx120.13$，$Q_1$，$Q_2$ 同上，Q_1 最大，第 41 席应给甲系.

Q 值法分配结果为甲系 17 席，乙系 16 席，丙系 8 席. 这样的结果可能更容易接受，特别是丙系保住了宝贵的一个席位. 如果涉及的单位、人数和席位都比较多，上述计算和判断可能比较麻烦，下面给出用 MATLAB 编写的基于 Q 值法的席位分配程序代码：

```
clc
num=input('输入单位数目:');
p=[];
for i=1:num
    p(i)=input('输入各单位人数:');
end
N0=input('席位数目:');
M=sum(p);                          %总人数
k=p./M;                            %各单位人数百分比
m=k*N0                             %比例分配席位
n=floor(m)                         %整数份额
N1=N0-sum(n)                       %动态分配席位数
q=[ ];                             %Q 值初值
for i=1:N1
    for j=1:num
        q(j)=p(j)^2/(n(j)*(n(j)+1)); %计算 Q 值
```

```
      end
      [max_q, max_q_idx] = max(q);          %返回数组 q 的最大值及其位置
      n(max_q_idx)=n(max_q_idx)+1;          %对 Q 值最大方增加一个席位
   end
   n
```

在本问题中我们只需要一次输入 num＝3; p＝[204;203;93]; $N0$＝41;执行程序后输出

```
   n=
         17    16     8
```

即为上面分析的结果.

     小结：这是一个典型的用初等数学方法解决实际问题的案例. 我们从席位分配的公平性出发，考虑到必须定义适当的数量指标，于是引入了较为原始的绝对不公平度. 但是一些案例表明，绝对不公平度并不能反映不公平的真实情况. 因此考虑用相对不公平度，并将一次性席位分配变成动态的席位分配，通过对相对不公平度的定义和分析，给出比较合理的席位分配原则，即应该使相对不公平度尽量小. 利用这一原则及等价变形，又引入了 Q 值，最终将繁杂的判断过程归结为判断 Q 值的大小，从而形成了一种解决此类问题的良好方法——Q 值法. 整个解决问题的过程体现了我们对实际问题从简单到复杂、从粗糙到精细、从定性分析到定量评判、从特殊情况到一般问题的一个认识过程. 在这个过程中，我们不断尝试用学过的数学知识去解决实际问题，这其实就是数学建模所倡导的一种思想和意识. 只有这样不断尝试和摸索，才能较好地将理论与实际有机地结合，达到解决问题的目的. 当然 Huntington 法所提出的以相对不公平度作为数量指标是确定分配方案的前提，在这个前提下导出的分配方案无疑是公平的. 但这种方法也不是完全合理的，有兴趣的读者可深入分析.

3.4　量纲分析法建模

1. 单位与量纲

     生活中常见的物理量一般可以分为两类：一是基本物理量，它们相互独立并可以通过自然规律的各种定律构成其他的物理量，如长度、质量、时间和电流强度等；二是衍生物理量，它们是由基本物理量和定律导出的物理量，如速度、加速度、功、压强等. 在国际单位制中，有 7 个基本物理量，包括长度、质量、时间、电流强度、温度、光强和物质的量，对应 7 个基本国际单位，见表 3.2. 其他

物理量的单位由基本单位组合而成.

表 3.2　基本物理量和国际单位制

物理量	单位
长度	米(m)
质量	千克(kg)
时间	秒(s)
电流强度	安(A)
温度	开(K)
光强	堪德拉(cd)
物质的量	摩尔(mol)

　　物理量大都带有量纲,它是用基本物理量表示任一物理量的一种组合形式. 一个物理量的量纲是唯一的, 但是它的单位可以有很多种形式. 量纲分为基本量纲和导出量纲. 其中基本物理量的量纲称为基本量纲,它们是相互独立的. 基本量纲中常用的是动力学中的 3 个量纲,分别为质量(用 M 表示)、长度(用 L 表示)、时间(用 T 表示),有时还有温度(用 θ 表示). 其他物理量的量纲可以用这些基本量纲由物理定律推出,如速度的量纲为 LT^{-1},加速度的量纲为 LT^{-2},力的量纲为 MLT^{-2},功的量纲为 ML^2T^{-2},等等.

　　2. 量纲齐次原则

　　当度量量纲的基本单位改变时, 公式本身并不改变, 例如, 无论长度取什么单位, 矩形的面积总等于长乘以宽, 即公式 $S=ab$ 并不改变. 此外, 在公式中只有量纲相同的量才能进行加减运算, 如面积与长度是不允许做加减运算的, 这些限制在一定程度上限定了公式的可取范围, 即一切公式都要求其所有的项具有相同的量纲, 它意味着一个等式只有两边的量纲一致的时候才可能成立, 这就是所谓的 "量纲齐次原则". 量纲分析就是利用量纲齐次原则寻求物理量之间的关系. 这里先给出一个简单的例子.

　　风车功率问题: 速度为 v 的风吹到迎风面积为 s 的风车上,空气密度为 ρ. 试确定风车获得的功率 P 与 v,s,ρ 的关系.

　　若要从风车工作机理分析, 则要涉及的知识过于专业. 这里仅从量纲角度给出粗略的分析. 假设这个问题中出现的物理量 P 与 v,s,ρ 的关系如下:

$$P=kv^x s^y \rho^z, \tag{3.1}$$

其中,k 为无量纲量,x,y,z 为待定参数. 式 (3.1) 的量纲表示为

$$[P]=[v]^x[s]^y[\rho]^z \tag{3.2}$$

将$[P]=ML^2T^{-3}$，$[v]=LT^{-1}$，$[s]=L^2$，$[\rho]=ML^{-3}$，代入式（3.2）得

$$ML^2T^{-3}=M^zL^{x+2y-3z}T^{-x}. \tag{3.3}$$

由式（3.3）根据量纲齐次原则有

$$\begin{cases} z=1 \\ x+2y-3z=2 \\ -x=-3 \end{cases}. \tag{3.4}$$

解得$x=3$，$y=1$，$z=1$，代入式（3.1）得$P=kv^3s\rho$.

通过这个例子可以看出运用量纲分析法比较容易推出风车获得功率的表达式，避免了讨论较复杂的物理学原理. 至于公式中的参数可以通过实验进一步确定. 当方程组（3.4）的解不唯一时，需要用到更一般性的量纲分析方法.

3. Buckingham Pi 定理

定理 3.1 设 m 个有量纲的物理量 $q_1, q_2, \cdots, q_m$ 之间存在与量纲单位选取无关的物理定律 $f(q_1, q_2, \cdots, q_m)=0$. 记 $X_1, X_2, \cdots, X_n$ 是基本量纲 $(n \leqslant m)$，而 $q_1, q_2, \cdots, q_m$ 的量纲可表示为

$$[q_j]=\prod_{i=1}^{n}X_i^{a_{ij}}, \quad j=1,2,\cdots,m.$$

量纲矩阵记作 $A=(a_{ij})_{n\times m}$. 若 A 的秩为 $\mathrm{rank}A=r$，设线性齐次方程组

$$Ay=0, \quad y=(y_1, y_2, \cdots, y_m)^{\mathrm{T}}$$

的 $m-r$ 个基本解记作

$$y^{(s)}=(y_1^s, y_2^s, \cdots, y_m^s)^{\mathrm{T}}, \quad s=1,2,\cdots,m-r,$$

则存在 $m-r$ 个相互独立的无量纲量，记为

$$\pi_s=\prod_{j=1}^{m}q_j^{y_j^s}, \quad s=1,2,\cdots,m-r,$$

且 $F(\pi_1, \pi_2, \cdots, \pi_{m-r})=0$ 与 $f(q_1, q_2, \cdots, q_m)=0$ 等价，F 未定.

小结：量纲分析法虽然简单，但使用时在技巧方面的要求较高，稍有疏忽就会导出荒谬的结果或根本得不出任何有用的结果. 首先，它要求建模者对研究的问题有正确而充分的了解，能正确列出与该问题相关的量及相关的基本量纲，容易看出，其后的分析正是通过对这些量的量纲研究而得出的，列多或列少均不可能得出有用的结果. 其次，在为寻找无量纲量而求解齐次线性方程组时，基向量组有无穷多种取法，如何选取也很重要，此时需依靠经验，并非任取一组基都能得出有用的结果. 此外，建模者在使用量纲分析法时对结果也不

应抱有不切实际的过高要求，量纲分析法的基础是公式的量纲齐次性，仅凭这一点很难得出十分深刻的结果．例如，公式可能包含某些无量纲常数或无量纲变量，对它们之间的关系，量纲分析法根本无法加以研究．下面介绍一个量纲分析法应用的典型案例．

4. 量纲分析法应用——原子弹爆炸的能量估计

问题描述：1945 年 7 月 16 日，美国在新墨西哥州洛斯阿拉莫斯（Los Alamos）沙漠进行了核试验，试爆了世界上第一颗原子弹．这一事件震动了全球，并改变了整个世界的格局，特别是美国在日本成功投放两颗原子弹后，大大地加快了日本战败的进程．美国核试验的成功，引起了各国科学家的密切关注．但在当时，有关原子弹爆炸的任何资料都是机密，一般人无法得到任何有关的数据或影像资料，因此科学家无法准确了解这次爆炸的威力究竟有多大．两年后，美国政府首次公开了这次爆炸的录影带，但没有发布任何有关的数据．英国物理学家 Taylor 通过研究这次爆炸的录影带，并通过建立数学模型对这次爆炸所释放的能量进行了估计，得到的 TNT 当量估计值为 19.2 kt，这与后来美国官方正式公布的 21 kt TNT 当量的爆炸威力非常接近．

下面介绍 Taylor 估计原子弹爆炸能量的方法．因为爆炸产生的冲击波以爆炸点为中心呈球面向四周传播，爆炸的能量越大，在一定时刻冲击波传播得越远，而冲击波又可以通过爆炸形成的"蘑菇云"反映出来，Taylor 通过研究这次爆炸的录影带，测量出了从爆炸开始，不同时刻爆炸所产生的"蘑菇云"的半径大小．表 3.3 是他测量出的时刻 t 所对应的"蘑菇云"的半径 $r(t)$．下面的任务就是利用表 3.3 的数据和物理学知识，估计这次爆炸所释放的能量．

表 3.3　时刻 t 所对应的"蘑菇云"的半径 r

t/ms	$r(t)$/m	t/ms	$r(t)$/m	t/ms	$r(t)$/m	t/ms	$r(t)$/m	t/ms	$r(t)$/m
0.10	11.1	0.80	34.2	1.50	44.4	3.53	61.1	15.0	106.5
0.24	19.9	0.94	36.3	1.65	46.0	3.80	62.9	25.0	130.0
0.38	25.4	1.08	38.9	1.79	46.9	4.07	64.3	34.0	145.0
0.52	28.8	1.22	41.0	1.93	48.7	4.43	65.6	53.0	175.0
0.66	31.9	1.36	42.8	3.26	59.0	4.61	67.3	62.0	185.0

模型建立：表 3.3 只给出了爆炸后不同时刻"蘑菇云"的半径，由此无法直接计算爆炸能量，必须建立模型将不同时刻"蘑菇云"的半径与爆炸能量联系起来．

Taylor 利用量纲分析法建立了计算爆炸能量的数学模型. 记爆炸能量为 E, 将"蘑菇云"近似看成一个球形, 除时刻 t 和能量 E 外, 与"蘑菇云"的半径 r 有关的物理量还可能有"蘑菇云"周围的空气密度 ρ 和大气压强 P, 设所求关系为

$$r = \varphi(t, E, \rho, P), \tag{3.5}$$

记作更一般的形式为

$$f(r, t, E, \rho, P) = 0, \tag{3.6}$$

其中有 5 个物理量, 我们的任务就是用量纲分析法确定这个函数关系.

以长度 L、质量 M 和时间 T 为基本量纲, 则式 (3.6) 中各个物理量的量纲分别是

$$[r] = \mathrm{L}, \quad [t] = \mathrm{T}, \quad [E] = \mathrm{L}^2\mathrm{M}\mathrm{T}^{-2}, \quad [\rho] = \mathrm{L}^{-3}\mathrm{M}, \quad [P] = \mathrm{L}^{-1}\mathrm{M}\mathrm{T}^{-2}.$$

由此得到量纲矩阵

$$A_{3 \times 5} = \begin{bmatrix} 1 & 0 & 2 & -3 & -1 \\ 0 & 0 & 1 & 1 & 1 \\ 0 & 1 & -2 & 0 & -2 \end{bmatrix}$$

因为 A 的秩是 3, 所以齐次线性方程

$$A y = 0, \quad y = (y_1, y_2, y_3, y_4, y_5)^{\mathrm{T}}$$

有 $5 - 3 = 2$ 个基本解.

令 $y_1 = 1$, $y_5 = 0$, 得到一个基本解 $y = (1, -2/5, -1/5, 1/5, 0)^{\mathrm{T}}$; 令 $y_1 = 0$, $y_5 = 1$, 得到另一个基本解 $y = (0, 6/5, -2/5, -3/5, 1)^{\mathrm{T}}$. 根据量纲分析的 Buckingham Pi 定理, 由这两个基本解可以得到两个无量纲量 $f = (r, t, E, \rho, P) = 0$,

$$\pi_1 = r t^{-2/5} E^{-1/5} \rho^{1/5} = r\left(\frac{\rho}{Et^2}\right)^{1/5}, \tag{3.7}$$

$$\pi_2 = t^{6/5} E^{-2/5} \rho^{-3/5} P = \left(\frac{t^6 P^5}{E^2 \rho^3}\right)^{1/5}, \tag{3.8}$$

且存在某个函数 F 使得

$$F(\pi_1, \pi_2) = 0 \tag{3.9}$$

与式 (3.6) 等价. 为了得到形如式 (3.5) 的函数关系, 取式 (3.9) 的特殊形式 $\pi_1 = \psi(\pi_2)$ (其中 ψ 是某个函数), 由式 (3.7) 和式 (3.8) 得

$$r\left(\frac{\rho}{Et^2}\right)^{1/5} = \psi\left(\left(\frac{t^6 P^5}{E^2 \rho^3}\right)^{1/5}\right),$$

于是

$$r=\left(\frac{Et^2}{\rho}\right)^{1/5}\psi\left(\left(\frac{t^6P^5}{E^2\rho^3}\right)^{1/5}\right). \tag{3.10}$$

函数 ψ 的具体形式需要采用其他方式确定. 式（3.10）就是量纲分析法确定的如式（3.5）所要求的函数关系.

数值计算：为了利用表 3.3 中的 t 和 r 的数据，由式（3.10）确定原子弹爆炸的能量 E，必须先估计无量纲 $\psi(\pi_2)$ 的大小. 因为原子弹爆炸时间非常短，但释放的能量却非常大. 从式（3.8）可看出，$\pi_2=\left(\frac{t^6P^5}{E^2\rho^3}\right)^{1/5}\approx0$. Taylor 又根据一些小型爆炸试验的数据，最终建议 $\psi(0)\approx1$，于是式（3.10）可以近似为

$$r=\left(\frac{Et^2}{\rho}\right)^{1/5}. \tag{3.11}$$

这一近似关系式表明，半径与大气压强 P 无关，而当 E，ρ 一定时 r 与 $t^{2/5}$ 成正比. 下面先用表 3.3 的数据检验一下这个关系的合理性，设

$$r=at^b, \tag{3.12}$$

其中 a，b 是待定系数，式（3.12）两边取常用对数进行线性化处理，得

$$\ln r=A+b\ln t，\quad A=\ln a, \tag{3.13}$$

对式（3.13）可用表 3.3 中 t 和 r 的数据做线性拟合，MATLAB 程序代码如下：

```
t=[0.10 0.24 0.38 0.52 0.66 0.80 0.94 1.08 1.22 1.36 1.50 1.65
   1.79 1.93 3.26 3.53 3.80 4.07 4.34 4.61 15 25 34 53 62];
r=[11.1 19.9 25.4 28.8 31.9 34.2 36.3 38.9 41 42.8 44.4 46 46.9
   48.7 59 61.1 62.9 64.3 65.6 67.3 106.5 130 145 175 185];
r1=log(r);
t1=log(t);
p=polyfit(t1,r1,1);              %线性拟合
a=exp(p(2));                     %拟合系数
b=p(1)
t2=0:0.1:65;
r2=a*t2.^b;
plot(t,r,'o',t2,r2,'r')         %拟合对比效果图
title('半径与时间拟合效果图')
```

程序输出结果为 $b=0.4058$，与量纲分析得到的结果（2/5）非常接近. 式（3.12）与实际数据拟合的情况如图 3.2 所示.

图 3.2 式（3.12）与实际数据拟合效果图

当然也可以对式（3.12）直接用非线性拟合.

上面的拟合效果说明式（3.11）是合理的，于是可以直接用该公式计算爆炸能量，先将其变形为

$$E=\frac{\rho r^5}{t^2},\tag{3.14}$$

利用表 3.3 中数据对式（3.14）做最小二乘拟合，即对每一组测试数据算出 E 后取平均值，这里取空气密度为 $\rho=1.25\ \text{kg/m}^3$，在上述程序基础上添加代码段如下：

```
E=0;rho=1.25;e=[];
for i=1:length(t)
    e(i)=rho.*r(i).^5./(t(i)/1000).^2;
    E=E+e(i);
end
E/length(t)
```

输出结果为 $E=8.2825\times10^{13}$，换算后爆炸能量约为 19.7957 kt TNT 当量，与实际值吻合较好，可见这个例子是量纲分析方法成功应用的典型范例.

习　题

1. 某农场现有若干亩农田要承包给农户，农场决定每亩地每年收合同款 300 元，一农户打算连续承包若干亩农田 20 年，并决定一次性缴完 20 年的合同款，但对于提前交付的合同款，农场必须按年息 10% 予以计息后抵缴合同款（按单利计算），则此农户每亩地现在一次性应向农场缴纳合同款多少元？（注：1 亩≈667 m²）

2．某布店的一页账簿上沾了墨水，见表 3.4.

表 3.4　某布店的一页账簿

月	日	摘要	数量/m	单价/（元/m）	金额/元
2	24	全毛花呢	—	49.36	—7.28

所卖呢料米数看不清楚了，但记得是整数；金额项目只看到后面三个数字 7.28，但前面的 3 个数码看不清楚了，试借助数学方法查清这笔账.

3．某大厦共有 33 层，只有一条楼梯和一架电梯上楼．现在有 32 人要上楼，假设这 32 人住在第 2～33 层，每层一人，而这电梯在第 2～33 层之间只停一次，但是要每人每下一层就有一分不满意，要每人上一层就有三分不满意，则电梯停在哪一层就能使不满意程度达到最小？

4．学校共 1000 名学生，235 人住在 A 宿舍，333 人住在 B 宿舍，432 人住在 C 宿舍．学生要组织一个 10 人的委员会，试用 Q 值方法分配各宿舍的委员数.

5．人、狗、鸡、米均要过河，船需要人划，另外至多还能载一物，而当人不在时，狗要吃鸡，鸡要吃米，则人、狗、鸡、米怎样过河？

6．在某海滨城市附近海面有一台风．据监测，当前台风中心位于城市 O（如图 3.3 所示）的东偏南 $\theta(\cos\theta=\dfrac{\sqrt{2}}{10})$ 方向 300 km 的海面 P 处，并以 20 km/h 的速度向西偏北 $45°$ 方向移动．台风侵袭的范围为圆形区域，当前半径为 60 km，并以 10 km/h 的速度不断增大．几小时后该城市开始受到台风的侵袭？

图 3.3　城市 O 台风中心示意图

7．小刘欲购买一套房子，总价为 55 万元，现有存款 20 万元，首付比例不低于 30%，小刘的家庭月收入为 6500 元，每月家庭开支约为 2500 元，最低不能低于 2000 元．银行月利率为：还期不到 5 年的为 3.425‰（年利率为 3.425‰ ×12＝4.14%），还期超过 5 年的为 3.825‰．请为小刘制定贷款策略，使得在不影响家庭正常生活的情况下支付利息最少．

8．质量为 m 的小球系在长为 l 的线的一端，另一端固定，让小球偏离平衡位置，则小球在重力 mg 作用下做往复运动，求周期 t．

9．液体在水平等直径的管内流动，设两点压强差 Δp 与下列变量有关：管径 d，ρ，v，l，μ，管壁粗糙度 Δ，试求 Δp 的表达式．

第 4 章　简单的优化模型

在生产活动、经济管理和科学研究中经常遇到各种最大化或最小化问题，如企业生产成本最低，金融证券公司投资收益最大、风险最小，物流公司运输费用最小，工艺流程耗费时间最短，产品设计浪费材料最少，等等．这种利用有限的资源使效益最大化问题就是最优化问题．优化问题可以说是数学建模中最常见的一类问题，具有很强的实际应用背景，根据其不同表现特征和标准可分为无约束和有约束、线性和非线性、单目标和多目标优化问题等．本章主要介绍无约束优化问题，在第 5 章将详细介绍其他优化问题．

4.1　MATLAB 无约束优化工具简介

无约束优化可以理解为求一个函数在某个区间上的最优值问题，其关键是确定正确的优化目标和目标函数，求解方法主要涉及微积分的知识，实际中可以使用软件进行求解，这里采用 MATLAB 工具，对于需要给出求解初值的问题，要求能够从问题本身进行初步分析后得到最优解的大致位置．下面分别介绍一元函数和多元函数无约束优化问题求解的 MATLAB 工具．

4.1.1　一元函数无约束优化问题的求解

一元函数优化（求最大值或最小值）一般要给定自变量的取值范围，其标准形式为 $\min_x f(x)$，subject to $x_1 < x < x_2$．在 MATLAB 中采用 fminbnd( )函数求解．

fminbnd( )函数的调用格式为

```
x=fminbnd(fun,x1,x2)
```
%返回自变量 x 在区间 x1<x<x2 上函数 fun()取最小值时 x 的值,fun 为目标函数的表达式字符串或 MATLAB 自定义函数的函数柄
```
x=fminbnd(fun,x1,x2,options)          %options 为指定优化参数选项
[x,fval]=fminbnd(…)                   %fval 为目标函数的最小值
[x,fval,exitflag]=fminbnd(…)         %exitflag 为终止迭代的条件
[x,fval,exitflag,output]=fminbnd(…)  %output 为优化信息
```

说明　参数 exitflag>0，表示函数收敛于 x；exitflag=0，表示超过函数估计值或迭代的最大数字；exitflag<0，表示函数不收敛于 x．参数 output=iterations 表示迭代次数，output=funccount 表示函数赋值次数，output=algorithm 表示所使用的算法．

例 4.1 计算下面函数在区间(0,1)内的最小值.

$$f(x)=\frac{x^3-\mathrm{e}^x\cos x+x\ln x}{\mathrm{e}^{-2x}}.$$

解 在 MATLAB 程序窗口中输入如下代码:

```
f='(x^3-exp(x)*cos(x)+x*log(x))/exp(-2*x)'        % 定义目标函数
% 绘制函数在(0,1)区间上的图形
fplot(f,[0,1])
% 求函数在区间(0,1)上的最小值
[x,fval,exitflag,output]=fminbnd(f,0,1)
```

输出结果:

```
x=
    0.7786                    % 最优解
fval=
    -6.0442                   % 最优值
exitflag=
    1                         % 表明函数收敛于上述最优解
output=
    iterations:10
    funcCount:11
    algorithm:'golden section search,parabolic interpolation'
```

输出的图形如图 4.1 所示.

图 4.1 函数图形

例 4.2 有甲、乙两个工厂,甲厂位于一直线河岸的岸边 A 处,乙厂在河的另一侧的 B 处,乙厂距甲厂所在河岸的垂直距离为 35 km,乙厂到河岸的垂直 D 处与 A 处相距 50 km,两厂要在此岸边合建一个供水站 C,从供水站到甲厂和乙

厂的水管费用分别为 30 元/ km 和 50 元/ km，供水站
C 建在何处才能使水管费用最省？

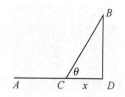

解　先建立该问题的数学模型. 据题意和平面几
何知识知，只有点 C 在线段 AD 上某一适当位置，才
能使费用最省. 设 C 点距 D 点 x km，如图 4.2 所示，
则 $BD=35$，$AC=50-x$，于是

图 4.2　甲厂与乙厂位置示意图

$$BC=\sqrt{BD^2+CD^2}=\sqrt{x^2+35^2}，$$

设总的水管费用为 f 元，由题意得管道总费用模型：

$$f=30(50-x)+50\sqrt{x^2+35^2}\ (0<x<50).$$

下面求该函数的最小值. 理论上可以考虑微分法求解，这里我们借助 MATLAB
优化工具求解.

定义函数 plant.m：

```
function f=plant(x)
f=30*(50-x)+50*sqrt(x^2+35^2);
```

执行程序代码：

```
fplot('plant',[0,50])
[x,fval]=fminbnd('plant',0,50)
```

输出的图形如图 4.3 所示，最优解和最优值如下：

```
x=
    26.2500
fval=
    2900
```

即供水站设在距离 D 点 26.25 km 处费用最省，最低总费用为 2900 元.

图 4.3　输出图形

注：1）对于最大值问题可以通过转换成函数$-f(x)$求最小值来处理.

2）函数 fminbnd( )的算法基于黄金分割法和二次插值法，要求目标函数必须是连续函数，并可能只给出局部最优解.

4.1.2　多元函数无约束优化问题的求解

多元函数最小值问题的标准形式为 $\min\limits_{x} F(X)$，其中，$X=[x_1,x_2,\cdots,x_n]$ 为向量. 在 MATLAB 中使用 fminunc( )或 fminsearch( )函数求多元无约束优化问题的最小值.

fminunc( )函数的调用格式为

```
x=fminunc(fun,x0)                        %返回给定初始点 x0 的最小函数值点
x=fminunc(fun,x0,options)                %options 为指定优化参数
[x,fval]=fminunc(…)                      %fval 最优点 x 处的函数值
[x,fval,exitflag]=fminunc(…) %exitflag 为终止迭代的条件,与上同
%output 为输出优化信息
[x,fval,exitflag,output]=fminunc(…)
% grad 为函数在解 x 处的梯度值
[x,fval,exitflag,output,grad]=fminunc(…)
%目标函数在解 x 处的海赛(Hessian)值
[x,fval,exitflag,output,grad,hessian]=fminunc(…)
```

fminsearch( )函数的调用格式与 fminunc( )相同.

注：fminunc( )为无约束优化提供了大型优化和中型优化算法. fminsearch( )采用了 Nelder-Mead 型简单搜寻法. 使用 fminunc( )和 fminsearch( )亦可能会得到局部最优解. 当函数的阶数大于 2 时，使用 fminunc( )比 fminsearch( )更有效，但当所选函数高度不连续时，使用 fminsearch( )效果较好.

例 4.3　求 $y=3x_1^2-5x_1^3x_2+8x_1x_2+x_2^3$ 的最小值点.

解　在 MATLAB 程序编辑器中建立函数文件 fun1.m：

```
function f=fun1(x)
f=3*x(1)^2-5*x(1)^3*x(2)+8*x(1)*x(2)+x(2)^3;
```

执行程序代码：

```
x0=[0,0];                                %变量初值
x=fminsearch('fun1',x0)
y=fun1(x)                                %最优解对应的最优值
```

输出结果：

```
x=
```

```
    -0.5709    1.1010
y=
    -1.6917
```

例 4.4　求函数 $f(x)=10xy-x^4-y^4+x+y$ 的最大值.

解　为了对函数有一个直观认识，先绘制出其三维图形，新建程序如下：

```
[x,y]=meshgrid(-3:0.05:3,-3:0.05:3);
z=10.*x.*y-x.^4-y.^4+x+y;
mesh(x,y,z)
xlabel('x');ylabel('y');zlabel('z');
```

输出的图形如图 4.4 所示.

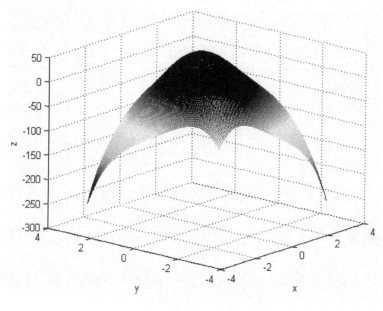

图 4.4　函数 $f(x)$ 三维图形

从图 4.4 可以初步判断函数确实存在极大值，而且可以大致确定极值点的位置，这里不妨取(1,1)，当然在一定的范围内，初值的选取不应该影响函数最优值. 定义函数 fun2.m：

```
function z=fun2(x)
w=10*x(1)*x(2)-x(1)^4-x(2)^4+x(1)+x(2);
z=-w;                              %将最大值问题转化成最小值问题
```

执行程序代码：

```
x0=[1,1];                              %变量初值
x=fminunc('fun2',x0)
z=fun2(x)                              %最优解对应的最优值
```

输出结果：

```
x=
    1.6289    1.6289
z=
  -15.7108
```

或执行程序代码：

```
f='-10*x(1)*x(2)+x(1)^4+x(2)^4-x(1)-x(2)';
x0=[1,1];
[x_max,f_max]=fminsearch(f,x0)         %用 fminunc 效果一样
```

输出结果：

```
x_max=
    1.6289    1.6290
f_max=
  -15.7108
```

4.2　梯子长度的估计问题

问题描述：一栋房子的后面是一个大花园，紧靠楼房的墙壁有一个温室．温室高 3.5 m，深入花园 2.5 m．在温室的上方有一些窗户，现在的问题是工人要打扫这些窗户，他可以利用的工具只有一架长为 8.5 m 的梯子，他能否成功打扫这些窗户？试建立相应的数学模型以解决这个问题．

问题分析：这是一个比较常见的问题，平时我们可能只要尝试一下就可以判断，而很少从数学角度去分析研究．在这个问题中虽然掌握了一些具体数据，但还是有很多因素是不确定的，如房屋、窗户与温室的结构、位置、高度，花园的大小，工人成功的标志等都没有具体描述．因此必须对题目做进一步的明确并适当简化条件．首先对工人成功的条件可以理解成梯子的两端能分别搭在墙上和花园里，同时注意到温室的脆弱性，应理解成不能对温室产生压力；其次对于温室的形状也应该有所明确，实际生活中拱形的温室顶部比较常见，但为了处理方便，我们这里可理想化其为长方体的形式；最后还要指出温室和墙壁之间有没有缝隙（通道）也是很重要的因素，首先可以假设没有间隔．根据上述分析和理解，可以

画出该问题所涉及的剖面图, 如图 4.5 所示. 于是该问题很容易就转换成几何问题. 下面求达到要求的梯子的最短长度.

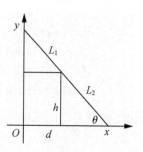

图 4.5 梯子问题剖面图 1

模型假设: 为了简化问题, 下面根据题目的信息和生活经验, 做如下假设.

1) 温室是长方体, 并且紧靠楼房的墙壁没有空隙.

2) 花园足够大并且平整, 保证梯子能有效挪动.

3) 温室的长宽高都不超过楼房的相应高度.

4) 只考虑温室上方的窗户.

5) 梯子与温室最多只能挨着, 不能产生压力.

模型建立与求解: 如图 4.5 所示, 分别用 h 表示温室高度, d 表示温室深入花园的距离, θ 表示梯子与花园表面的夹角, L_1, L_2 为梯子在温室上、下方的长度. 则由几何知识可知梯子总长度 $L=L_1+L_2$, 且

$$\frac{h}{L_2}=\sin\theta , \quad \frac{d}{L_1}=\cos\theta ,$$

于是有

$$L=\frac{d}{\cos\theta}+\frac{h}{\sin\theta}=\frac{d\sin\theta+h\cos\theta}{\sin\theta\cos\theta} .$$

其中, $\theta\in(0,\pi/2)$, 即将满足要求的梯子长度用梯子与地面夹角的函数来表示, 我们的任务就是求该函数的最小值. 关于 θ 求导数得

$$\frac{\mathrm{d}L}{\mathrm{d}\theta}=\frac{d\sin\theta}{\cos^2\theta}-\frac{h\cos\theta}{\sin^2\theta}$$

令 $\frac{\mathrm{d}L}{\mathrm{d}\theta}=0$, 得到 $\frac{h}{d}=\tan^3\theta$, 此时 L 最短, 即

$$L_{\min}=\frac{d}{\cos\theta}+\frac{d\sin^2\theta}{\cos^3\theta}=\frac{d}{\cos^3\theta}=(h^{2/3}+d^{2/3})^{3/2}$$

将 $h=3.5\,\mathrm{m}$, $d=2.5\,\mathrm{m}$ 代入上面的式子有 $L\approx8.44574\,\mathrm{m}$, 即所需梯子的最短长度为 8.45 m, 所以梯子的长度正合适, 即工人能成功.

鉴于上述计算比较繁琐, 下面借助数学软件 MATLAB 来进行分析计算. 事实上, 该问题通过建模以后, 就转换成了一个无约束优化问题, 为此, 先在 MATLAB 中定义目标函数 ladder1.m:

```
function L=ladder1(theta)
d=2.5;h=3.5;
L=d/cos(theta)+h/sin(theta);
```

建立主程序 ladder1_main.m:

```
fplot('ladder1',[0.1,pi/2-0.1])                    %绘制函数图像
xlabel('theta')
ylabel('length of ladder')                         %添加坐标轴
%用 fminbnd 求最优值
[xmin,fmin,exitflag,output]=fminbnd('ladder1',0,pi/2)
```

输出的图形如图 4.6 所示.

图 4.6   梯子长度与夹角的函数图

注: 程序中在用 fplot 语句画图时, 由于 θ 取 0 或 $\pi/2$ 时, 函数没有意义, 绘制出来的图形是有畸变的, 为了便于观察, 我们将范围适当缩小, 即加减 0.1. 从图 4.6 中可以看出, 函数存在最小值, 最小值点在 $\theta=0.8$ 附近.

输出结果:

```
xmin=
    0.8414
fmin=
    8.4457
exitflag=
    1
output=
    iterations:8
    funcCount:9
    algorithm:'golden section search, parabolic interpolation'
```

即最短长度为 8.4457 m，对应的角度为 0.8414 rad．这与前面理论推导得到的结果是一致的．

模型的改进与拓展： 在前面的假设中将温室处理成长方体，忽略了其顶部的形状，如果要让问题更贴近现实，必须考虑温室顶部的形状．显然顶部剖面形状可能是圆弧、抛物线或其他曲线，这里作为进一步的探讨，我们考虑一种比较简单的情形，不妨假设温室顶部的剖面图是半圆形，如图 4.7 所示，并且半径 $r=d/2$．仿照前面的建模过程，可以得到

图 4.7 梯子问题剖面图 2

$$L_2=\frac{h}{\sin\theta}, \quad x=\frac{r}{\sin\theta},$$

从而有

$$L_1=\frac{r+x}{\cos\theta}=\frac{\sin\theta+1}{\sin\theta\cos\theta}r.$$

于是得到考虑温室顶部为特殊拱形的梯子长度模型如下：

$$L=\frac{h}{\sin\theta}+\frac{\sin\theta+1}{\sin\theta\cos\theta}r.$$

其中，$\theta\in(0,\pi/2)$，同前面一样，只需求出该函数的最小值即为此种情况下所需要的最短梯子长度．

显然用微分法直接求解该函数的极值非常麻烦，所以还是利用 MATLAB 来进行分析计算．类似定义函数 ladder2.m：

```
function L=ladder2(theta)
d=2.5;h=3.5;r=d/2;
L=h/sin(theta)+r*(sin(theta)+1)/(sin(theta)*cos(theta));
```

将前面主程序适当修改，运行后得到图形与图 4.6 相似，但最优解变为

```
xmin=
    0.8937
fmin=
    9.0456
```

此时梯子最短长度变为约 9.05 m，明显比第一种情况增长了，这和现实经验是吻合的．从这里可以看出，题目虽然给出了数据，但远远不够，根据不同的理解和假设，可能得到的结果差距是很大的．

当然这里考虑的两种情况只是比较基础、简单的，下面列出几种有待进一步分析的情况供读者探讨．

① 如果温室顶部剖面是抛物线，并且抛物线顶部高度为 $r=d/2$，对称轴为 $x=d/2$，那么此时梯子的最短长度是多少？

② 如果温室和墙壁有通道，通道宽 $l=1\,\mathrm{m}$，那么最短梯子长度应该是多少？

试对这些问题建立必要的数学模型，并用 MATLAB 求出最优解．

注：这是一个典型的优化问题，首先通过几何分析，针对顶部拱形的不同形态建立了梯子长度关于地面夹角的数学模型，并用 MATLAB 无约束优化工具求出了最优解．整个解题的过程充分借助了计算机和数学软件，使得函数图形的生成和分析以及模型的求解变得简单易行，并且还可以不断调整参数进行反复的实验，以达到预想的目的．这种将数学建模与数学实验紧密结合的模式正是学习数学建模的一种很好的方式．

4.3 存 储 模 型

由于社会经济的不确定性，在企业的生产经营和人们的日常生活中，经常需要把一定数量的原料物资、产品和生活用品等储存起来，以供不时之需．例如，工厂会定期订购原材料，存入仓库供持续生产之用；车间会一次加工出一批零件，供装配线每天生产之需；商店可以成批购进各种商品，放在货架以备零售；水库可以在雨季蓄水，用于旱季的灌溉和发电．如果没有储存，而供应商又不能按时供货，企业就有可能因停工待料而造成经济损失，商人会因为无货可卖而失去盈利机会．因此一定数量的储存对于企业的正常运转、保障消费者的利益、维护供需平衡都有很大益处．

但是储存量也不是越多越好，因为储存是要支付储存费用的，储存量过大，储存费用太高，而且长期积压会使储存物资损坏变质，造成不必要的浪费；储存量太小，会导致一次性订购费用增加，或不能及时满足需求．因此便有一个储存量多大才合适的问题．

存储模型按照是否允许缺货可以分为不允许缺货的模型和允许缺货的模型，每一种模型又分为一次性补足和持续补足两种；按照是否考虑随机性因素分为确定性模型和随机性模型．本节将在需求量稳定的前提下讨论一些简单的确定性储存模型．

4.3.1 不允许缺货模型

模型 1：不允许缺货，一次性补充．

模型假设： 为便于理解和计算，对此模型做如下假设．

1）需求是连续均匀的，需求速度为常数 R，则 t 时间内的需求量为 Rt．

2）每次订货费为 C_1 元，货物存储费为单位时间每件 C_2 元，均为常数．

3）每次订购量相同，均为 Q，订货费不变，并假定当存储量降为 0 时，可立

即补充 Q 件产品，不会造成缺货.

　　4）订货周期为 T，时间单位可取为年、月、天等.

　　5）不允许缺货，缺货损失费为无穷大.

　　在需求量确定的情况下，订货周期短、订货量少，储存费相对较低，但一次性订货费高；反之，订货周期长、订货量大，会使储存费升高，但订货费降低. 所以一定存在一个最佳的订货周期，使总费用最低.

　　显然该问题的决策变量应该是每次的订货量和订货周期，为了确定最优存储策略，必须建立订货量、订货周期与总费用的函数关系，并用相应的求解函数极值的方法求出最优订货量和最佳订货周期，使平均费用最低.

　　模型建立：在上述假设条件下，存储量的变化情况如图 4.8 所示.

图 4.8　不允许缺货模型的储存量变化示意图

　　将储存量表示为时间 t 的连续函数 $q(t)$，$t=0$ 时有 Q 件货物，即储存量 $q(0)=Q$，$q(t)$ 以需求速度 R 递减，直到 $q(T)=0$. 在需求速度 R 确定的情况下，订货量 Q 必须和订货周期 T 内的需求量相等，即有 $Q=RT$.

　　一个周期内的储存费是 $C_2 \int_0^T q(t)dt$，由定积分的几何意义可知其中的积分值即储存量恰等于图 4.8 中三角形的面积 $QT/2$. 因为一周期的订货费为 C_1，注意到 $Q=RT$，得到一个周期内的总费用为

$$C = C_1 + \frac{C_2 QT}{2} = C_1 + \frac{C_2 RT^2}{2}, \qquad (4.1)$$

于是一个周期内单位时间内的总平均费用是

$$\bar{C}(T) = \frac{C}{T} = \frac{C_1}{T} + \frac{RTC_2}{2}, \qquad (4.2)$$

式（4.2）即为优化模型式（4.1）的目标函数，于是问题归结为求最佳周期 T 使得式（4.2）中 $\bar{C}$ 最小，其中 C_1，C_2，R 均为常数，T 为决策变量.

　　模型求解：利用微分法或不等式性质可求出使式（4.2）的 $\bar{C}$ 达到最小值时所对应的 T^* 为

$$T^* = \sqrt{\frac{2C_1}{C_2 R}} , \tag{4.3}$$

代入 $Q=RT$ 可得一个周期最佳订货量为

$$Q^* = \sqrt{\frac{2C_1 R}{C_2}} , \tag{4.4}$$

式（4.3）和式（4.4）称为最优经济批量公式.

将式（4.3）代入式（4.2）算出最小的平均费用为

$$\bar{C}^* = \sqrt{2C_1 C_2 R} . \tag{4.5}$$

结果解释及模型应用：

1) 由式（4.3）和式（4.4）可以看到，当订货费 C_1 增加时，订货周期和订货量都变大；当储存费 C_2 增加时，订货周期和订货量都变小；当需求量 R 增加时，订货周期变小而订货量变大. 这些从模型反映出来的变化关系与现实中定性分析得到的结果是吻合的. 但公式中的定量关系（如平方根、系数等）凭经验定性分析是无法得出的，只能通过数学建模获得.

2) 整个建模中都没有考虑货物成本，事实上，在式（4.1）右边只需加上 $QK=RTK$，则总费用便包含货物成本，其中 K 为单件产品成本. 此时式（4.2）右边应该加上常数项 RK，因此并不会影响式（4.2）的最优解.

3) 对于生产储存问题，只需要将 T 视为生产周期，C_1 视为每次生产准备费，每次产量为 Q，其他信息和假设不变，则可得到同式（4.1）和式（4.2）完全相同的储存模型.

4) 模型的应用.

用得到的模型计算如下问题：已知某企业对某种材料的年需求量为 1000 t，该产品单价为 500 元/t，年储存费用为 50 元/t，每次订货费为 150 元，求最优储存策略.

已知 $R=1000$t，$C_1=150$ 元，$C_2=50$ 元/t，$K=500$ 元/t. 分别代入式（4.3）～式（4.5），得

$$T^* = \sqrt{\frac{2C_1}{C_2 R}} = \sqrt{\frac{2 \times 150}{50 \times 1000}} \approx 0.0775 (年) ,$$

即约 28 天；

$$Q^* = \sqrt{\frac{2C_1 R}{C_2}} = \sqrt{\frac{2 \times 150 \times 1000}{50}} \approx 77.5 (t) ;$$

$$\bar{C}^* = \sqrt{2C_1 C_2 R} = \sqrt{2 \times 150 \times 50 \times 1000} = 3873 (元) .$$

即最优储存策略为，每隔约 28 天进货一次，每次进货 77.5t，相应最小总平均费

用为 3873 元.

　　5）式（4.2）的几何解释.

　　利用上面案例提供的数据在 MATLAB 中绘出总平均费用函数、平均储存费用函数和平均订货费函数的图形，如图 4.9 所示.

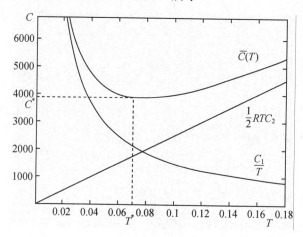

图 4.9　各平均费用变化曲线

　　从图 4.9 可以看出：总平均费用 $\bar{C}(T)$ 在最佳订货周期 T^* 处达到最小值. 当 $T<T^*$ 时，平均储存费用低于平均订货费用；当 $T>T^*$ 时，平均储存费用高于平均订货费用；当 $T=T^*$ 时，平均储存费用等于平均订货费用，且使总平均费用最小. 这一点和用均值不等式分析的结果是一致的.

　　模型 2：不允许缺货，连续性补充.

　　在模型 1 中，每次进货是一次性瞬间入库的. 但现实中订货并不是一次性达到的，往往是一次订货分多次连续送达，即一边消耗一边进货. 因此需要考虑进货时间，假设当库存量降到 0 时，以一定供给速度 P（进货速度）持续补充货物，即货物分批到达. 由于不允许缺货，所以显然 $P>R$. 其他假设和模型 1 相同.

　　模型建立： 在上述假设条件下，存储量 $q(t)$ 的变化情况如图 4.10 所示. 考虑一个周期 T，从库存为零开始进货为起点，在区间 $[0, T_0]$ 内，储存量以 $P-R$ 的速度连续均匀的增加，当达到时刻 T_0 时，达到最大储存量 Q_0，显然有

$$Q_0=(P-R)T_0 . \tag{4.6}$$

　　此时进货过程结束，但需求仍将继续，故在区间 $[T_0, T]$ 内，储存量以速度 R 均匀递减，直至库存为零，完成一个周期. 一周期内根据供需平衡，应该有

$$PT_0=RT . \tag{4.7}$$

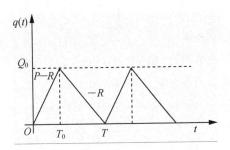

图 4.10   不允许缺货持续补充模型的储存量变化示意图

类似模型 1，由定积分的几何意义可知一个周期内的储存量为 $\int_0^T q(t)\mathrm{d}t = TQ_0/2$，由式（4.6）和式（4.7）得到一个周期内的总费用为

$$C = C_1 + \frac{T(P-R)T_0}{2}C_2 = C_1 + \frac{(P-R)R}{2P}T^2C_2. \tag{4.8}$$

于是一个周期内单位时间内的总平均费用是

$$\overline{C}(T) = \frac{C_1}{T} + \frac{(P-R)R}{2P}TC_2. \tag{4.9}$$

式（4.9）即为模型 2 的优化目标函数，于是问题归结为求最佳周期 T 使得式（4.9）中 $\overline{C}$ 最小，其中，C_1，C_2，R 均为常数，T 为决策变量．

模型求解：利用微分法或不等式性质可求出使式（4.9）的 $\overline{C}$ 达到最小值时所对应的 T^* 为

$$T^* = \sqrt{\frac{2C_1}{C_2R}} \cdot \sqrt{\frac{P}{P-R}}. \tag{4.10}$$

代入 $Q = RT$ 可得一个周期最佳订货量为

$$Q^* = \sqrt{\frac{2C_1R}{C_2}} \cdot \sqrt{\frac{P}{P-R}}. \tag{4.11}$$

将式（4.10）代入式（4.9）算出最小的平均费用为

$$\overline{C} = \sqrt{2C_1C_2R} \cdot \sqrt{\frac{P-R}{P}}. \tag{4.12}$$

结果解释及模型应用：

1）与模型 1 的最佳订货周期和最佳订货量式（4.3）和式（4.4）比较，模型 2 的式（4.10）和式（4.11）均多了一个因子 $\sqrt{\dfrac{P}{P-R}}$．当供货速度很大，即 $P \to \infty$ 时，$\dfrac{P}{P-R} \to 1$，此时式（4.10）和式（4.11）分别变成式（4.3）和式（4.4），模型 2 退化成模型 1，即一次性补足货物，可见模型 1 是模型 2 的特例．在持续性补足的条件下，相对模型 1，模型 2 的经济订货周期和订货批量都增大了，总相关费用则减少了.

2）模型的应用.

设某厂生产某种零件，每年需求量为 18000 个. 该厂每月可生产 3000 个，每次生产准备费用为 600 元，每个零件每月的保管费用为 0.25 元. 求最佳生产策略.

已知 $R = 18000$ 个/年 $= 1500$ 个/月，$C_1 = 600$ 元/次，$C_2 = 0.25$ 元/(个/月)，$P = 3000$ 个/月. 分别代入式（4.10）～式（4.12），得

$$T^* = \sqrt{\frac{2C_1}{C_2 R}} \cdot \sqrt{\frac{P}{P-R}} = \sqrt{\frac{2 \times 600}{0.25 \times 1500}} \times \sqrt{\frac{3000}{3000-1500}} \approx 2.5298(月),$$

即约 76 天；

$$Q^* = \sqrt{\frac{2C_1 R}{C_2}} \cdot \sqrt{\frac{P}{P-R}} = \sqrt{\frac{2 \times 600 \times 1500}{0.25}} \times \sqrt{\frac{3000}{3000-1500}} \approx 3795(个);$$

$$\bar{C}^* = \sqrt{2C_1 C_2 R} \cdot \sqrt{\frac{P-R}{P}} = \sqrt{2 \times 600 \times 0.25 \times 1500} \times \sqrt{\frac{3000-1500}{3000}} = 474(元),$$

即最佳生产策略为每隔约 76 天生产一次，每次生产 3795 个，相应最小总平均费用为 474 元.

4.3.2　允许缺货模型

模型 3：允许缺货，一次性补充.

前面介绍的模型是不能缺货的，即缺货损失无穷大. 但是在某些情况下缺货是允许的，即当存储量降到 0 时，不一定立即补充货物. 虽然这会造成一定的损失，但是如果损失费不超过不允许缺货导致的订货费和储存费，暂时缺货是划算的. 当货物到达后，短缺部分可以得到补足.

模型假设：在允许缺货模型中，需要补充假设如下.

1）每次的虚拟订购量（即不允许缺货情况下的应进货量）相同，均为 S，每周期初的储存量为 Q，缺货量为 Q_0，则 $S = Q + Q_0$.

2）订货周期为 T，T_1 为进货用完的时间，T_2 为货用完再到进货的时间，即缺货时间.

3）相对于需求量生产能力为无限大，允许缺货，但缺货数量需在下次订货（或生产）时补足，单位时间内每件产品缺货损失费为 C_3 元.

其余变量和假设与模型 1、模型 2 相同.

模型建立：如图 4.11 所示，Q 是每周期初的储存量. 根据假设需求量恒定，因此在 T_1 时段内，储存量函数 $q(t)$ 以需求速率 R 线性递减，直至当 $t = T_1$ 时 $q(t) = 0$，储存货物用完，于是有

$$Q = RT_1 \qquad (4.13)$$

在 T_2 时段内已缺货，可认为储存量函数 $q(t)$ 为负值，$q(t)$ 仍按原斜率继续下降. 由于规定缺货量需补足，所以在 $t=T$ 时数量为 S 的产品到达，使下周期初的储存量恢复到 Q.

图 4.11　允许缺货模型的储存量变化示意图

在该问题中，一个周期的总费用应该由 3 部分构成：一是一次性订货费用，即为 C_1；二是储存费用；三是缺货损失费. 对于储存费用，类似模型 1，先利用图 4.11 中三角形面积计算出一个周期内总的储存量为

$$\int_0^{T_1} q(t)\mathrm{d}t = QT_1 / 2 .$$

同理，缺货量为

$$\int_{T_1}^{T_2} |q(t)| \mathrm{d}t = (S-Q)T_2 / 2 .$$

于是得到一个周期内的总费用为

$$C = C_1 + \frac{C_2 QT}{2} + \frac{C_3(S-Q)T_2}{2} . \qquad (4.14)$$

利用相似三角形边的关系有

$$\frac{T_2}{T_1} = \frac{S-Q}{Q} . \qquad (4.15)$$

将式（4.13）和式（4.15）代入式（4.14）消去 S，T_1 和 T_2 得到总费用关于 T，Q 的二元目标函数

$$C(T,Q) = C_1 + \frac{C_2 Q^2}{2R} + \frac{C_3(RT-Q)^2}{2R} , \qquad (4.16)$$

则每单位时间的平均费用为

$$\overline{C}(T,Q) = \frac{C_1}{T} + \frac{C_2 Q^2}{2RT} + \frac{C_3(RT-Q)^2}{2RT} . \qquad (4.17)$$

模型求解：利用微分法求 T 和 Q 使 $\overline{C}(T,Q)$ 最小，令

$$\begin{cases} \dfrac{\partial \overline{C}}{\partial Q} = \dfrac{1}{T}\left(\dfrac{C_2 Q}{R} - \dfrac{C_3(RT-Q)}{R} \right) = 0 \\ \dfrac{\partial \overline{C}}{\partial T} = -\dfrac{1}{T^2}\left(C_1 + \dfrac{C_2 Q^2}{2R} + \dfrac{C_3(RT-Q)^2}{2R} \right) + \dfrac{1}{T}C_3(RT-Q) = 0 \end{cases},$$

可解得最佳订货周期和最佳实际订货量分别为

$$T^* = \sqrt{\frac{2C_1}{RC_2}} \cdot \sqrt{\frac{C_2+C_3}{C_3}}, \tag{4.18}$$

$$Q^* = \sqrt{\frac{2RC_1}{C_2}} \cdot \sqrt{\frac{C_3}{C_2+C_3}}. \tag{4.19}$$

同理可得

$$\overline{C}^* = \sqrt{2RC_1C_2} \cdot \sqrt{\frac{C_3}{C_2+C_3}}. \tag{4.20}$$

与模型 1 的式（4.3）～式（4.5）比较，模型 3 的式（4.18）～式（4.20）均多了一个因子 $\sqrt{\dfrac{C_2+C_3}{C_3}}$ 或 $\sqrt{\dfrac{C_3}{C_2+C_3}}$. 当缺货损失费很大，即 $C_3 \to \infty$，这两个因子极限都为 1，此时式（4.18）～式（4.20）分别变为式（4.3）～式（4.5），模型 3 退化成模型 1，即不允许缺货，可见不允许缺货模型可视为允许缺货模型的特例.

习　题

1. 在一块边长为 6 m 的正方形空地上建造一个容积为 50 m³，深 5 m 的长方体无盖水池，如果池底和池壁的造价每平方米分别为 150 元和 100 元，那么水池的最低总造价为多少元？

2. 对边长为 5 m 的正方形铁板，在 4 个角剪去相等的正方形以制成方形无盖水槽，则如何剪使水槽的容积最大？

3. 生产某种电子元件，如果生产一件合格品，可获利 200 元，如果生产一件次品则损失 100 元，已知该厂制造电子元件过程中，次品率 p 与日产量 x 的函数关系是 $p = \dfrac{3x}{4x+32}\,(x \in \mathbf{N}^*)$.

（1）将该产品的日盈利额 T（元）表示为日产量 x 的函数.

（2）为获最大利润，该厂的日产量应定为多少件？

4. 若图 4.12 中电灯 B 可在过桌面上一点 O 的垂线上移动，桌面上有与点 O 距离为 a 的另一点 A，则电灯 B 与点 O 的距离为多大时，可使点 A 有最大的亮度？（由光学知识知，亮度 y 与 $\sin\theta$ 成正比，与 r^2 成反比.）

图 4.12　电灯位置图

5．甲方是一农场，乙方是一工厂．由于乙方生产需要占用甲方的资源,因此甲方有权向乙方索赔以弥补经济损失并获得一定的净收入．在乙方不赔付甲方的情况下，乙方的年利润 x（元）与年产量 t（吨）满足函数关系 $x=2000\sqrt{t}$．若乙方每年生产一吨产品必须赔付甲方 s 元（以下称 s 为赔付价格）．

（1）将乙方的年利润 w 表示为年产量 t 的函数，并求出乙方获得最大利润的年产量．

（2）甲方每年受乙方生产影响的经济损失金额 $y=0.002t^2$，在乙方按照获得最大利润的产量进行生产的前提下，甲方要在索赔中获得最大净收入，应向乙方要求的赔付价格 s 是多少？

6．陈酒出售的最佳时机问题．

某酒厂有批新酿的好酒，如果现在就出售，可得总收入 $R_0=100$ 万元，如果窖藏起来待来日（第 n 年）按陈酒价格出售，第 n 年年末可得总收入 $R=R_0 e^{\sqrt{n}/6}$，而银行利率为 $r=0.05$，试分析这批好酒窖藏多少年后出售可使总收入的现值最大，并完成表 4.1～表 4.3．（假设现有资金 X 万元，将其存入银行，到第 n 年时增值为 $R(n)$ 万元，则称 X 为 $R(n)$ 的现值．）

第一种方案：将酒现在出售，所获 100 万元本金存入银行；

第二种方案：将酒窖藏起来，待第 n 年出售．

（1）计算 15 年内采用两种方案，100 万元增值的数目并填入表 4.1 和表 4.2 中．

（2）计算 15 年内陈酒出售后总收入 $R(n)$ 的现值填入表 4.3 中．

表 4.1　第一种方案

项目	第 1 年	第 2 年	第 3 年	第 4 年	第 5 年
增值					
项目	第 6 年	第 7 年	第 8 年	第 9 年	第 10 年
增值					
项目	第 11 年	第 12 年	第 13 年	第 14 年	第 15 年
增值					

表 4.2　第二种方案

项目	第 1 年	第 2 年	第 3 年	第 4 年	第 5 年
增值					
项目	第 6 年	第 7 年	第 8 年	第 9 年	第 10 年
增值					
项目	第 11 年	第 12 年	第 13 年	第 14 年	第 15 年
增值					

表 4.3　陈酒出售后的现值

项目	第 1 年	第 2 年	第 3 年	第 4 年	第 5 年
增值					
项目	第 6 年	第 7 年	第 8 年	第 9 年	第 10 年
增值					
项目	第 11 年	第 12 年	第 13 年	第 14 年	第 15 年
增值					

7. 房屋建筑成本由土地使用权取得费和材料工程费两部分组成. 某市今年的土地使用权取得费为 2000 元/m^2; 材料工程费在建造第一层时为 400 元/m^2, 以后每增加一层费用增加 40 元/m^2, 请帮助设计学校科技综合大楼的层数, 使每层每平方米建筑面积的平均成本费用最节省（成本最低）.

第 5 章　数学规划模型

数学规划是运筹学的重要分支，也是数学建模中的一类重要方法. 它的应用领域非常广泛，从解决各种技术领域中的最优化问题，到工农业生产、经济管理、交通运输、决策分析等方面都可以看到数学规划的缩影.

一般实际问题中的优化模型可归结为

$$\min(\max)\ z=f(x),\quad x=(x_1,x_2,\cdots,x_n)^{\mathrm{T}}$$

$$\text{s.t.}\ \ g_i(x)\leqslant 0(=0或\geqslant 0),\quad i=1,2,\cdots,m.$$

其中，x 称为决策变量，$f(x)$ 称为目标函数，s.t.（subject to）表示受约束，$g_i(x)\leqslant 0$ 称为约束条件. 具有这种形式的优化模型称为数学规划模型.

数学规划模型实质上就是多元函数的条件极值问题，但由于从实际问题中提炼出的数学规划模型，往往决策变量和约束条件的数量 n，m 都很大，所以直接用微分法求解难度大，效率低，不易操作. 如果用数学规划的理论结合数学软件来求解相对要容易得多. 数学规划问题主要采用单纯形法求解，在这一章中我们着重从数学建模的角度出发，介绍数学软件工具的应用，尽量回避繁琐的理论求解，转而用现成的工具软件求解模型，这样可以最大限度地展现数学知识和方法在现实中的应用.

数学规划可分为以下几种.

1）线性规划：$f(x)$，$g_i(x)$ 均为线性函数，且 $x_i\geqslant 0$.

2）非线性规划：$f(x)$ 或某 $g_i(x)$ 为非线性函数.

3）整数规划和 0-1 规划：$x_i\in\mathbf{Z}$ 或只能取 0 和 1.

4）多目标规划：目标函数由两个或两个以上目标构成.

整数规划是线性规划和非线性规划的特殊形式. 本章将从几个方面介绍一些典型的实际案例. 为了便于学习具体案例时求解模型，下面先简要介绍一些常用的优化工具.

5.1　优化工具简介

5.1.1　MATLAB 优化工具箱

在第 4 章我们已经将 MATLAB 优化工具箱中的 fminbnd( )、fminsearch( )和 fminunc( )函数应用到无约束优化问题的求解当中，初步体验了优化工具的优势和便捷. 事实上，MATLAB 优化工具箱除了提供上述优化函数外，还可以求解线性规划、非线性规划和多目标规划问题，具体而言，包括线性、非线性最小化，最大最小化，二次规划，半无限问题，线性、非线性方程（组）的求解，线性、非线性的最小二乘问题，等等．另外，该工具箱还提供了线性、非线性最小化，方程求解，曲线拟合，二次规划等问题中大型课题的求解方法，为优化方法在工程中的实际应用提供了更方便快捷的途径．本节主要介绍数学建模中常用的线性规划和非线性规划的求解函数．

1. 线性规划问题

线性规划问题是目标函数和约束条件均为线性函数的问题，MATLAB 解决的线性规划问题的标准形式为

$$\min \ c' \cdot x, \qquad x \in \mathbf{R}^n$$
$$\text{s.t.} \begin{cases} A \cdot x \leqslant b \\ \mathbf{Aeq} \cdot x = \mathbf{beq} \\ \mathbf{lb} \leqslant x \leqslant \mathbf{ub} \end{cases}$$

其中，c'，x，b，**beq**，**lb**，**ub** 为均列向量，A，**Aeq** 为矩阵，s.t.意为使什么满足，受什么约束．其他形式的线性规划问题都可经过适当变换转化为此标准形式．在 MATLAB 中，线性规划问题（Linear Programming）求解使用函数 linprog( ).

linprog( )函数的调用格式为

```
%求min c '*x  s.t.A·x≤b线性规划的最优解
x=linprog(c,A,b)
%增加等式约束Aeq·x=beq，若没有不等式约束A·x≤b，则A=[ ]，b=[ ]
x=linprog(c,A,b,Aeq,beq)
%指定x的范围lb≤x≤ub，若没有等式约束Aeq·x=beq，则Aeq=[ ]，beq=[ ]
x=linprog(c,A,b,Aeq,beq,lb,ub)
%设置初值x0.该选项只适用于中型问题，默认时大型算法将忽略初值
x=linprog(c,A,b,Aeq,beq,lb,ub,x0)
% options为指定的优化参数
x=linprog(c,A,b,Aeq,beq,lb,ub,x0,options)
% 返回解x处的目标函数值fval
[x,fval]=linprog(…)
% exitflag为终止迭代的错误条件
[x,fval,exitflag]=linprog(…)
% output为关于优化的一些信息
[x,fval,exitflag,output]=linprog(…)
% lambda为解x处的Lagrange乘子
```

```
[x,fval,exitflag,output, lambda]=linprog(…)
```

说明 若 exitflag>0 表示函数收敛于解 x，exitflag=0 表示超过函数估值或迭代的最大数字，exitflag<0 表示函数不收敛于解 x；lambda=lower 表示下界 **lb**，lambda=upper 表示上界 **ub**，lambda=ineqlin 表示不等式约束，lambda=eqlin 表示等式约束，lambda 中的非 0 元素表示对应的约束是有效约束；output=iterations 表示迭代次数，output=algorithm 表示使用的运算规则，output=cgiterations 表示 PCG 迭代次数.

注：使用优化工具箱时，由于优化函数要求目标函数和约束条件满足一定的格式，所以需要用户在进行模型输入时注意以下几个问题.

1）目标函数最小化. 前面提到的优化函数 fminbnd( )、fminsearch( )、fminunc( ) 以及这节要介绍的 linprog( )、fmincon( ) 等函数都要求目标函数最小化，如果优化问题要求目标函数最大化，可以通过使该目标函数的负值最小化即 $-f(x)$ 最小化来实现.

2）约束非正. 优化工具箱要求不等式约束的形式为 $C_i(x) \leq 0$，通过对不等式取负可以达到使大于零的约束形式变为小于零的不等式约束形式的目的，如 $C_i(x) \geq 0$ 形式的约束等价于 $-C_i(x) \leq 0$；$C_i(x) \geq b$ 形式的约束等价于 $-C_i(x)+b \leq 0$.

3）避免使用全局变量.

例 5.1 求解下面的线性规划问题：
$$\min \quad z = -3x_1+4x_2-2x_3+5x_4$$
$$\text{s.t.} \begin{cases} x_1+x_2+3x_3-x_4 \leq 12 \\ -2x_1+3x_2-x_3+2x_4 \geq 2 \\ 4x_1-x_2+2x_3-x_4 = -2 \\ x_1 \geq 0, \ x_2 \geq 0, \ x_3 \geq 0 \end{cases}.$$

解 在 MATLAB 中输入程序代码如下：

```
c=[-3;4;-2;5];
A=[1 1 3 -1;
2 -3 1 -2];              %第2个不等式不是标准形式,需要两边加负号
b=[12;-2];
Aeq=[4 -1 2 -1];
beq=[-2];
lb=zeros(3,1);          % x4 无约束
ub=[];
```

```
[x,fval,exitflag,output,lambda]=linprog(c,A,b,Aeq,beq,lb,ub)
```

输出结果：

```
x =                          %最优解
    0.0000
    7.0000
    0.0000
   -5.0000
fval =                       %最优值
    3.0000
exitflag =                   %收敛
    1
output =
    iterations: 7            %迭代次数
    cgiterations: 0
    algorithm: 'lipsol'      %所使用规则
lambda =
    ineqlin: [2x1 double]
     eqlin: 4.5000
     upper: [4x1 double]
     lower: [4x1 double]
```

在 MATLAB 命令窗口提示符下输入 lambda.ineqlin 并按 Enter 键得

```
ans =
      0.5000
      0.0000
```

同样输入 lambda.lower 后并按 Enter 键得

```
ans =
   15.5000
    0.0000
    8.5000
        0
```

说明　不等式约束条件 1 以及第 1 个和第 3 个下界是有效的.

例 5.2　求解下面的线性规划问题：
$$\max \quad z = 2x_1 + 3x_2 + 4x_3 + 7x_4 .$$

$$\text{s.t.} \begin{cases} 2x_1+3x_2-x_3-4x_4=8 \\ x_1-2x_2+6x_3-7x_4=-3 \\ 0 \leqslant x_2 \leqslant 3, 0 \leqslant x_3 \leqslant 7 \\ x_1 \geqslant 0, x_4 \geqslant 0 \end{cases}$$

解 在 MATLAB 中输入程序代码如下：

```
c=-[2;3;4;7];                    %目标函数求最大值,加负号转化成求最小值
Aeq=[2 3 -1 -4;
    1 -2 6 -7];
beq=[8;-3];
lb=zeros(4,1);
ub=[inf;3;7;inf];                %x1 和 x4 无上界限制
[x,fval,exitflag]=linprog(c,[ ],[ ],Aeq,beq,lb,ub)%无不等式约束
```

输出结果：

```
Optimization terminated successfully.
x=
    28.5000
     0.0000
     7.0000
    10.5000
fval =
    -158.5000
exitflag =
         1
```

即最优解为 $x_1=28.5$；$x_2=0$；$x_3=7$；$x_4=10.5$，最大值为 158.5.

2. 非线性规划问题

（1）二次规划问题

二次规划问题（Quadratic Programming）的标准形式为

$$\min \frac{1}{2}x'Hx+c'x$$

$$\text{s.t.} \begin{cases} A \cdot x \leqslant b \\ \mathbf{Aeq} \cdot x = \mathbf{beq} \\ \mathbf{lb} \leqslant x \leqslant \mathbf{ub} \end{cases}.$$

其中，H，$\mathbf{Aeq}$，A 为矩阵，c，b，$\mathbf{beq}$，$\mathbf{lb}$，$\mathbf{ub}$，x 为向量. 其他形式的二次规划问题都可转化为标准形式.

quadprog( )函数的调用格式为

```
x=quadprog(H,c,A,b) %其中 H,c,A,b 为标准形中的参数,x 为目标函数的最小值
x=quadprog(H,c,A,b,Aeq,beq)
x=quadprog(H,c,A,b,Aeq,beq,lb,ub)
x=quadprog(H,c,A,b,Aeq,beq,lb,ub,x0)
x=quadprog(H,c,A,b,Aeq,beq,lb,ub,x0,options)
[x,fval]=quadprog(…)
[x,fval,exitflag]=quadprog(…)
[x,fval,exitflag,output]=quadprog(…)
[x,fval,exitflag,output,lambda]=quadprog(…)
```

注：其他格式及参数说明同 linprog( )函数一样.

例 5.3　求解下面二次规划问题：

$$\min \ f(x) = \frac{1}{2}x_1^2 + 2x_2^2 - 2x_1 x_2 - 3x_1 - 5x_2$$

$$\text{s.t.} \begin{cases} x_1 + x_2 \leqslant 5 \\ -x_1 + 2x_2 \leqslant 2 \\ 3x_1 - 2x_2 \leqslant 3 \\ x_1 \geqslant 0, \ x_2 \geqslant 0 \end{cases}.$$

解　$f(x) = \frac{1}{2}x'Hx + c'x$，则

$$H = \begin{bmatrix} 1 & -2 \\ -2 & 4 \end{bmatrix}, \quad c = \begin{bmatrix} -3 \\ -5 \end{bmatrix}, \quad x = \begin{bmatrix} x_1 \\ x_2 \end{bmatrix}.$$

在 MATLAB 中输入程序代码如下：

```
H=[1 -2; -2 4];                     %二次型矩阵
c=[-3; -5];
A=[1 1; -1 2; 3 -2];                %线性不等式约束
b=[5; 2; 3];
lb=zeros(2,1);
[x,fval,exitflag,output,lambda]=quadprog(H,c,A,b,[ ],[ ],lb)
```

输出结果：

```
x=                                  %最优解
    2.5000
    2.2500
fval=                               %最优值
  -16.7500
```

注：在 MATLAB 命令窗口提示符下输入 lambda.ineqlin，可见第 2、第 3 两个约束条件有效，其余无效.

（2）一般非线性规划

非线性有约束的多元函数求极值问题的标准形式为

$$\min\ f(x)$$

$$\text{s.t.}\begin{cases} A \cdot x \leqslant b \\ Aeq \cdot x = beq \\ C(x) \leqslant 0 \\ Ceq(x) = 0 \\ lb \leqslant x \leqslant ub \end{cases}.$$

其中，x，b，beq，lb，ub 是向量，A，Aeq 为线性约束对应的矩阵，$C(x)$、$Ceq(x)$ 是返回向量的函数，$f(x)$ 为目标函数，$f(x)$，$C(x)$，$Ceq(x)$ 可以是非线性函数组成的向量，其他变量的含义与线性规划、二次规划中相同. 用 MATLAB 求解上述问题，需要分 3 个步骤实现.

1）首先建立 M 文件 fun.m，定义目标函数 $f(x)$：

```
function f=fun(x);
    f=f(x);
```

2）若约束条件中有非线性约束：$C(x) \leqslant 0$ 或 $Ceq(x) = 0$，则建立 M 文件 nonlcon.m，定义函数 $C(x)$ 与 $Ceq(x)$.

```
function [C,Ceq]=nonlcon(x)
C=...          %多组约束条件用[  ]括起来,之间用";"隔开.
Ceq=...
```

3）建立主程序. 非线性规划求解的函数是 fmincon( )，其调用格式为

```
x=fmincon(fun,x0,A,b)
x=fmincon(fun,x0,A,b,Aeq,beq)
x=fmincon(fun,x0,A,b,Aeq,beq,lb,ub)
x=fmincon(fun,x0,A,b,Aeq,beq,lb,ub,nonlcon)
x=fmincon(fun,x0,A,b,Aeq,beq,lb,ub,nonlcon,options)
[x,fval]=fmincon(…)
[x,fval,exitflag]=fmincon(…)
[x,fval,exitflag,output]=fmincon(…)
[x,fval,exitflag,output,lambda]=fmincon(…)
[x,fval,exitflag,output,lambda,grad]=fmincon(…)
[x,fval,exitflag,output,lambda,grad,hessian]=fmincon(…)
```

说明 ① fun 为目标函数, 可用 function( ) 来定义.

② x_0 为初始值.

③ **A**、**b** 满足线性不等式约束 $A \cdot x \leqslant b$, 若没有不等式约束, 则 **A**=[ ], **b**=[ ].

④ **Aeq**、**beq** 满足等式约束 $Aeq \cdot x = beq$, 若没有, 则取 **Aeq**=[ ], **beq**=[ ].

⑤ **lb**、**ub** 满足 $lb \leqslant x \leqslant ub$, 若没有界, 可设 **lb**=[ ], **ub**=[ ].

⑥ nonlcon 的作用是通过接受的向量 x 来计算非线性不等约束 $C(x) \leqslant 0$ 和等式约束 $Ceq(x)=0$ 分别在 x 处的估计 **C** 和 **Ceq**, 通过指定函数柄来使用, 例如:

```
x=fmincon(@myfun,x0,A,b,Aeq,beq,lb,ub,@mycon)
```

要求先建立非线性约束函数, 并保存为 mycon.m:

```
function [C,Ceq]=mycon(x)
C=...                    %计算 x 处的非线性不等约束 C(x)≤0 的函数值
Ceq=...                  %计算 x 处的非线性等式约束 Ceq(x)=0 的函数值
```

⑦ lambda 是 Lagrange 乘子, 它体现哪一个约束有效.

⑧ output 表示输出优化信息.

⑨ grad 表示目标函数在 x 处的梯度.

⑩ hessian 表示目标函数在 x 处的 Hessian 值.

注:

1) fmincon( ) 函数提供了大型优化算法和中型优化算法. 默认时, 若在 fun( ) 函数中提供了梯度, 并且只有上下界存在或只有等式约束, fmincon( ) 函数将选择大型算法. 当既有等式约束又有梯度约束时, 使用中型算法.

2) fmincon( ) 函数的中型算法使用的是序列二次规划法. 在每一步迭代中求解二次规划子问题, 并用 BFGS 法更新 Lagrange Hessian 矩阵.

3) fmincon( ) 函数可能会给出局部最优解, 这与初值 x_0 的选取有关.

例 5.4　求解下列非线性规划问题, 初值选为 (0, 1).

$$\min \quad f(x)=x_1^2+x_2^2+8$$

$$\text{s.t.} \begin{cases} 2x_1-3x_2 \leqslant 5 \\ x_1^2-x_2^2 \geqslant 0 \\ -x_1-x_2^2+2=0 \\ x_1 \geqslant 0, x_2 \geqslant 0 \end{cases}.$$

解　1) 在 MATLAB 中定义非线性目标函数 fun_ex4.m:

```
function f=fun_ex4(x);
f=x(1)^2+x(2)^2+8;
```

2）建立非线性约束函数文件：

```
function [c,ceq]=mycon_ex4(x);
c=-x(1)^2+x(2)^2;                              %不等式约束
ceq=-x(1)-x(2)^2+2;                            %等式约束
```

3）输入主程序代码：

```
A=[2 -3];
b=[5];
x0=[0 1];
lb=zeros(2,1);                                 %变量下限
[x,fval,exitflag,output,lambda,grad,hessian]=fmincon('fun_ex4
  ',x0,A,b,[ ],[ ],lb, [ ],'mycon_ex4')
```

输出结果：

```
x=
    1.0000    1.0000
fval=
    10.0000
exitflag=
     1
output=
       iterations: 6
        funcCount: 27
         stepsize: 1
        algorithm: 'medium-scale: SQP, Quasi-Newton, line-search'
     firstorderopt: 4.8833e-015
       cgiterations: [ ]
lambda=
  lower: [2x1 double]      %x 下界等有效情况,通过 lambda.lower 等可查看
    upper: [2x1 double]    %x 上界有效情况,为 0 表示约束无效
    eqlin: [0x1 double]    %线性等式约束有效情况,不为 0 表示约束有效
 eqnonlin: 1.3332          %非线性等式约束有效情况
   ineqlin: 0              %线性不等式约束有效情况
ineqnonlin: 0.3332         %非线性不等式约束有效情况
grad=                      %目标函数在最小值点的梯度
    1.9995
    1.9653
```

```
hessian=                              %目标函数在最小值点的 Hessian 值
    0.9266    0.0178
    0.0178    0.0646
```

例 5.5 求解下面非线性规划：

$$\min \ f(x)=2x_1-x_2\mathrm{e}^{x_1}$$

$$\text{s.t.}\begin{cases} x_1^2+x_2^2-12\leqslant 0 \\ 5-x_1^2+x_2^2\geqslant 0 \\ 0\leqslant x_1\leqslant 5, 0\leqslant x_2\leqslant 8 \end{cases}\cdot$$

解：1）建立 M 文件 fun_ex5.m，定义目标函数：

```
function f=fun_ex5(x);
f=2*x(1)-x(2)*exp(x(1));
```

2）建立 M 文件 mycon_ex5.m，定义非线性约束：

```
function [g,ceq]=mycon_ex5(x)
    g=[x(1)^2+x(2)^2-12;x(1)^2-x(2)^2-5];   %有两组非线性不等式约束
    ceq=[ ];                                %无非线性等式约束
```

3）输入主程序 ex5_main.m：

```
x0=[1;1];                                %迭代初值
lb=[0;0];
ub=[5;8];
[x,fval,exitflag,output]=fmincon('fun_ex5',x0,[],[],[],[],lb,
ub,'mycon_ex5')
```

4）输出结果：

```
 x=
    2.9155
    1.8708
fval=
   -28.7000
exitflag=
    1
```

5.1.2 LINDO 软件包

1. LINDO 简介

LINDO（Linear Interactive and Discrete Optimizer）是一种专门用于求解数学

规划问题的软件包. 由于 LINDO 执行速度快, 易于方便地输入、求解和分析数学规划问题, 因此在教学、科研和工业界得到广泛应用. LINDO 主要用于求解线性规划 (Linear Programming, LP)、二次规划 (Quadratic Programming, QP) 和整数规划 (Integer Programming, IP) 等问题.

　　LINDO 有多种组件和版本, 其正式版可用于求解包含 50000 个约束条件和 200000 个变量的大型规划问题 (LP, QP, IP), 但学生版使用功能会受到限制, 最多可求解 300 个变量和 150 个约束的规划问题, 其中整数变量不超过 50 个. 本书中所用版本为 LINDO 6.1.

　　2. LINDO 的操作

　　(1) 启动 LINDO
　　选择"开始"→"程序"→"LINDO"命令, 即进入如图 5.1 所示的界面.

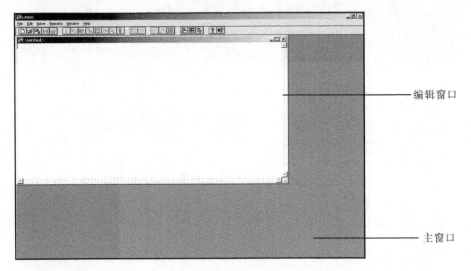

———— 编辑窗口

———— 主窗口

图 5.1　LINDO 界面

　　(2) LINDO 模型的基本要求
　　LINDO 模型: 目标函数、决策变量、约束条件.
　　目标函数: MAX 表示求最大值; MIN 表示求最小值.
　　决策变量: 问题中的未知数, 如 x, y 或 x_1, x_2 等.
　　约束条件: 对决策变量的限制.
　　(3) LINDO 模型的语法要求
　　1) MAX(MIN)＋目标函数.
　　2) SUBJECT TO (ST) 表示受约束于.

3）约束条件.

4）以 END 结束.

书写 LINDO 源代码的注意事项：

1）LINDO 中已假定所有变量非负，变量名不能超过 8 个字符.

2）所有约束条件均用"<"或"="，其中"<"代表"<="，而不是严格小，也可以用"<="代替"<".

3）LINDO 不允许变量出现在一个约束条件的右端.

4）目标函数及各约束条件之间一定要由空格分开.

5）LINDO 中不能接受括号"( )"和逗号","，例如，100(X1＋X2)需写为100X1＋100X2；10,000 需写为 10000；表达式应经过简化，如 10X1＋5X2－3X1应写成 7X1＋5X2.

6）LINDO 将目标函数所在行作为第一行，从第二行起为约束条件. 行号自动产生，也可以自定义行号或行名. 行名和变量名一样，不能超过 8 个字符.

7）数值均衡化及其他考虑. LINDO 不能将 LP 中的矩阵进行数值均衡化. 为了避免数值问题，使用者应自己对矩阵的行列进行均衡化. 一个原则是，系数矩阵中非零元的绝对值不能大于 100000 或者小于 0.0001. 如果矩阵元素之间很不均衡，LINDO 将会给出警告.

8）量纲分析与一般错误的避免.

例 5.6　用 LINDO 6.1 解线性规划：

$$\max \quad z=8x+15y$$

$$\text{s.t.} \begin{cases} y<6 \\ 3x+y<9 \\ x+2y<16 \end{cases}.$$

解　只需在命令窗口输入代码：

```
max  8x+15y
s.t.
    y<6
    3x+y<9
    x+2y<16
end
```

注：从例 5.6 可以看出，LINDO 中程序的输入方式可以理解为"所见即所得"的方式，它更像是直接把模型搬到 LINDO 编辑器中. 正是基于这个特点，即使一个初学者也能模仿着求解.

（4）模型求解

选择 Solve→Solve 选项或直接单击快捷方式图标◎运行，系统会提示是否进行灵敏度分析，如需要则单击"是"按钮，否则单击"否"按钮，如图 5.2 所示.

　　　　单击"是"按钮后运行，得到如下结果：

图 5.2　提示对话框

```
                          LP OPTIMUM FOUND AT STEP        2
                             OBJECTIVE FUNCTION VALUE
                          1)      98.00000

        VARIABLE       VALUE        REDUCED COST
           X         1.000000        0.000000
           Y         6.000000        0.000000

         ROW    SLACK OR SURPLUS   DUAL PRICES
         2)         0.000000        12.333333
         3)         0.000000         2.666667
         4)         3.000000         0.000000
     NO. ITERATIONS=       2


     RANGES IN WHICH THE BASIS IS UNCHANGED:
                  OBJ COEFFICIENT RANGES
     VARIABLE    CURRENT     ALLOWABLE      ALLOWABLE
                  COEF       INCREASE        DECREASE
           X     8.000000    36.999996       8.000000
           Y    15.000000    INFINITY       12.333333
               RIGHTHAND SIDE RANGES
      ROW      CURRENT     ALLOWABLE      ALLOWABLE
               RHS         INCREASE        DECREASE
       2      6.000000     1.800000       6.000000
       3      9.000000     9.000000       3.000000
       4     16.000000     INFINITY       3.000000
```

其中，输出内容的含义如下：

LP OPTIMUM FOUND AT STEP 2 表示 LINDO 在（用单纯形法）2 次迭代或旋转后得到最优解.

　　OBJECTIVE FUNCTION VALUE 　1）98.00000 表示最优目标值为 98.

　　VALUE 给出最优解中各变量的值，即最优解为 $x=1$，$y=6$.

　　SLACK OR SURPLUS 给出松弛变量或剩余变量的值. 由于模型第一行表示目标函数，所以第二行对应第一个约束，显然第二行和第三行松弛变量均为 0，表明约束条件 1）和条件 2）是紧约束，条件 3）是无效约束.

　　DUAL PRICE（对偶价格）列出最优单纯形表中判别数所在行的松弛变量的系数，表示当对应约束有微小变动时，目标函数的变化率、输出结果中对应每一个约束有一个对偶价格. 其数值若为 X, 表示对应约束中不等式右端项若增加一个单位, 目标函数将增加 X 个单位（max 型问题）, min 型问题相反.

从 RANGES IN WHICH THE BASIS IS UNCHANGED 开始给出的是灵敏度分析报告: 如果做敏感性分析, 则系统报告当目标函数的费用系数和约束右端项在什么范围变化（此时假定其他系数保持不变）时, 最优解保持不变. 报告中 INFINITY 表示正无穷. 其中, OBJ COEFFICIENT RANGES 为目标函数的系数可变范围; RIGHTHAND SIDE RANGES 为边界约束的可变范围. 关于灵敏度分析的运用在后面会结合案例详细介绍.

（5）LINDO 求解特殊规划

LINDO 中求解整数规划的命令是在变量前加上 gin 说明, 并放在 end 语句后面. 有时也用 gin k 表示前面 k 个变量为整数变量. 当决策变量是 0-1 变量这种特殊整数时, 应将 gin 参数改成 int, 其他格式一样.

例 5.7　解整数规划:

$$\max \quad z = 8x_1 + 5x_2$$

$$\text{s.t.} \begin{cases} 2x_1 + 3x_2 \leqslant 12 \\ 2x_1 - x_2 \leqslant 5 \\ x_1 \geqslant 0, x_2 \geqslant 0 \\ x_1, x_2 \text{ 为整数} \end{cases}.$$

该问题的 LINDO 程序代码如下:

```
max 8x1+5x2
s.t.
   2x1+3x2<12
   2x1-x2<5
end
gin x1
gin x2
```

输出结果:

```
LP OPTIMUM FOUND AT STEP    12
OBJECTIVE VALUE =   35.7500000
SET   X2  TO >=  2 AT 1, BND= 34.00  TWIN= 29.00    19
NEW INTEGER SOLUTION OF  34.0000000  AT BRANCH 2 PIVOT 19
BOUND ON OPTIMUM: 34.00000
DELETE    X2  AT  LEVEL    1
ENUMERATION  COMPLETE.  BRANCHES=  2 PIVOTS=   19
LAST  INTEGER  SOLUTION  IS  THE  BEST  FOUND
```

```
RE-INSTALLING  BEST   SOLUTION...
     OBJECTIVE FUNCTION VALUE
     1)     34.00000
  VARIABLE       VALUE         REDUCED COST
     X1        3.000000        -8.000000
     X2        2.000000        -5.000000
     ROW    SLACK OR SURPLUS    DUAL PRICES
     2)        0.000000         0.000000
     3)        1.000000         0.000000
  NO. ITERATIONS=      19
  BRANCHES=    2 DETERM.=  1.000E    0
```

即最优解为 $x_1=3$，$x_2=2$．

5.1.3 LINGO 软件包

1. LINGO 简介

LINGO 和 LINDO 软件包都源于美国 LINDO 公司．LINGO 主要用于求解线性规划、整数规划、二次规划、非线性规划（Nonlinear Programming，NLP），也可以用于一些线性和非线性方程组的求解以及代数方程求根等．与 LINDO 不同的是，LINGO 包含了内置的建模语言和许多常用的数学函数，可供使用者建立数学规划问题模型时调用，它允许以简练、直观的方式描述所需求解的问题，模型中所需的数据可以以一定格式保存在列表（list）和表格（table）中，也可以保存在独立的文件中．更进一步说，LINGO 实际上提供了建立最优化模型的一种语言，有了它，使用者只需输入一行文字就可以建立成千条约束或目标函数项．这就使得输入较大规模问题的过程得到了简化．

值得注意的是，由于 LINGO 可以实现 LINDO 的所有功能，LINDO 已经不再发行．但对于初学者而言，LINDO 简便易学的交互式使用方式是较好的选择．LINGO 和 LINDO 在语法上有相似之处，也有较大区别，特别在求解大规模数学规划问题上，LINGO 利用内置的建立最优化模型的语言，可以非常简便地表达模型，在程序书写上有明显优势．本书介绍的是 LINGO 9.0 版本．

2. LINGO 的基本用法

由于 LINGO 包含了 LINDO 的所有功能，可以说是 LINDO 的扩展，因此使用过 LINDO 的读者可以很容易地将其迁移到 LINGO 中．

例 5.8 用 LINGO 求解线性规划：

$$\min \quad Z = 2x_1 + 3x_2 + x_3$$
$$\text{s.t.} \begin{cases} x_1 + 4x_2 + 2x_3 \geqslant 8 \\ 3x_1 - x_3 \geqslant 3 \\ x_1 \geqslant 0, \ x_2 \geqslant 0 \end{cases}.$$

首先启动 LINGO 9.0，进入如图 5.3 所示的界面.

图 5.3　LINGO 界面

在 LINGO MODEL-LINGO1 窗口（程序编辑器）中输入程序代码：

```
model:
min=2*x1+3*x2+x3;
  x1+4*x2+2*x3>=8;
  3*x1-x3>=3;
end
```

选择 LINGO→Solve 选项或直接单击工具栏中的 按钮，得到如下输出报告：

```
Global optimal solution found.
Objective value:                    7.000000
Total solver iterations:            0
  Variable        Value         Reduced Cost
  X1           2.000000         0.000000
  X2           0.000000         0.1428571
  X3           3.000000         0.000000
Row       Slack or Surplus        Dual Price
```

1	7.000000	-1.000000
2	0.000000	-0.7142857
3	0.000000	-0.4285714

它表示该优化模型的全局最优解（Global Optimal Solution）为 $x_1=2$，$x_2=0$，$x_3=3$，最优值为 7.

说明 1）在 LINGO 中输入一个数学规划模型的方式和 LINDO 相似，都可以理解为"所见即所得"的方式，即按模型直接输入；决策变量默认都是非负的，都以 end 结束.

2）两者在语法上存在差异：

① LINGO 通常以 model：开始，以 end 结束；目标函数以 min＝或 max＝开始.

② LINGO 中数和变量相乘需要"*"号，每个语句结束要加"；".

③ LINGO 中变量可以放在约束条件的右端（同时数字也可放在约束条件的左端），表达式中允许出现括号，而 LINDO 中不允许.

3）LINGO 给出的报告各部分含义和 LINDO 相似，如松弛变量、影子价格等，其中，Row 的第一行对应的是目标函数.

4）LINGO 也可以做灵敏度分析，只要选择 LINGO→Range 选项或按 Ctrl＋R 组合键，就可以得到类似 LINDO 中的灵敏度分析报告（在 LINGO 9.0 版本中需要先对参数进行设置：打开 LINGO Options 对话框，在 General Solver 选项卡下的 Dual Computations 下拉列表中选择 Prices&Range 选项.

5）LINGO 中求解一般整数规划和 0-1 规划时分别使用函数 @gin(x) 与 @bin(x)，而且函数必须放在 end 之前，这是和 LINDO 不同的.

LINGO 不仅能像 LINDO 一样方便快捷地求解线性规划问题，还可以让非线性规划的求解也变得轻松，无需像 MATLAB 一样定义诸多外部函数. 例如，对于例 5.5，在 LINGO 中只需按照模型输入程序代码如下：

```
model:
min=2*x1-x2*@exp(x1);  !@exp(x1)定义指数函数;
  x1^2+x2^2-12<=0;
  5-x1^2+x2^2>=0;
  @bnd(0,x1,5);          !@bnd( )对变量x1指定范围,下界为0,上界为5;
  @bnd(0,x2,8);
end
```

运行后得到结果与 MATLAB 求解结果一致.

到此，对线性规划、非线性规划、整数规划等都可以利用 LINGO 求解. 但是如果遇到大规模的优化问题，由于涉及的变量多，目标函数和约束条件都很复杂，特别是约束条件可能成百上千，而且形式频繁重复，这时如果还用上面的方式输入程序, 将显得啰嗦, 且不方便. 因此要考虑更简便的程序书写方式, 这就是下面要介绍的利用优化模型的矩阵形式.

3. 基于矩阵生成器的 LINGO 程序编写

利用 LINGO 内置的建立最优化模型的语言可以使大规模优化模型的程序编写变得方便容易, 但需要涉及 LINGO 的一些语法、函数的使用. 下面先从 LINGO 程序的构成模块进行介绍.

（1）LINGO 程序的构成

在 LINGO 中, 用于实现一个优化模型的程序大致由 3 个部分构成: 集合部分（SETS…ENDSETS）、数据部分（DATA…ENDDATA）和目标与约束部分. 有时还需要加初始部分（INIT…ENDINIT）, 其中集合部分和初始部分是可选的. 为了说明 LINGO 程序各个部分的构成和功能, 下面先给出例 5.8 用矩阵形式书写的程序（各语句前面的数字标号可选择 LINGO→Look 选项或按 Ctrl＋L 组合键产生）.

```
1] model:
2]  sets:
3]    row/1..2/:b;
4]    col/1..3/:c,x;
5]    link(row,col):A;
6]  endsets
7]
8]  data:
9]    b=8,3;
10]   c=2,3,1;
11]   A=1,4,2,
12]     3,0,-1;
13]  enddata
14]
15]  min=@sum(col:c*x);
16]  @for(row(i):
17]    @sum(col(j):A(i,j)*x(j))>=b(i));
18] end
```

1）集合部分.

集是 LINGO 建模语言的基础, 是程序设计最强有力的基本构件. 借助于集, 能够用一个简明的复合公式表示一系列相似的约束, 从而可以快速方便地表达规模较大的模型. 集是一群相联系的对象, 这些对象称为集的成员. 每个集成员可能有一个或多个与之有关联的特征, 这些特征称为属性. LINGO 有两种类型的集: 原始集和派生集.

集合部分以关键字 sets:开始, 以 endsets 结束. 一个模型可以没有集合部分, 或有一个甚至多个集合部分. 一个集合部分可以放置于模型的任何地方, 但是一个集及其属性在模型约束中被引用之前必须先定义.

定义一个原始集, 其语法如下:

```
setname[/member_list/][:attribute_list];
```

其中, "[ ]"表示该部分内容可选. setname 是集的名称, 集合名称必须严格符合标准命名规则: 以拉丁字母或下划线 (_) 为首字符, 其后由拉丁字母 (A~Z)、下划线、阿拉伯数字 (0, 1, ···, 9) 组成总长度不超过 32 个字符的字符串, 且不区分大小写.

在上述程序中 3~4 行定义了两个原始集 row 和 col, 其成员数分别为 2 和 3, 对应模型中 2 个约束条件和 3 个变量. 其中集 row 有属性 b (定义二维向量), 表示 2 个约束右边的常数列向量; 集 col 有 2 个属性 c 和 x, 它们是长度均为 3 的向量, 其中 c 是目标函数的系数向量, x 是决策变量. 第 5 行定义了派生集 link, 有一个属性 A, 是一个 2×3 的矩阵, 对应 2 个不等式约束的系数矩阵. 集 row 和 col 也称为派生集 link 的父集.

集的成员列表 (/member_list/) 有显式罗列和隐式罗列两种方式. 显式罗列要求一次全部列出各个成员, 中间用空格或逗号隔开, 隐式罗列不必罗列出每个集成员, 可采用如下语法:

```
setname/member 1..member N/[: attribute_list];
```

其中, member 1 是集的第一个成员名, member N 是集的最末一个成员名. LINGO 将自动产生中间的所有成员名.

派生集成员列表被忽略时, 成员由父集成员所有的组合构成, 这样的派生集称为稠密集. 如果限制派生集的成员, 使它成为父集成员所有组合构成的集合的一个子集, 这样的派生集称为积稀疏集.

2) 数据部分.

数据部分提供了模型相对静止部分和数据分离的可能性, 这对模型的修改和维数的缩放非常便利.

数据部分以关键字 data:开始, 以关键字 enddata 结束. 其语法如下:

```
object_list = value_list;
```

其中, 数值列 (value_list) 包含要分配给对象列中的对象的值, 用逗号或空格隔开. 注意属性值的个数必须等于集成员的个数. 在上述程序中 9~12 行依次指定了属性 b, c 和 A 的值.

3）目标与约束段.

上述程序中 15～17 行给出了目标函数和约束条件. @sum 表示对 col 定义的变量求和，即 $\sum_j c_j x_j$；@for(row(i):···)表示约束条件 $Ax \geq b$，由于 row 长度为 2，故该循环执行 2 次，对应题目中两个约束.

根据 LINGO 程序的特点，如要扩大例 5.8 中线性规划模型的规模，只需在例 5.8 程序基础上改变行数、列数以及相应的数据集合即可.

（2）LINGO 的基本运算符

1）算术运算符.

算术运算符是针对数值进行操作的. LINGO 提供了 5 种二元运算符：乘方（^）、乘（＊）、除（/）、加（＋）、减（－）. 这些运算符的优先级由高到低为：^ → ＊ → / → ＋→－.

运算符的运算次序为从左到右按优先级高低来执行. 运算的次序可以用圆括号"( )"来改变.

2）逻辑运算符.

在 LINGO 中，逻辑运算符主要用于集循环函数的条件表达式中，以控制在函数中哪些集成员被包含，哪些被排斥；在创建稀疏集时，用于成员资格过滤器中.

LINGO 有 9 种逻辑运算符：

#not#——否定该操作数的逻辑值；

#eq#——如两个运算数相等，则为 true，否则为 false；

#ne#——如两个运算符不相等，则为 true，否则为 false；

#gt#——如左边的运算符严格大于右边的运算符，则为 true，否则为 false；

#ge#——如左边的运算符大于或等于右边的运算符，则为 true，否则为 false；

#lt#——如左边的运算符严格小于右边的运算符，则为 true，否则为 false；

#le#——如左边的运算符小于或等于右边的运算符，则为 true，否则为 false；

#and#——仅当两个参数都为 true 时，结果为 true，否则为 false；

#or#——仅当两个参数都为 false 时，结果为 false，否则为 true.

3）关系运算符.

LINGO 有 3 种关系运算符："＝"、"＜＝"和"＞＝". LINGO 中"＜"表示"≤"，"＞"表示"≥". 注意 LINGO 并不支持严格小于和严格大于关系运算符.

（3）LINGO 的函数

LINGO 提供了 9 种类型的内部函数，借助这些函数，可以利用 LINGO 建立并求解大量复杂的优化模型. 下面仅介绍一些常用函数的功能、格式和使用方法.

1）数学函数：

@abs(x)——返回 x 的绝对值；

@sin(x)——返回 x 的正弦值，x 采用弧度制；

@cos(x)——返回 x 的余弦值；

@tan(x)——返回 x 的正切值；

@exp(x)——返回常数 e 的 x 次方；

@log(x)——返回 x 的自然对数；

@lgm(x)——返回 x 的 gamma 函数的自然对数；

@sign(x)——如果 $x<0$ 返回 -1；否则，返回 1；

@floor(x)——返回 x 的整数部分. 当 $x \geqslant 0$ 时，返回不超过 x 的最大整数；当 $x<0$ 时，返回不低于 x 的最大整数；

@smax($x1, x2, \cdots, xn$)——返回 x_1, x_2, $\cdots$, x_n 中的最大值；

@smin($x1, x2, \cdots, xn$)——返回 x_1, x_2, $\cdots$, x_n 中的最小值.

2）变量范围函数.

变量界定函数实现对变量取值范围的附加限制，共 4 种：

@bin(x)——限制 x 为0或1；

@gin(x)——限制 x 为整数；

@bnd(l, x, u)——限制 $1 \leqslant x \leqslant u$；

@free(x)——取消对变量x的默认下界为 0 的限制，即x可以取任意实数.

在默认情况下，LINGO 规定变量是非负的，也就是说下界为0，上界为$+\infty$. @free( )取消了默认的下界为 0 的限制，使变量也可以取负值. @bnd( )用于设定一个变量的上下界，它也可以取消默认下界为 0 的约束.

3）集循环函数.

集循环函数遍历整个集进行操作. 常用的集循环函数有4个，即控制循环函数@for( )、求和函数@sum( )、求最大和最小值的函数@max( )与@min( ). 它们的统一格式为

```
@function(setname[(set_index_list)[|conditional_qualifier]]:
expression_list)
```

@function( )对应于上面提到的 4 个集循环函数之一；setname 是要遍历的集；set_index_list 是集索引列表，conditional_qualifier 是用来限制集循环函数的范围，这两者都是可选项. 当集循环函数遍历集的每个成员时，LINGO 都要对 conditional_qualifier 进行评价，若结果为真，则对该成员执行@function( )操作，否则跳过，继续执行下一次循环. expression_list 是被应用到每个集成员的表达式列表，当使用的是@for( )函数时，expression_list 可以包含多个表达式，其间用逗号隔开. 这些表达式将被作为约束加到模型中. 当使用其余的 3 个集循环函数时，expression_list 只能有一个表达式. 如果省略 set_index_list，那么在 expression_list

中引用的所有属性的类型都是 setname 集.

① @for( )函数: 用来产生对集成员的约束. 基于建模语言的标量需要显式输入每个约束, 而@for( )函数允许只输入一个约束, 然后LINGO自动产生每个集成员的约束.

例如, 要产生自然数中前 10 个奇数, 可用如下方式实现:

```
model:
sets:
  number/1..10/:x;
endsets
  @for(number(i): x(i)=2*i-1);
end
```

② @sum( )函数: 返回遍历指定的集成员的一个表达式的和. 例如, 求向量 $[2, 5, 1, 5, 3, 8, 6, 12, 9]$ 中从第 3 个数开始, 连续 5 个数的和. 实现的 LINGO 程序代码如下:

```
model:
sets:
  number/1..9/:x;
endsets
data:
  x = 2,5,1,5,3,8,6,12,9;
enddata
  total=@sum(number(i) | i#ge#3#and#i#le#7: x(i));
  ! 此处 i#ge#3#and#i#le#7 表示仅对满足特定要求的元素求和, 即 3≤i≤7;
end
```

计算结果:

```
Variable          Value
  TOTAL        23.00000
   X(1)         2.000000
   X(2)         5.000000
   X(3)         1.000000
   X(4)         5.000000
   X(5)         3.000000
   X(6)         8.000000
   X(7)         6.000000
   X(8)        12.00000
   X(9)         9.000000
```

③ @min( )和@max( )函数：用于返回指定的集成员的一个表达式的最小值或最大值. 如分别求向量[2, 5, 1, 5, 3, 8, 6, 12, 9]前5个数中的最大值以及后5个数中的最小值，实现程序代码：

```
model:
data:
  m=9; !定义向量长度参数;
enddata
sets:
  number/1..m/:x;
endsets
data:
  x=2,5,1,5,3,8,6,12,9;
enddata
  max_val=@max(number(i)|i #le#5:x);
  min_val=@min(number(i)|i #ge#m-4:x);
end
```

输出结果：

```
    Variable        Value
           M       9.000000
     MAX_VAL       5.000000
     MIN_VAL       3.000000
```

其他还有诸如金融函数、概率函数、集操作函数、数据输入/输出函数、各种辅助函数等. 今后如需要用到这些函数，可查阅专门介绍LINGO的书籍或使用LINGO在线帮助系统.

后面会结合具体的案例介绍 LINGO 的使用.

5.2　线性规划模型

线性规划研究的实际问题多种多样，如资源分配问题、生产计划问题、物资运输问题、合理下料问题、库存问题、劳动力安排问题、最优设计问题等. 线性规划模型类似于高等数学中的条件极值问题，只是其目标函数和约束条件都限定为线性函数. 线性规划模型的求解方法目前仍以单纯形法为主要方法，该方法于1947年由美国数学家丹齐格（Dantzig）提出，经过 60 多年的发展完善，已经形成比较成熟的算法，同时配合计算机技术的广泛应用使得该方法得到空前的普及应用. 目前，大多数数学软件都可以求解一般线性规划模型，本书主要采用

MATLAB，LINDO 和 LINGO 软件.

案例 5.1：生产计划安排问题.

问题描述：某工厂计划生产甲、乙两种产品，主要材料有钢材 3800kg、铜材 2200kg 和专用设备能力 3000 台时. 材料与设备能力的消耗定额以及单位产品所获利润见表 5.1，则如何安排生产，才能使该厂所获利润最大？

表 5.1　生产相关信息

产品 材料与设备	甲/件	乙/件	现有材料与 设备能力
钢材/kg	9	5	3800
铜材/kg	5	6	2200
设备能力/台时	5	11	3000
单位产品的利润/元	80	130	

模型建立：设甲、乙两种产品计划生产量分别为 x_1，x_2，总的利润为 z. 问题即为求变量 x_1，x_2 的值使总利润 $z=80x_1+130x_2$ 最大. 综合材料与设备能力限制可建立数学模型：

$$\max\ z=80x_1+130x_2$$

$$\text{s.t.}\begin{cases}9x_1+5x_2\leqslant 3800\\5x_1+6x_2\leqslant 2200\\5x_1+11x_2\leqslant 3000\\x_1,\ x_2\geqslant 0\end{cases}.$$

模型求解：该模型是比较简单的二元线性规划模型，可以采用图解法求解，这里直接利用软件求解，在 LINDO 6.1 中按模型形式输入程序代码如下.

```
max  80x1+130x2
s.t.
   9x1+5x2<3800
   5x1+6x2<2200
   5x1+11x2<3000
end
```

将程序文件保存后利用 Solve→Solve 选项或工具栏中的◎按钮执行程序，并单击 LINDO 提示对话框中的"是"按钮做灵敏度分析. 求解后得到如下结果：

```
LP OPTIMUM FOUND AT STEP      2
      OBJECTIVE FUNCTION VALUE
    1)    40640.00
  VARIABLE        VALUE          REDUCED COST
```

X1	248.000000	0.000000
X2	160.000000	0.000000
ROW	SLACK OR SURPLUS	DUAL PRICES
2)	768.000000	0.000000
3)	0.000000	9.200000
4)	0.000000	6.800000

```
NO. ITERATIONS=        2
RANGES IN WHICH THE BASIS IS UNCHANGED:
                    OBJ COEFFICIENT RANGES
```

VARIABLE	CURRENT COEF	ALLOWABLE INCREASE	ALLOWABLE DECREASE
X1	80.000000	28.333334	20.909090
X2	130.000000	46.000000	34.000000

```
                    RIGHTHAND SIDE RANGES
```

ROW	CURRENT RHS	ALLOWABLE INCREASE	ALLOWABLE DECREASE
2	3800.000000	INFINITY	768.000000
3	2200.000000	259.459442	563.636353
4	3000.000000	1033.333374	662.068970

从输出结果可知，通过两次迭代获得全局最优解，其中最佳生产计划为甲、乙两种产品，分别生产了 248 件和 160 件，最大获利 40640 元.

结果分析：LINDO 的输出报告，不仅告诉了我们最优解和最优值，同时还附带给出了许多有价值的信息，下面结合本题简单分析如下.

1）模型中 3 个约束条件的右端分别表示钢材、铜材和专用设备能力的资源限制. 在输出结果中 7～10 行的 SLACK OR SURPLUS（松弛和剩余变量）给出了在最优解的情况下 3 种资源是否还有剩余. 很明显，钢材还剩余 768 kg，铜材和专用设备能力已经用完. 通常称资源剩余为 0 的约束为紧约束.

2）输出报告中 7～10 行的 DUAL PRICES（对偶价格，经济学上也称为影子价格）表示在最优解的情况下，资源每增加一个单位目标总利润的增量. 如每增加 1kg 铜材，利润可以增加 9.2 元，每增加 1 台时设备能力，利润可增加 6.8 元，而增加钢材的量不会使得利润增大. 所以资源的影子价格就是某种资源从原来的量增加一个单位时，目标函数最优值的增加值. 注意，影子价格不是资源的市场价格，而是在取得最大收益时，收益对应于原料的边际收益值. 当某资源的市场价格低于影子价格时，管理者应考虑购买原料增加收益. 因此分析影子价格可以为企业管理者提供决策参考信息.

3）输出报告中 12～23 行是灵敏度分析的内容. RANGES IN WHICH THE

BASIS IS UNCHANGED:OBJ COEFFICIENT RANGES（在最优解不变的情况下目标函数系数的允许变化范围）下面给出了决策变量 x_1 的 ALLOWABLE INCREASE（允许增加的上限）和 ALLOWABLE DECREASE（允许减少的下限）分别为 28.33和 20.90，即 x_1 的系数允许变化范围为(59.1,108.33)，同理 x_2 的系数允许变化范围为(96,176)．不过一次只允许有一个变量的系数发生变化，若同时改变，则最优解可能发生变化，如 80 固定，则 x_2 的系数在(96,176)内变化不会改变最优解．最后，在 RIGHTHAND SIDE RANGES（约束条件右侧常数变化范围）下给出了影子价格不变的资源限制量的允许变化范围．如铜材原料数量在范围(1636.36,2459.45)内变动，其影子价格将保持 9.2 元．

案例 5.2：营养搭配方案.

问题描述： 由于每人每周对每种营养成分的最低需求量以及各种蔬菜所含各种营养成分各不相同，如何制定合理的营养搭配方案使得花费最少而又能满足人体营养需求的最低要求，是营养搭配师的主要职责．某医院营养室根据表 5.2 中所列 8 种蔬菜的供应量，在制定下一周菜单时，规定小白菜、豆芽的供应量一周内不多于 20 kg、胡萝卜供应量一周内不低于 10 kg、不高于 35 kg，其他蔬菜的供应量在一周内不多于 30 kg，每周共需供应量 150 kg 蔬菜，为了使费用最少又满足营养成分等其他方面的要求，则在下一周内应当如何合理的安排食谱？

表 5.2　各种蔬菜的营养成分表

成分 蔬菜	热量/卡	水分/g	维生素 A/IU	维生素 C/mg	钾/mg	纤维质/g	市场单价 /（元/kg）
小白菜	13	95.7	781	40.0	240	1.8	2
菠菜	22	93.0	2106	9.0	460	2.4	4
胡萝卜	38	89.7	5100	4.0	290	2.6	5
小黄瓜	17	95.2	93	4.0	90	0.9	3
豆芽	33	90.6	0	183.6	190	1.7	6
玉米	111	74.2	8	6.0	240	4.6	7
香菇	40	88.5	0	0.2	280	3.9	12
番茄	26	92.9	278	21.0	210	1.2	6
人体最低需求 量/周	12000	17500	24500	420	2100	175	

注：该表为 100 g 蔬菜所含的营养成分，IU 表示国际单位．表中各种营养成分的测量值在不同地区不同时段可能存在一定差异，在此仅供参考．

建模过程： 设 x_i（ i=1, 2, $\cdots$, 8 ）分别表示在下一周内应当供应的小白菜、菠菜、胡萝卜、小黄瓜、豆芽、玉米、香菇及番茄的量（kg），则费用的目标函数为

$$f=2x_1+4x_2+5x_3+3x_4+6x_5+7x_6+12x_7+6x_8.$$

根据人体每周对各种营养成分的需求量，可以得到如下需求约束：

$$\begin{cases}13x_1+22x_2+38x_3+17x_4+33x_5+111x_6+40x_7+26x_8\geqslant 1200\\95.7x_1+93x_2+89.7x_3+95.2x_4+90.6x_5+74.2x_6+88.5x_7+92.9x_8\geqslant 1750\\781x_1+2106x_2+5100x_3+93x_4+8x_6+278x_8\geqslant 2450\\40x_1+9x_2+4x_3+4x_4+183.6x_5+6x_6+0.2x_7+21x_8\geqslant 42\\240x_1+460x_2+290x_3+90x_4+190x_5+240x_6+280x_7+210x_8\geqslant 210\\1.8x_1+2.4x_2+2.6x_3+0.9x_4+1.7x_5+4.6x_6+3.9x_7+1.2x_8\geqslant 17.5\end{cases}$$

需要注意的是，表 5.2 中数据是每 100 g 食物中所含营养成分的量，而变量是以 kg 为单位，所以数据要做适当的转化处理，这里各式两边除以 10 即可.

另外，对食物需求的总量，各种蔬菜需求的上限和下限有如下约束：

$$x_1+x_2+x_3+x_4+x_5+x_6+x_7+x_8=150,$$

$$0\leqslant x_1\leqslant 20,\ 0\leqslant x_5\leqslant 20,\ 10\leqslant x_3\leqslant 35,\ 0\leqslant x_j\leqslant 30,\ j=2,4,6,7,8.$$

于是可建立该问题的线性规划数学模型：

$$\min\ f=2x_1+4x_2+5x_3+3x_4+6x_5+7x_6+12x_7+6x_8$$

$$\text{s.t.}\begin{cases}13x_1+22x_2+38x_3+17x_4+33x_5+111x_6+40x_7+26x_8\geqslant 1200\\95.7x_1+93x_2+89.7x_3+95.2x_4+90.6x_5+74.2x_6+88.5x_7+92.9x_8\geqslant 1750\\781x_1+2106x_2+5100x_3+93x_4+8x_6+278x_8\geqslant 2450\\40x_1+9x_2+4x_3+4x_4+183.6x_5+6x_6+0.2x_7+21x_8\geqslant 42\\240x_1+460x_2+290x_3+90x_4+190x_5+240x_6+280x_7+210x_8\geqslant 210\\1.8x_1+2.4x_2+2.6x_3+0.9x_4+1.7x_5+4.6x_6+3.9x_7+1.2x_8\geqslant 17.5\\x_1+x_2+x_3+x_4+x_5+x_6+x_7+x_8=150\\0\leqslant x_j\leqslant 20,\ j=1,5\\10\leqslant x_3\leqslant 35\\0\leqslant x_j\leqslant 30,\ j=2,4,6,7,8\end{cases}$$

模型求解： 在 LINDO 6.1 中输入程序代码如下.

```
min 2x1+4x2+5x3+3x4+6x5+7x6+12x7+6x8
s.t.
    13x1+22x2+38x3+17x4+33x5+111x6+40x7+26x8>1200
    95.7x1+93x2+89.7x3+95.2x4+90.6x5+74.2x6+88.5x7+92.9x8>1750
    781x1+2106x2+5100x3+93x4+8x6+278x8>2450
    40x1+9x2+4x3+4x4+183.6x5+6x6+0.2x7+21x8>42
    240x1+460x2+290x3+90x4+190x5+240x6+280x7+210x8>210
    1.8x1+2.4x2+2.6x3+0.9x4+1.7x5+4.6x6+3.9x7+1.2x8>17.5
```

```
    x1+x2+x3+x4+x5+x6+x7+x8=150
    x1<20
    x5<20
    x3>10
    x3<35
    x2<30
    x4<30
    x6<30
    x7<30
    x8<30
end
```

输出结果：

```
LP OPTIMUM FOUND AT STEP     22
        OBJECTIVE FUNCTION VALUE
    1)      635.0000
VARIABLE        VALUE          REDUCED COST
    X1       20.000000          0.000000
    X2       30.000000          0.000000
    X3       35.000000          0.000000
    X4       30.000000          0.000000
    X5        5.000000          0.000000
    X6        0.000000          1.000000
    X7        0.000000          6.000000
    X8       30.000000          0.000000
    ROW    SLACK OR SURPLUS     DUAL PRICES
    2)     2505.000000          0.000000
    3)    12189.500000          0.000000
    4)   265980.000000          0.000000
    5)     2836.000000          0.000000
    6)    38490.000000          0.000000
    7)      253.000000          0.000000
    8)        0.000000         -6.000000
    9)        0.000000          4.000000
   10)       15.000000          0.000000
   11)       25.000000          0.000000
   12)        0.000000          1.000000
   13)        0.000000          2.000000
   14)        0.000000          3.000000
```

```
15)        30.000000              0.000000
16)        30.000000              0.000000
17)         0.000000              0.000000
     NO. ITERATIONS=      22
```

可见最佳的食物搭配方案为一周安排 20 kg 小白菜，30 kg 菠菜，35 kg 胡萝卜，30 kg 小黄瓜，5 kg 豆芽和 30 kg 番茄，方案最小费用为 635 元.

为了对比上面用 LINDO 软件求解的结果，下面运用 MATLAB 优化工具箱重新求解，程序代码如下：

```
clear
f=[2 4 5 3 6 7 12 6];
A=-[13 22 38 17 33 111 40 26;
    95.7 93 89.7 95.2 90.6 74.2 88.5 92.9;
    781 2106 5100 93 0 8 0 278;
    40 9 4 4 183.6 6 0.2 21;
    240 460 290 90 190 240 280 210;
    1.8 2.4 2.6 0.9 1.7 4.6 3.9 1.2];
b=-[1200 1750 2450 42 210 17.5]';
aeq=[1 1 1 1 1 1 1 1];
beq=[150];
lb=[0 0 10 0 0 0 0 0]';
ub=[20 30 35 30 20 30 30 30]';
[x,fval,exitflag,output]=linprog(f,A,b,aeq,beq,lb,ub)
```

输出结果：

```
Optimization terminated successfully.
  x =
    20.0000
    30.0000
    35.0000
    30.0000
    17.6611
     0.0000
     0.0000
    17.3389
  fval =
    635.0000
  exitflag =
```

```
        1
output =
        iterations: 19
        cgiterations: 0
        algorithm: 'lipsol'
```

对比用 MATLAB 和 LINDO 求解的结果发现两个最优解不一样，主要是豆芽和番茄的量不一样，但最优值是一致的. 导致这种结果的原因是不同软件使用算法的细节上有些差异，这从两个软件求解过程迭代的次数不同可见，同时由于线性规划问题可能存在多个最优解，而一般情况下软件只能给出一个解，这就使得不同软件求出的最优解可能具有算法上或精度上的差异. 另外两种软件求解线性规划问题在格式上也有很大差别，LINDO 语句在形式上和模型具有较大的相似性，使得输入比较直观，但如果约束条件多，变量多，可能程序会很啰嗦冗长，而 MATLAB 所有数据需用矩阵形式输入，形式比较简单紧凑，也易于修改，但开始需要对模型进行变形整理，转化成标准形式. 至于选用哪种工具，取决于个人习惯和问题自身特点. 当然两者之间还有很多其他重要区别，以后将逐一介绍.

一般的营养搭配问题可以做如下描述：

有 n 种食物，每种食物含有 m 种营养成分. 如果用 a_{ij} 表示一个单位的第 j 种食物含有第 i 种营养成分的数量，用 b_i 表示每人每天对第 i 种营养成分的需求量，用 c_j 表示第 j 种食物的市场单价，而 x_j 表示第 j 种食物的消耗量，则满足各种营养成分需求量同时又使食物总成本最低的食物搭配模型为

$$\min \quad z = \sum_{j=1}^{n} c_j x_j$$

$$\text{s.t.} \begin{cases} \sum_{j=1}^{n} a_{ij} x_j \geqslant b_i, & i=1, 2, \cdots, m \\ x_j \geqslant 0, & j=1, 2, \cdots, n \end{cases}.$$

5.3　整数规划和 0-1 规划模型

整数规划是指决策变量有整数要求的数学规划（Integer Programming），按照模型是否线性分为线性整数规划和非线性整数规划，这一节只介绍整数线性规划. 整数线性规划中如果所有决策变量都是整数，则称为纯整数规划；若只有部分变量为整数，则称为混合整数规划；若决策变量只能取 0 或 1，则称为 0-1 规划.

5.2 节指出线性规划主要使用单纯形法求解，就整数规划而言，当解是很大的数的时候，可以考虑先求一般线性规划的解，然后四舍五入得到整数解，但这种

方法往往不能得到整数规划真正的最优解，所以必须有专门针对这类规划的解法．现在求解整数规划的算法主要是分枝定界法和割平面法，这两种方法都是以求解线性规划的方法为基础．而 0-1 规划的求解使用隐枚举法，它不需要用单纯形法先求解线性规划，而是依次检查变量等于 0 或 1 的某种组合，以便使目前最好的可行解不断加以改进，最终获得最优解．隐枚举法不是简单的穷举法，它通过分析、判断排除了许多组合作为最优解的可能性，使得计算得到简化．如想进一步了解这些算法的含义和用法，请参阅专门的运筹学书籍．整数规划的求解主要使用 LINDO 和 LINGO 软件.

案例 5.3：铁路平板车装货问题.

问题描述：有 7 种规格的包装箱要装到两辆铁路平板车上．包装箱的宽和高是一样的，但厚度（t，以 cm 计）及质量（w，以 kg 计）是不同的．表 5.3 给出了每种包装箱的厚度、质量以及数量．图 5.4 中每辆平板车有 10.2 m 长的地方可用来装包装箱（像面包片那样），载重为 40 t．由于当地货运的限制，对 C_5，C_6，C_7 类的包装箱的总数有一定的限制：这类箱子所占的空间（厚度）不能超过 302.7 cm．试把包装箱装到平板车上使得浪费的空间最小.

表 5.3 铁路平板车包装箱参数

	C_1	C_2	C_3	C_4	C_5	C_6	C_7
t/cm	48.7	52.0	61.3	72.0	48.7	52.0	64.0
w/kg	2000	3000	1000	500	4000	2000	1000
件数	8	7	9	6	6	4	8

图 5.4 平板车示意图

问题分析：题目中所有包装箱的总质量为 89 t，大于两辆平板车的总载重量 80 t，所以只能选择性地装载货物，就是从不同规格的包装箱中选择部分装车，使得浪费空间最小. 由于包装箱可以像面包片那样叠放, 因此浪费空间是指平板车可装车长度 10.2 m 与每辆车所有包装箱厚度总和的差值. 因此可以等效地把浪费空间最小转化为两辆车装车总量最大. 装车时还要注意包装箱的质量和厚度受到平板车装载条件的限制以及货物总量的限制, 而且货物是不可拆分的, 所以这是一个典型的整数线性规划问题. 同时两辆平板车之间又存在相互的制约关系, 在考虑一辆平板车时, 必须同时考虑另一辆平板车. 对题目中"由于当地货运的限制, 对 C_5, C_6, C_7 类的包装箱的总数有一定的限制: 这类箱子所占的空间 (厚度) 不能超过 302.7 cm." 可以理解为每辆车这 3 类货物的装车总数不超过 302.7 cm, 也可以是两辆车装载 3 类货物的总量不超过 302.7 cm. 这里我们按第二种理解来处理.

模型假设:

1) 各个货物之间排列时靠在一起, 包装箱之间的空隙不计.

2) 装载的过程中不考虑货物在车上的排列次序及各个货物的质量分布, 排除因局部过重而造成平板车失衡的情况.

3) 铁路平板车只能放置一列包装箱.

4) 两辆平板车装载 C_5, C_6, C_7 这 3 类包装箱的总厚度不超过 302.7 cm.

建立模型: 设 x_{ij} 表示第 i 辆平板车装载 C_j 包装箱的件数, $i=1,2$, $j=1,2,\cdots,7$, t_j, w_j, n_j 分别表示 C_j 包装箱的厚度、单个质量和可供装车的件数, 装车总厚度为 T. 根据前面分析, 目标函数可表示为

$$\max \quad T=\sum_{i=1}^{2}\sum_{j=1}^{7}t_j x_{ij}.$$

各种包装箱可供装车数量的限制:

$$\sum_{i=1}^{2}x_{ij}\leqslant n_j, \quad j=1,2,\cdots,7;$$

平板车载重限制:

$$\sum_{j=1}^{7}w_j x_{ij}\leqslant 40, \quad i=1,2;$$

厚度限制:

$$\sum_{j=1}^{7}t_j x_{ij}\leqslant 10.2, \quad i=1,2;$$

两辆车对包装箱 C_5, C_6, C_7 的特殊限制:

$$\sum_{i=1}^{2}\sum_{j=5}^{7}t_j x_{ij}\leqslant 3.027.$$

最后指出所有决策变量都是整数变量. 以上目标函数和各约束条件构成一个

整数线性规划模型.

模型求解：该整数规划模型可以利用 LINDO 和 LINGO 求解. 求解之前我们注意到 $20.4-3.027=17.373$ m，而前 4 类货物的总长度恰为 17.373 m. 因此在满足约束条件的情况下，应尽量将 $C_1 \sim C_4$ 这 4 类箱子装完，以保证两辆车浪费的空间最小. 所以在求解时将前 4 类箱子的数量约束改成等式. 在 LINDO 6.1 中输入程序代码如下：

```
max  0.487x11+0.52x12+0.613x13+0.72x14+0.487x15+0.52x16+0.64
     x17+0.487x21+0.52x22+0.613x23+0.72x24+0.487x25+0.52x26
     +0.64x27
s.t.
  x11+x21=8
  x12+x22=7
  x13+x23=9
  x14+x24=6
  x15+x25<6
  x16+x26<4
  x17+x27<8
  2x11+3x12+x13+0.5x14+4x15+2x16+x17<40
  2x21+3x22+x23+0.5x24+4x25+2x26+x27<40
  0.487x11+0.52x12+0.613x13+0.72x14+0.487x15+0.52x16+0.64x17<10.2
  0.487x21+0.52x22+0.613x23+0.72x24+0.487x25+0.52x26+0.64x27<10.2
  0.487x15+0.52x16+0.64x17+0.487x25+0.52x26+0.64x27<3.027
    end
    gin 14
```

输出结果：

```
OBJECTIVE FUNCTION VALUE
      1)      20.39400
   VARIABLE       VALUE          REDUCED COST
      X11       0.000000         -0.487000
      X12       7.000000         -0.520000
      X13       9.000000         -0.613000
      X14       0.000000         -0.720000
      X15       0.000000         -0.487000
      X16       2.000000         -0.520000
      X17       0.000000         -0.640000
      X21       8.000000         -0.487000
```

X22	0.000000	-0.520000
X23	0.000000	-0.613000
X24	6.000000	-0.720000
X25	3.000000	-0.487000
X26	1.000000	-0.520000
X27	0.000000	-0.640000
ROW	SLACK OR SURPLUS	DUAL PRICES
2)	0.000000	0.000000
3)	0.000000	0.000000
4)	0.000000	0.000000
5)	0.000000	0.000000
6)	3.000000	0.000000
7)	1.000000	0.000000
8)	8.000000	0.000000
9)	6.000000	0.000000
10)	7.000000	0.000000
11)	0.003000	0.000000
12)	0.003000	0.000000
13)	0.006000	0.000000

NO. ITERATIONS= 155747

即最优的装车方案为 $x_{11}=0$，$x_{12}=7$，$x_{13}=9$，$x_{14}=0$，$x_{15}=0$，$x_{16}=2$，$x_{17}=0$；$x_{21}=8$，$x_{22}=0$，$x_{23}=0$，$x_{24}=6$，$x_{25}=3$，$x_{26}=1$，$x_{27}=0$. 最优值为 20.394，浪费的空间仅有 0.6 cm. 此时两辆车装车总长度均为 10.197 m，装车总重分别为 34t 和 33 t，装载 C_5，C_6，C_7 这 3 类货物总长度分别为 1.04 m 和 1.981 m.

结果分析：注意到题目数据中 C_1 与 C_5，C_2 与 C_6 厚度相同，这样可能会导致多个解的存在. 事实上在求解过程中我们发现一个有趣现象，那就是 LINDO 求解出最优解后，如果继续运行求解，会得到不同的最优解，而且呈现一定的周期性重复，但最优值都是 20.394. 其原因就在于模型有多个解，但 LINDO 一次只能给出一个最优解. 为了确定所有可能的装车方案，利用 LINDO 求出的最优值 20.394，结合计算机编程通过组合搜索获得了所有可行的 30 种装车方案，见表 5.4.

表 5.4　铁路平板车最优装车方案

第一辆							第二辆						
x_{11}	x_{12}	x_{13}	x_{14}	x_{15}	x_{16}	x_{17}	x_{21}	x_{22}	x_{23}	x_{24}	x_{25}	x_{26}	x_{27}
0	7	9	0	0	2	0	8	0	0	6	3	1	0
0	5	6	4	0	2	0	8	2	3	2	3	1	0

续表

第一辆							第二辆						
x_{11}	x_{12}	x_{13}	x_{14}	x_{15}	x_{16}	x_{17}	x_{21}	x_{22}	x_{23}	x_{24}	x_{25}	x_{26}	x_{27}
0	6	9	0	0	3	0	8	1	0	6	3	0	0
0	7	6	4	0	0	0	8	0	3	2	3	3	0
0	6	6	4	0	1	0	8	1	3	2	3	2	0
1	4	4	3	3	3	0	7	3	5	3	0	0	0
1	5	4	3	3	2	0	7	2	5	3	0	1	0
1	6	4	3	3	1	0	7	1	5	3	0	2	0
2	4	4	3	2	3	0	6	3	5	3	1	0	0
2	5	0	5	3	3	0	6	2	9	1	0	0	0
2	5	4	3	2	2	0	6	2	5	3	1	1	0
2	6	4	3	2	1	0	6	1	5	3	1	2	0
2	7	4	3	2	0	0	6	0	5	3	1	3	0
3	0	9	1	3	2	0	5	7	0	5	0	1	0
3	1	9	1	3	1	0	5	6	0	5	0	2	0
3	2	9	1	3	0	0	5	5	0	5	0	3	0
3	4	4	3	1	3	0	5	3	5	3	2	0	0
3	5	0	5	2	3	0	5	2	9	1	0	0	0
3	5	4	3	1	2	0	5	2	5	3	2	1	0
3	6	0	5	2	2	0	5	1	9	1	1	1	0
3	6	4	3	1	1	0	5	1	5	3	2	2	0
3	7	0	5	2	1	0	5	0	9	1	1	2	0
3	7	4	3	1	0	0	5	0	5	3	2	3	0
4	0	5	3	3	3	0	4	7	4	3	0	0	0
4	0	9	1	2	2	0	4	7	0	5	1	1	0
4	1	9	1	2	1	0	4	6	0	5	1	2	0
4	1	5	3	2	2	0	4	6	4	3	0	1	0
4	2	5	3	3	1	0	4	5	4	3	0	2	0
4	2	9	1	2	0	0	4	5	0	5	1	3	0
4	3	5	3	3	0	0	4	4	4	3	0	3	0

　　当然在这30组解中，并非所有的装车方案都是值得推荐的．现实中还应考虑两辆平板车的载重量、占用空间差别均不应太大，否则会引发一些安全问题．有兴趣的读者可以进一步分析，制定一定的差别标准后筛选出最适合的方案．

　　最后，必须指出该模型的计算量较大，每次迭代次数达到数十万次，寻找改进的、简化的计算方法和技巧是值得我们进一步思考的．而且将两辆车装载后 3 类货物总厚度不超过 302.7 cm 改为每辆车装载不超过此值，则运算将更复杂．

注：该问题和自来水输送一样属于运输问题，只不过是运输问题的一种变形，运筹学中通常将这类问题称为背包问题，由于有长度、质量两项约束，所以称为二维背包问题，可以利用数学规划或动态规划求解．

案例 5.4：人力资源配置问题．

某地区玻璃厂有一个昼夜生产的流水线，根据经验及观察统计，每天各个时段需要的工作人员数量见表 5.5．

表 5.5 车间主任和工作人员需求信息

班次	时间区段	所需人数
1	8:00～12:00	150
2	12:00～16:00	160
3	16:00～20:00	160
4	20:00～0:00	120
5	0:00～4:00	100
6	4:00～8:00	100

设车间主任和工作人员分别在各时间区段一开始时上班，并连续工作 8 小时，则该流水线至少配备多少名车间主任和工作人员才能满足实际需要？

模型建立：设 x_i 为第 i 时段所需的人数，由于从第 i 时段开始上班的人在第 $i+1$ 时段会继续上班（注意如果 i 取 6，则 $i+1$ 应取 1），则可建立如下模型：

$$\min \quad S = x_1 + x_2 + \cdots + x_6$$

$$\text{s.t.} \begin{cases} x_1 + x_6 \geqslant 150 \\ x_1 + x_2 \geqslant 160 \\ x_2 + x_3 \geqslant 160 \\ x_3 + x_4 \geqslant 120 \\ x_4 + x_5 \geqslant 100 \\ x_5 + x_6 \geqslant 100 \\ x_i \geqslant 0, \ x_i \in \mathbf{N}, \ i = 1, 2, \cdots, 6 \end{cases}$$

模型求解：由于每时段需要的人数是整数，所以利用 LINDO 或 LINGO 求解该整数规划模型．其 LINGO 程序代码如下．

```
model:
sets:
time/1..6/:required,worker;
endsets
data:
required=150 160 160 120 100 100;
```

```
enddata
min=@sum(time: worker);
!各时段需求约束;
@for(time(i):
  worker(i)+ worker(@wrap(i+1,6))>=required(i));
!各变量整数约束;
@for(time:@gin(worker));
end
```

注：程序中使用了集操作函数@wrap(i, N)，用来转换集合两端的索引．也就是说，在集合循环函数中，当达到集合的最后（或第一个）成员后，可以用@wrap( )函数把索引转到集合的第一个（或最后一个）成员．当 i 位于区间$[1, N]$内时，@wrap(i, N)返回 i，否则返回 $j=i-k^*N$，k 为整数，且 j 位于区间$[i, N]$内．如@wrap(2,5)返回值为2，@wrap(16,5)返回值为1．在这里的作用是让@wrap(7,6)返回 1．该函数在循环、多阶段计划编制中可将计划的结束点平移到起始点．

输出结果：

```
Global optimal solution found.
    Objective value:                        410.0000
    Extended solver steps:                         0
    Total solver iterations:                       6
                    Variable        Value      Reduced Cost
                    REQUIRED(1)   150.0000          0.000000
                    REQUIRED(2)   160.0000          0.000000
                    REQUIRED(3)   160.0000          0.000000
                    REQUIRED(4)   120.0000          0.000000
                    REQUIRED(5)   100.0000          0.000000
                    REQUIRED(6)   100.0000          0.000000
                     WORKER(1)   130.0000          1.000000
                     WORKER(2)   20.00000          1.000000
                     WORKER(3)   140.0000          1.000000
                     WORKER(4)   20.00000          1.000000
                     WORKER(5)   100.0000          1.000000
                     WORKER(6)   0.000000          1.000000
```

即 6 个班次依次需要的车间主任和工作人员数量分别为：$x_1=150$；$x_2=40$；$x_3=120$；$x_4=0$；$x_5=100$；$x_6=0$．共计至少需要车间主任和工作人员共 410 名．

生产实际中经常会遇到通过切割、剪裁、冲压等手段，将原材料加工成所需尺寸的问题，称为建筑材料的下料问题．在下料过程中，如何按照建筑工艺要求，确定最佳的下料方案，使得浪费的资源最小，是常见的一类优化问题．下面两个案例分别从一维和二维的角度介绍了这类问题如何使用最优化方法加以解决．

案例 5.5：建筑钢条的下料问题 I.

问题描述： 某建筑工地采购的钢筋长度均为 12 m，实际需要的钢条尺寸分别是 10 m 的 60 根，7 m 的 100 根，4 m 的 270 根，3 m 的 330 根，则采用什么样的切割模式最省材料，假设原材料足够用．

问题分析： 切割模式是指一根钢条可以切割成不同尺寸的小段钢条的组合方式．例如，我们可以将 12 m 的钢筋切割成 1 根 7 m 的和 1 根 3 m 的，余料为 2 m；或切割成 2 根 4 m 的和 1 根 3 m 的，余料为 1 m．很明显，从节约资源的角度分析，任何一种实际的切割模式其剩余的余料不应该超过工地需要的最短尺寸，也就是说，如果余料大于最小需求尺寸，应该进行继续切割，直至余料小于最小可用尺寸．通常我们把满足该条件的切割模式称为可行的切割模式．

在这种前提下，本问题可行的切割模式一共有 7 种，见表 5.6.

表 5.6 钢筋下料的合理切割模式

模式	10 m/根	7 m/根	4 m/根	3 m/根	余料/m
1	1	0	0	0	2
2	0	1	1	0	1
3	0	1	0	1	2
4	0	0	3	0	0
5	0	0	2	1	1
6	0	0	1	2	2
7	0	0	0	4	0

这样问题就转化为在满足建筑需求的情况下，找出合适的切割模式并确定切割的原料钢筋的根数，使得资源最为节省．对于节省可以有两种评价标准：一是切割后剩余的总余料量最小，二是切割原料钢筋的总根数最少．下面分两个目标加以讨论．

模型建立：

1）决策变量：x_i 表示按照第 i 种模式（$i=1, 2, \cdots, 7$）切割的原始钢筋的根数，显然它们均为非负整数．

2）目标函数：如果以切割后剩余的总余料量最小为目标，则由表 5.6 可得
$$\min Z_1 = 2x_1 + x_2 + 2x_3 + x_5 + 2x_6,$$
若以切割原料钢筋的总根数最少为目标，则有
$$\min Z_2 = x_1 + x_2 + x_3 + x_4 + x_5 + x_6 + x_7.$$

3）约束条件：为满足建筑工地的需求，由确定的切割模式应有

$$x_1 \geqslant 60$$
$$x_2 + x_3 \geqslant 100$$
$$x_2 + 3x_4 + 2x_5 + x_6 \geqslant 270$$
$$x_3 + x_5 + 2x_6 + 4x_7 \geqslant 330$$

该模型是整数线性规划模型，下面分别在这两种目标下求解．

模型求解：

1）求以切割后剩余的总余料量最小为目标函数所构成的整数规划模型，在 LINDO 中输入程序代码.

```
Min  2x1+x2+2x3+x5+2x6
s.t.
    x1>=60
    x2+x3>=100
    x2+3x4+2x5+x6>=270
    x3+x5+2x6+4x7>=330
end
gin 7
```

求解可以得到最优解如下：

```
OBJECTIVE FUNCTION VALUE
 1)          220.0000
VARIABLE    VALUE              REDUCED COST
X1          60.000000          2.000000
X2          100.000000         1.000000
X3          0.000000           2.000000
X5          0.000000           1.000000
X6          0.000000           2.000000
X4          57.000000          0.000000
X7          83.000000          0.000000
ROW    SLACK OR SURPLUS        DUAL PRICES
 2)         0.000000           0.000000
 3)         0.000000           0.000000
 4)         1.000000           0.000000
 5)         2.000000           0.000000
  NO. ITERATIONS=      22
```

也就是说，第 1 种模式切割 60 根，第 2 种模式切割 100 根，第 4 种模式切割 57 根，第 7 种模式切割 83 根，总需要的最小钢筋数量为 300 根，总的余料量为 220 m. 从结果可以看出，余料为 0 的切割模式都出现在最优解中，当然这并不表示选择最优方案时只看余料量大小, 还要看需求量的情况.

2) 再求以切割原料钢筋的总根数最少为目标函数构成的整数规划模型, 同样应用 LINDO 求解, 得到最优解如下:

```
OBJECTIVE FUNCTION VALUE
1)      300.0000
VARIABLE    VALUE          REDUCED COST
X1          60.000000      1.000000
X2         100.000000      1.000000
X3           0.000000      1.000000
X4          56.000000      1.000000
X5           0.000000      1.000000
X6           2.000000      1.000000
X7          82.000000      1.000000
ROW    SLACK OR SURPLUS   DUAL PRICES
2)           0.000000      0.000000
3)           0.000000      0.000000
4)           0.000000      0.000000
5)           2.000000      0.000000
   NO. ITERATIONS=      32
```

即第 1 种模式切割 60 根, 第 2 种模式切割 100 根, 第 4 种模式切割 56 根, 第 6 种模式切割 2 根, 第 7 种模式切割 82 根, 总需要的最小钢筋数量为 300 根. 相应的总余料量为 224 m. 简单对比发现, 两个不同目标函数对应的最优解中需要钢筋的数量均为 300 根, 但第二种情况的余料却大于第一种模式, 请同学们思考原因.

案例 5.6: 玻璃剪裁问题.

问题描述: 某建筑公司承建一住宅大楼, 该大楼共 16 层, 每层有 A、B 两种户型 4 套房, 房屋朝向不同, 规格相同, 共需要 3 种型号的玻璃做窗户, 已知每套房所需各种窗户的规格 (尺寸)、数量见表 5.7. 市场上能够买到的整块玻璃材料的规格 (尺寸) 是长*宽为 210*250 (cm*cm), 单价为 110 元/块, 因此必须对原材料进行合理的裁剪. 根据以上信息, 为建筑公司确定最佳的玻璃裁剪方案, 使公司浪费最小.

表 5.7　各种窗户的规格 (尺寸)

窗户 I		窗户 II		窗户 III	
长*宽/ (cm*cm)	数量/扇	长*宽/ (cm*cm)	数量/扇	长*宽/ (cm*cm)	数量/扇
60*80	12	120*75	8	150*85	10

问题分析： 该问题和钢筋的切割问题类似，都属于下料问题，所不同的是一个是一维的，一个是二维的．同前面一样，问题的关键依然是如何根据需求量确定合理的剪裁模式，但二维切割模式的确定要比一维复杂得多．在本题中对 210*250 规格的整块玻璃，不妨记其高（长）为 210 cm，宽为 250 cm，如图 5.5 所示．由于需要的窗户规格差异较大，导致可能组合的剪裁模式纷繁复杂，考虑到剪裁工艺不宜太复杂并且要易于操作，必须对剪裁模式加以筛选，明确哪些是可用的．为此先对切割顺序加以确定，我们假定玻璃切割时首先沿平行于宽的方向切割成"条形"材质，即"横切"，再对"条形"材质沿平行于高的方向剪裁成需要的各种规格，称为"竖切"．并且假定同一条形材质尽量切割成同一规格的成品．同时注意到原材料的规格，其高为 210 cm，可以分解为 3 种窗户的长、宽尺寸的各种组合方式：150 cm＋60 cm，3×60 cm＋30 cm，2×60 cm＋80 cm＋10 cm，2×75 cm＋60 cm，120 cm＋75 cm＋15 cm，120 cm＋80 cm＋10 cm，等等．如果以这些量为标准，以高为切割基准进行横切，那么在高方向的余料尺寸多数情况下可控制在 15 cm 范围内．根据以上思想和假定，获得了可行的 9 种剪裁模式，如图 5.5～图 5.14 所示，其中阴影代表余料部分，方框中的数字表示该块玻璃的规格，注意 80*60 和 60*80 是一样的，只不过表示横放和竖放的区别，前面数字是高（长），后者代表宽，其他类似．

图 5.5　玻璃规格

图 5.6　模式 1

图 5.7　模式 2

图 5.8　模式 3

图 5.9　模式 4

图 5.10　模式 5

图 5.11　模式 6

图 5.12　模式 7

图 5.13　模式 8

图 5.14　模式 9

　　前 4 种剪裁模式先进行两次横切,后 5 种只进行 1 次横切.仅有模式 3、5、6、9 部分条形材质没有完全切割成同一规格的玻璃,其余都按同一条形材质剪裁同一规格进行.以上各种模式均以高为基准先进行横切(切到底),如果以宽为基准先进行竖切(仍然切到底),则余料损失普遍要大得多,而且获得的有效玻璃较少.对于横竖各切 2 刀可以得到 9 块 80*60 的玻璃的模式,因少于模式 1 的 10 块,所以没有列出.因此以上切割模式针对题目规格都是合理的.各种剪裁模式获得 3 种规格玻璃以及相应余料见表 5.8.

表5.8 9种剪裁模式信息

模式 \ 玻璃	60*80/（cm*cm）	120*75/（cm*cm）	150*85/（cm*cm）	余料/cm²
1	10	0	0	4500
2	6	2	0	5700
3	7	0	1	6150
4	3	4	0	2100
5	5	0	2	3000
6	3	1	2	3600
7	4	3	0	6300
8	0	5	0	7500
9	1	3	1	7950

基本假设：

1）对原材料玻璃一般先进行横切，再进行竖切，而且切割成的条形材质尽量剪裁成同一规格的玻璃.

2）考虑到剪裁工艺不宜太复杂并且要易于操作，本题仅考虑在前面提到的9种剪裁模式中进行选择.

3）切割过程中不考虑玻璃的破损问题，余料损失是指不能再切成可用窗户玻璃的边角剩余部分的总和，对切割成的各种成品玻璃的上限不做限制.

4）最佳的玻璃裁剪方案可以理解为余料损失总和最小或所用原材料玻璃块数最少.

模型建立与求解： 设第 i 种模式剪裁 x_i 块玻璃，余料总和为 $Z\,\mathrm{cm}^2$，根据前面分析，目标函数可表示为

$$\min\ Z = 4500x_1 + 5700x_2 + 6150x_3 + 2100x_4 + 3000x_5$$
$$+ 3600x_6 + 6300x_7 + 7500x_8 + 7950x_9.$$

约束条件主要考虑9种模式切割产生的3种型号的玻璃要满足建筑需求. 由于大楼有16层，每层4套房，所以表5.7中3种型号的玻璃需求量均应乘以64，即

$$10x_1 + 6x_2 + 7x_3 + 3x_4 + 5x_5 + 3x_6 + 4x_7 + x_9 \geqslant 768,$$
$$2x_2 + 4x_4 + x_6 + 3x_7 + 5x_8 + 3x_9 \geqslant 512,$$
$$x_3 + 2x_5 + 2x_6 + x_9 \geqslant 640.$$

最后所有变量均应是整数，即 $x_i \in \mathbf{N}$（$i=1, 2, \cdots, 9$）.

在 LINDO 6.1 中求解上述整数规划模型得到如下结果：

```
OBJECTIVE FUNCTION VALUE
   1)      1228800.
```

```
        VARIABLE        VALUE        REDUCED COST
           X1        0.000000        4500.000000
           X2        0.000000        5700.000000
           X3        0.000000        6150.000000
           X4      128.000000        2100.000000
           X5      320.000000        3000.000000
           X6        0.000000        3600.000000
           X7        0.000000        6300.000000
           X8        0.000000        7500.000000
           X9        0.000000        7950.000000
         ROW    SLACK OR SURPLUS     DUAL PRICES
          2)     1216.000000         0.000000
          3)        0.000000         0.000000
          4)        0.000000         0.000000
```

即第 4 种模式剪裁 128 块，第 5 种模式剪裁 320 块，总余料为 1228800 cm^2.

如果以使用原材料玻璃数量最小为目标，即

$$\min \quad W = x_1 + x_2 + x_3 + x_4 + x_5 + x_6 + x_7 + x_8 + x_9.$$

则由于约束条件不变，只需将前面程序目标函数修改，便可求出解为

```
        OBJECTIVE FUNCTION VALUE
            1)     359.0000
        VARIABLE        VALUE        REDUCED COST
           X1        0.000000        1.000000
           X2        0.000000        1.000000
           X3        0.000000        1.000000
           X4        0.000000        1.000000
           X5        0.000000        1.000000
           X6      281.000000        1.000000
           X7        0.000000        1.000000
           X8        0.000000        1.000000
           X9       78.000000        1.000000
         ROW    SLACK OR SURPLUS     DUAL PRICES
          2)      153.000000         0.000000
          3)        3.000000         0.000000
          4)        0.000000         0.000000
```

此时最佳剪裁方案为模式 6 切割 281 块，模式 9 切割 78 块，最少需要 359 块玻璃. 直接计算得余料损失为 1631700 cm^2.

结果分析：以上两个不同目标得到的最优解完全不同. 以余料最少为目标，

可以减少 402900 cm² 的损失. 但注意到第一种情况用了 448 块玻璃, 比第二种情况多了 89 块玻璃, 而且第一种情况产生的成品中 80*60 的玻璃剩余 1216 块, 远大于第二种情况的数量. 如果假定超出需求量的都是浪费, 那么第一种情况的真正余料是 $1216×80×60+1228800=7065600(cm^2)$, 第二种情况剩余 80*60 的 153 块, 120*75 的仅 3 块, 所以总余料为 2393100 cm². 可见在多余的产品无用时, 以使用玻璃块数最少为目标更能有效减少浪费.

注: 案例 5.5 和案例 5.6 都属于原材料的下料问题, 前者是一维的, 后者是二维的. 不管哪种情况, 确定合理的切割模式是解决问题的关键. 有时由于需求成品规格多, 会导致切割模式复杂, 为了现实中的可操作性, 必须对切割模式做一些限制, 以达到简化的目的, 下一节将会进一步介绍. 下料问题中通常以总余料最少或使用原材料数量最少为目标, 以各种需求量为约束建立整数线性规划模型.

案例 5.7: 超市连锁店选址问题.

问题描述: 某企业准备在城市东、西、北三区建立超市连锁店. 假设 3 个区共有 8 个位置点 A_i ($i=1, 2, \cdots, 8$) 可供选择, 且规定东区只能在 A_1, A_2, A_3 中至多选两个; 西区则在 A_4, A_5, A_6 中至少选两个; 北区则在 A_7, A_8 中至少选一个; 总体不能超过 5 个. 如选用 A_i, 前期投资估计为 b_i 万元, 每年可获利润估计为 c_i 万元, 问在投资总额不超过 600 万元的条件下, 怎样选址可使企业年利润最大?

前期投资 b_i 与每项投资每年获利 c_i 见表 5.9.

表 5.9 投资额与获利

i	1	2	3	4	5	6	7	8
b_i / 万元	100	110	150	120	150	70	60	80
c_i / 万元	20	37	43	39	41	17	16	19

问题分析: 该问题涉及对象 (各区) 只是选择或不选择, 而不是我们熟悉的某个量取多少值的问题, 因此不能简单地用前面的方法来处理. 为此引入 0-1 变量 x_i($i=1, 2, \cdots, 8$), 令 $x_i=1$ 表示 A_i 点被选中, 而 $x_i=0$ 表示 A_i 点未被选中.

建立模型: 当 A_i 点被选中时, $c_i x_i$ 表示在 A_i 点设立超市时每年可获利润估计值, 设 f 为公司年收益, 则目标函数为

$$\max \quad z=\sum_{i=1}^{8} c_i x_i .$$

约束条件有几方面: 投资总额不超过 600 万元, 有

$$\sum_{i=1}^{8} b_i x_i \leqslant 600 ,$$

区域选择限制:

$$\begin{cases} x_1+x_2+x_3 \leqslant 2 \\ x_4+x_5+x_6 \geqslant 2 \\ x_7+x_8 \geqslant 1 \end{cases}.$$

总量限制：

$$\sum_{i=1}^{8} x_i \leqslant 5.$$

决策变量均为 0-1 变量限制，即 $x_i \in \{0,1\}$，$i=1,2,\cdots,8$.

综合以上信息，得到如下 0-1 规划模型：

$$\max \ z = \sum_{i=1}^{8} c_i x_i$$

$$\text{s.t.} \begin{cases} \sum_{i=1}^{8} b_i x_i \leqslant 600 \\ \sum_{i=1}^{8} x_i \leqslant 5 \\ x_1+x_2+x_3 \leqslant 2 \\ x_4+x_5+x_6 \geqslant 2 \\ x_7+x_8 \geqslant 1 \\ x_i \in \{0,1\}, \quad i=1,2,\cdots,8 \end{cases}.$$

注：由于决策变量是 0-1 变量，因此表达式 $x_1+x_2+x_3 \leqslant 2$ 有以下几种可能性：
3 个变量中有两个为 1，另一个为 0；有一个为 1，另两个为 0；3 个都为 0.

模型求解：在 LINDO 6.1 中输入如下程序代码.

```
Max  20x1+37x2+43x3+39x4+41x5+17x6+16x7+19x8
s.t.
     100x1+110x2+150x3+120x4+150x5+70x6+60x7+80x8<600
     x1+x2+x3+x4+x5+x6+x7+x8<5
     x1+x2+x3<2
     x4+x5+x6>2
     x7+x8>1
end
int 8
```

其中，int 8 表示前 8 个变量，即所有变量均为 0-1 变量，求解结果如下：

```
LP OPTIMUM FOUND AT STEP     14
OBJECTIVE VALUE =   177.500000
NEW INTEGER SOLUTION OF    176.000000  AT BRANCH   0 PIVOT  14
RE-INSTALLING BEST SOLUTION...
```

```
        OBJECTIVE FUNCTION VALUE
    1)        176.0000
VARIABLE        VALUE        REDUCED COST
    X1       0.000000        -20.000000
    X2       1.000000        -37.000000
    X3       1.000000        -43.000000
    X4       1.000000        -39.000000
    X5       1.000000        -41.000000
    X6       0.000000        -17.000000
    X7       1.000000        -16.000000
    X8       0.000000        -19.000000
    ROW    SLACK OR SURPLUS      DUAL PRICES
    2)       10.000000        0.000000
    3)        0.000000        0.000000
    4)        0.000000        0.000000
    5)        0.000000        0.000000
    6)        0.000000        0.000000
  NO. ITERATIONS=       14
  BRANCHES=    0 DETERM.=   1.000E    0
```

于是最佳的选址方案：在 A_2，A_3，A_4，A_5，A_7 这 5 个点设立超市连锁店，预计可获得的利润为 176 万元.

案例 5.8：外文翻译的指派问题.

问题描述：已知某翻译公司有 5 种外文的翻译任务，表 5.10 给出了公司目前 5 名员工翻译 5 种外文的速度（印刷符号/h），试解决以下问题.

1）规定每人专门负责一个语种的翻译工作，问应该如何指派，使总的工作效率最高？

2）若甲不懂德文，乙不懂日文，其他信息不变，又应该如何指派？

3）如果戊因为特殊原因，不能参与翻译工作，意味着有人需要翻译两种语言且考虑翻译工作的连续性，不能由多人完成一种语言的翻译，此时又该如何指派，使总的效率最高？

表 5.10 5人翻译 5 种外文的速度

单位：印刷符号/h

员工 \ 语种	英语	俄语	日语	德语	法语
甲	900	400	600	800	500
乙	800	500	900	1000	600
丙	900	700	300	500	800

员工＼语种	英语	俄语	日语	德语	法语
丁	400	800	600	900	500
戊	1000	500	300	600	800

模型分析：该问题是多人完成多项任务的指派问题，可以采用穷举法．这里可能的组合共有 5!=120 种，可以计算出每种组合的总的效率，然后比较，找出效率最高的组合，即为所求的最佳指派方案．但这样工作量很大，比较麻烦．事实上，可以借助 0-1 变量来表示某人是否选择某种语言，想办法建立 0-1 规划模型加以求解．对第一个问题，应该是 5 个人分别完成一项翻译工作，属于任务和人数相等的情况，而且每个人都能完成每一种语言的翻译工作；第二个问题和第一个问题相似，只不过要排除甲翻译德文，乙翻译日文这两种情况；第三个问题是人数低于任务数的情况，需要个别人兼职完成多项任务．

模型的建立与求解：设 $i=1, 2, \cdots, 5$ 依次对应甲乙丙丁戊 5 名翻译员工，而 $j=1, 2, \cdots, 5$ 分别表示英语、俄语、日语、德语和法语 5 种语言．令 $x_{ij}=1$ 表示第 i 名员工翻译第 j 种语言，而 $x_{ij}=0$ 表示第 i 名员工不翻译第 j 种语言．c_{ij} 表示第 i 名员工翻译第 j 种语言的速度（效率），z 为翻译的总效率，则有目标函数

$$\max \ z=\sum_{i=1}^{5}\sum_{j=1}^{5}c_{ij}x_{ij}.$$

1）在第一个问题中，规定每人专门负责一个语种的翻译工作，意味着每个人能且只能翻译一种语言，即

$$\sum_{j=1}^{5}x_{ij}=1, \ i=1, 2, \cdots, 5.$$

并且每种语言有且只有一人参与，即有

$$\sum_{i=1}^{5}x_{ij}=1, \ j=1, 2, \cdots, 5.$$

综合目标函数和以上约束条件，得到问题 1）的 0-1 规划模型：

$$\max \ z=\sum_{i=1}^{5}\sum_{j=1}^{5}c_{ij}x_{ij}$$

$$\text{s.t.}\begin{cases} \sum_{j=1}^{5}x_{ij}=1, \ i=1, 2, \cdots, 5 \\ \sum_{i=1}^{5}x_{ij}=1, \ j=1, 2, \cdots, 5 \\ x_{ij}\in\{0,1\} \end{cases}.$$

在 LINDO 中输入程序代码如下：

```
max  900x11+400x12+600x13+800x14+500x15
     +800x21+500x22+900x23+1000x24+600x25
     +900x31+700x32+300x33+500x34+800x35
     +400x41+800x42+600x43+900x44+500x45
     +1000x51+500x52+300x53+600x54+800x55
s.t.
     x11+x12+x13+x14+x15=1                %每个人恰好翻译一种语言
     x21+x22+x23+x24+x25=1
     x31+x32+x33+x34+x35=1
     x41+x42+x43+x44+x45=1
     x51+x52+x53+x54+x55=1
     x11+x21+x31+x41+x51=1                %每种语言有且只有一人翻译
     x12+x22+x32+x42+x52=1
     x13+x23+x33+x43+x53=1
     x14+x24+x34+x44+x54=1
     x15+x25+x35+x45+x55=1
 end
 int 25
```

输出结果：

```
    OBJECTIVE FUNCTION VALUE
    1)      4300.000
 VARIABLE        VALUE         REDUCED COST
     X11       0.000000        -900.000000
     X12       0.000000        -400.000000
     X13       0.000000        -600.000000
     X14       1.000000        -800.000000
     X15       0.000000        -500.000000
     X21       0.000000        -800.000000
     X22       0.000000        -500.000000
     X23       1.000000        -900.000000
     X24       0.000000       -1000.000000
     X25       0.000000        -600.000000
     X31       0.000000        -900.000000
     X32       0.000000        -700.000000
     X33       0.000000        -300.000000
     X34       0.000000        -500.000000
```

X35	1.000000	–800.000000
X41	0.000000	–400.000000
X42	1.000000	–800.000000
X43	0.000000	–600.000000
X44	0.000000	–900.000000
X45	0.000000	–500.000000
X51	1.000000	–1000.000000
X52	0.000000	–500.000000
X53	0.000000	–300.000000
X54	0.000000	–600.000000
X55	0.000000	–800.000000

即甲翻译德语，乙翻译日语，丙翻译法语，丁翻译俄语，戊翻译英语，最大效率为 4300. 需要注意的是，在以整体效率最高为目标的情况下，每个人不一定就从事自己最擅长的工作，每项工作也不一定由该项工作最出色的人去完成. 例如，甲最擅长英语，但却被指派翻译德语.

2）第二个问题中甲不懂德文，乙不懂日文，即甲不能翻译德文，乙不能翻译日文，属于有限制的指派问题，只需要在 1）的约束条件中加上 $x_{14}=0$，$x_{23}=0$ 即可. 将上述程序稍加修改后重新求解得到 $x_{13}=x_{24}=x_{35}=x_{42}=x_{51}=1$，显然结果是将①的最佳方案中甲和乙的任务对调，其他未变，总效率为 4200.

3）第三个问题中去掉戊后只有 4 名翻译，要完成 5 项工作，如果剩下每个人都参与，必定有一人要完成 2 种语言的翻译工作. 于是约束条件应该调整为

$$1 \leqslant \sum_{j=1}^{5} x_{ij} \leqslant 2, \ i=1,2,\cdots,4.$$

则相应的 0-1 规划模型为

$$\max \ z=\sum_{i=1}^{4}\sum_{j=1}^{5}c_{ij}x_{ij}$$

$$\text{s.t.}\begin{cases} 1 \leqslant \sum_{j=1}^{5}x_{ij} \leqslant 2, \ i=1,2,\cdots,4 \\ \sum_{i=1}^{4}x_{ij}=1, \ j=1,2,\cdots,5 \\ x_{ij}\in\{0,1\} \end{cases}$$

注：此时变量已经减少到 20 个.

修改 1）的程序后，重新求解模型得到：$x_{11}=x_{23}=x_{24}=x_{35}=x_{42}$，即甲变成翻译英语，乙同时翻译日语和德语，丙和丁还是分别翻译法语、俄语. 此时的最高

效率为 4400.

当然指派问题用 LINGO 求解也是非常方便的, 而且形式更简练. 在 LINGO 中输入程序代码如下:

```
model:
sets:
worker/w1..w4/;                        !定义原始集 worker,有 4 个成员;
language/la1..la5/;                    !定义原始集 language,有 5 个成员;
links(worker,language):c,x;           !定义派生集 links;
endsets
!效率矩阵;
data:
  c=900 400 600 800 500
     800 500 900 1000 600
     900 700 300 500 800
     400 800 600 900 500;
enddata
!目标函数;
max = @sum(links:c*x);
!每个人至少参与一项,至多参与两项翻译工作;
@for(worker(i):@sum(language(j):x(i,j))<=2);
@for(worker(i):@sum(language(j):x(i,j))>=1);
!每种语言有且仅有一人参与翻译;
@for(language(j):@sum(worker(i):x(i,j))=1);
!0-1 变量;
@for(links:@bin(x));
end
```

输出结果 (只是输出报告的部分):

```
 Global optimal solution found.
 Objective value:                          4400.000
Extended solver steps:                       0
Total solver iterations:                     0
     Variable          Value       Reduced Cost
     X(W1, LA1)       1.000000       -900.0000
     X(W1, LA2)       0.000000       -400.0000
     X(W1, LA3)       0.000000       -600.0000
     X(W1, LA4)       0.000000       -800.0000
     X(W1, LA5)       0.000000       -500.0000
```

X(W2, LA1)	0.000000	-800.0000
X(W2, LA2)	0.000000	-500.0000
X(W2, LA3)	1.000000	-900.0000
X(W2, LA4)	1.000000	-1000.000
X(W2, LA5)	0.000000	-600.0000
X(W3, LA1)	0.000000	-900.0000
X(W3, LA2)	0.000000	-700.0000
X(W3, LA3)	0.000000	-300.0000
X(W3, LA4)	0.000000	-500.0000
X(W3, LA5)	1.000000	-800.0000
X(W4, LA1)	0.000000	-400.0000
X(W4, LA2)	1.000000	-800.0000
X(W4, LA3)	0.000000	-600.0000
X(W4, LA4)	0.000000	-900.0000
X(W4, LA5)	0.000000	-500.0000

　　显然与用 LINDO 得到的结果是一致的．通常情况下，当数据量大，约束条件多的时候，借助 LINGO 可以大大简化程序．

　　最后，请读者考虑这样一个问题，如果人数多于任务数，例如，5 个人，只有英语、德语、法语 3 种语言需要翻译，同样假定一种语言只能 1 人参与，那么又该如何建立模型，读者可以仿照上面的案例自己尝试．

　　注：像案例 5.8 这样的问题称为指派问题或分派问题（Assignment Problem）．典型的指派问题的描述是，有 m 项工作，恰好由 m 个人来完成，一个人只完成一项工作，一项工作只由一个人来完成，由于个人的专长不同，完成任务的效率也就不同，于是要合理指派哪个人去完成哪项任务，使完成 m 项任务的总效率最高．指派问题同运输问题一样，是具有一定模型特征的一类问题的总称，如 m 项加工任务如何在 m 台机床上分配，m 条航线如何指定 m 艘船去航行，等等．指派问题也是运输问题的特例，相当于将某人运送到某个岗位，一般用 0-1 规划求解．对于任务和人数不等的指派问题可以类似处理，如案例 5.8 中的问题 3）．

5.4　非线性规划模型

案例 5.9：建筑钢条的下料问题 II．

　　问题描述： 下料问题中如果使用过多切割模式，会使切割工艺变得复杂，增加生产成本和工作量，假定在案例 5.5 中不同的切割模式不超过 3 种，试用案例 5.5 的数据，确定最节省资源的切割方法．

问题分析：对案例 5.5 的求解运用的是线性规划模型，在需求钢筋类型不太多的情况下可以通过枚举法首先确定哪些切割模式是可行的. 但如果需求的钢筋规格不断增大，枚举法的工作量将越来越大. 而且使用过多切割模式，会使切割工艺变得复杂，增加生产成本和管理成本，因此题目要求我们限定切割模式不超过 3 种，但怎样选择切割模式，却是未知的，这只有在动态优化中寻找，为此我们选用整数非线性规划模型来解决该问题. 该方法可以同时确定切割模式和切割方案，是一种解决这类下料问题的普遍使用的方法.

同案例 5.5 一样，一个合理的切割模式的余料应该小于建筑工地需要钢筋的最小尺寸，即 3 m，又由于题目中参数都是整数，所以合理的切割模式的余料量不能大于 2 m. 对于目标函数，同样可以有两种，这里我们仅选择总根数最少为目标进行求解.

模型建立：由于要求不同的切割模式不超过 3 种，可以用 x_i 表示第 i 种模式（$i=1, 2, 3,$ 这里的切割模式是待定的）切割的原料钢筋的根数，显然它们为非负整数. 设在第 i 种切割模式下每根原料钢筋生产 10 m，7 m，4 m 和 3 m 的钢筋数量分别为非负整数 r_{1i}，r_{2i}，r_{3i}，r_{4i}.

如果以切割原料钢筋的总根数最少，则目标函数为

$$\min\ z = x_1 + x_2 + x_3.$$

为满足建筑工地的需求，应有

$$\begin{cases} r_{11}x_1 + r_{12}x_2 + r_{13}x_3 \geqslant 60 \\ r_{21}x_1 + r_{22}x_2 + r_{23}x_3 \geqslant 100 \\ r_{31}x_1 + r_{32}x_2 + r_{33}x_3 \geqslant 270 \\ r_{41}x_1 + r_{42}x_2 + r_{43}x_3 \geqslant 330 \end{cases}.$$

因为每一种切割模式必须可行、合理，即每根原料钢筋切割成的成品量长度总和不能超过 12 m，也不能少于 10 m（因为余料量不能大于 2 m），于是有

$$\begin{cases} 10 \leqslant 10r_{11} + 7r_{21} + 4r_{31} + 3r_{41} \leqslant 12 \\ 10 \leqslant 10r_{12} + 7r_{22} + 4r_{32} + 3r_{42} \leqslant 12 \\ 10 \leqslant 10r_{13} + 7r_{23} + 4r_{33} + 3r_{43} \leqslant 12 \end{cases}.$$

以上建立的整数非线性规划模型是可以求解的，但为了简化计算，提高效率，可以进一步做如下限定，一是决策变量有一个自然排序，不妨设 $x_1 \geqslant x_2 \geqslant x_3$.

二是考虑极端情况，所有需求量的总长度不应该超过切割钢筋的总长度，即根数总和乘以单位长度 12 m（有余料浪费的存在），则

$$12(x_1 + x_2 + x_3) \geqslant 60 \times 10 + 100 \times 7 + 270 \times 4 + 330 \times 3 = 3370.$$

考虑各变量均为整数，于是上式等效于 $x_1 + x_2 + x_3 \geqslant 281$.

三是考虑比较简单直观的切割方法，每种模式切割的成品尽量满足一种尺寸，

如第一种模式切割成 10 m，需 60 根；第二种模式切割成 1 段 7 m 和 1 段 3 m 的，需切割 100 根；第三种模式为切割 2 根 4 m 加 1 根 3 m，需切割 230 根．这样切割成 4 m 的共有 460 根，3 m 的共计 330 根，已经满足需求．在这种特殊情况下共需切割 390 根，即 $x_1 + x_2 + x_3 \leqslant 390$．

模型求解： 将上述模型在 LINGO 中求解．

```
model:
sets:
!定义 3 种模式;
pattern/1..3/:x;
!定义钢条的 4 种规格,需求量;
type/1..4/:size,demand;
!建立 4*3 的矩阵 r;
link(type,pattern):r;
endsets
data:
size=10 7 4 3;
demand=60 100 270 330;
enddata
!目标函数;
min=@sum(pattern:x);
!需求约束;
@for(type(i):@sum(pattern(j):r(i,j)*x(j))>=demand(i));
!合理性约束;
@for(pattern(i):@sum(type(j):size(j)*r(j,i))<=12);
@for(pattern(i):@sum(type(j):size(j)*r(j,i))>=10);
@sum(pattern:x)<=390;
@sum(pattern:x)>=281;
@for(pattern(i)|i#le#2:x(i)>=x(i+1));
!整数约束;
@for(link:@gin(r));
end
```

输出结果：

```
Local optimal solution found.
Objective value:                        330.0000
Extended solver steps:                  66
Total solver iterations:                1486
```

Variable	Value	Reduced Cost
X(1)	169.0000	0.000000
X(2)	101.0000	0.000000
X(3)	60.00000	0.000000
SIZE(1)	10.00000	0.000000
SIZE(2)	7.000000	0.000000
SIZE(3)	4.000000	0.000000
SIZE(4)	3.000000	0.000000
DEMAND(1)	60.00000	0.000000
DEMAND(2)	100.0000	0.000000
DEMAND(3)	270.0000	0.000000
DEMAND(4)	330.0000	0.000000
R(1,1)	0.000000	-168.9993
R(1,2)	0.000000	-100.9998
R(1,3)	1.000000	-59.99955
R(2,1)	0.000000	0.000000
R(2,2)	1.000000	0.000000
R(2,3)	0.000000	0.000000
R(3,1)	1.000000	-168.9993
R(3,2)	1.000000	-100.9998
R(3,3)	0.000000	-59.99955
R(4,1)	2.000000	0.000000
R(4,2)	0.000000	0.000000
R(4,3)	0.000000	0.000000

求解结果显示，选用的切割模式有表 5.6 中的 1，2 和 6. 其中模式 6 切割 169
根，模式 2 切割 101 根，模式 1 切割 60 根. 切割钢筋的总数为 330 根，余料总量
为 559 m.

注：若要使用余料总量最小为目标，则目标函数应为

$$\min \ z = \sum_{i=1}^{3} [12 - (10r_{1i} + 7r_{2i} + 4r_{3i} + 3r_{4i})] x_i$$

具体的结果可以仿照上面的方法求解，同时比较不同目标对应解的区别.

例题 5.10：商品的营销策略.

问题描述：某装饰材料公司主营油漆业务，前期该公司以每桶 2 元的价格采
购了一批彩漆. 公司既想卖个好价钱，获得好的收益，又想尽快收回资金，于是
想到广告宣传. 根据经验，一般情况下随着彩漆售价的提高，预期销售量将减少，
该公司对此进行了估算，结果见表 5.11. 同时分析了投入一定的广告费后，销售

量将有所增长, 可由销售增长因子来表示. 根据经验, 广告费与销售增长因子关系见表 5.12. 显然提高售价会增加收益, 但是销售量会受到影响, 加大广告宣传, 销售量会增加, 但要支付费用, 问装饰材料公司应采取怎样的营销战略才能使总的预期利润最大?

表 5.11　彩漆预期销售量的估算

售价/元	预期销售量/桶
2.00	41000
2.50	38000
3.00	34000
3.50	32000
4.00	29000
4.50	28000
5.00	25000
5.50	22000
6.00	20000

表 5.12　投入广告销售增长因子

广告费/元	销售增长因子
0	1.00
10000	1.20
20000	1.50
30000	1.75
40000	1.90
50000	2.00
60000	1.90
70000	1.75

模型建立: 设该材料的售价为 x 元/桶, 预期销售量为 y 桶, 广告费为 z 元, δ 表示销售增长因子, 获得的总利润记为 W 元. 由表 5.11 易见预期销售量 y 随着售价 x 的增加而单调下降, 而销售增长因子 δ 在开始时随着广告费 z 的增加而增加, 在广告费 z 等于 50000 元时达到最大值, 然后在广告费增加时反而有所回落. 下面给出用 MATLAB 绘出的散点图, 如图 5.15 和图 5.16 所示.

从图 5.15 和图 5.16 易见, 售价 x 与预期销售量 y 近似于一条直线, 广告费 z 与销售增长因子 δ 近似于一条二次曲线, 为此选用经验模型为

$$y = a_0 + a_1 x,$$
$$\delta = b_0 + b_1 z + b_2 z^2.$$

a_0, a_1, b_0, b_1, b_2 是待定参数，可由给定数据进行拟合.

于是可建立利润基于广告费用和销售价格的非线性优化模型：

$$\max_{x,z} W = (b_0 + b_1 z + b_2 z^2)(a_0 + a_1 x)(x-2) - z$$

$$\text{s.t.} \quad x > 0, \ z > 0.$$

图 5.15　销售量 y 与售价 x 的关系　　　图 5.16　销售增长因子 δ 与广告费 z 的关系

模型求解：模型的求解要分成两步完成，第一步，先利用数据拟合出上述线性和二次曲线的参数. 在 MATLAB 中，输入程序代码：

```
a=[2  2.5  3  3.5  4  4.5  5  5.5  6;
   41000 38000 34000 32000 29000 28000 25000 22000 20000];
b=[0  10000  20000  30000  40000  50000  60000  70000;
   1.00  1.2  1.5  1.75  1.90  2.00  1.90  1.75];
A=polyfit(a(1,:),a(2,:),1)
z1=polyval(A,a(1,:));
figure(1)
%销售量和售价线性关系拟合图
plot(a(1,:),a(2,:),'o',a(1,:),z1,'r-')
B=polyfit(b(1,:),b(2,:),2);
z2=polyval(B,b(1,:));
figure(2)
%销售增长因子和广告费用关系拟合图
plot(b(1,:),b(2,:),'o',b(1,:),z2,'r-')
B=vpa(B,5)
```

运行程序后，画出散点图和拟合曲线，如图 5.17 和图 5.18 所示.

图 5.17　程序运行后的散点图　　　　　　　图 5.18　拟合曲线

同时得到拟合多项式的系数输出为

```
A = 1.0e+004 *
  -0.5133   5.0422
B =[ -.38095e-9, .39048e-4, .92500]
```

即 $a_0=50422$，$a_1=-5133$，$b_0=0.9250$，$b_1=3.9048\times10^{-5}$，$b_2=-3.8905\times10^{-10}$．

其次用 MATLAB 求解优化模型，因 MATLAB 中仅能求极小值，为此将优化模型转化为

$$\min_{x,\ z}\ (-W)=z-(b_0+b_1z+b_2z^2)(a_0+a_1x)(x-2)$$

$$\text{s.t.}\quad x>0,\ z>0$$

该模型属于有约束的多元函数极值问题，即目标函数非线性的数学规划，可用 MATLAB 中的 fmincon( )函数进行求解，步骤如下：

在 MATLAB 中先定义非线性目标函数 adv.m：

```
function f=adv(x);
A=1.0e+004 *[-0.5133,5.0422];
B= [ -.38095e-9, .39048e-4, .92500];      %前面求解出的拟合系数
f=x(2)-(B(3)+B(2)*x(2)+B(1)*x(2)^2)*(A(2)+A(1)*x(1))*(x(1)-2);
```

建立主程序文件 adv_main.m：

```
x0=[1;1];                              %迭代初值
A=[]; b=[];
Aeq=[];beq=[];
VLB=[0;0]; VUB=[];                     %变量非负约束
[x,fval]=fmincon('adv',x0,A,b,Aeq,beq,VLB,VUB)
```

执行后求解出最优解为 $x = 5.9115$，$z = 34539$，利润函数 W 相应的最大值为 108336 元.

案例 5.11：物流配送中心的选址.

问题描述：随着经济和科技的发展，社会与工商业日益趋于高效率和快节奏，对服务质量和时间的要求越来越高，这促使了现代物流业的飞速发展. 在一个现代物流系统中，配送中心的选择和设置起着非常重要的作用.

配送中心是从供应者手中接受多种大量的货物，进行倒装、分类、保管、流通加工和情报处理等作业，然后按照众多需求者的订货要求备齐货物，以令人满意的服务水平进行配送的设施. 现假设有一物流系统由 3 个生产基地，2 个物流配送中心和 4 个需求客户组成. 其中 3 个生产基地的具体坐标 (a_1, b_1) 和生产能力见表 5.13，4 个客户的坐标 (a_2, b_2) 和最低需求量见表 5.14. 如果从生产基地到物流配送中心以及从物流配送中心到客户的运输费与运输量和运输距离成正比，试确定两个配送中心的位置，使整个物流系统完成配送的总成本最小？

表 5.13 3 个生产基地的坐标和产能

	基地 1	基地 2	基地 3
a_1/km	0	100	0
b_1/km	0	150	200
生产能力	300	350	500

表 5.14 4 个客户的坐标和需求量

	客户 1	客户 2	客户 3	客户 4
A_2/km	200	250	300	250
B_2/km	0	50	200	320
需求量	200	150	300	350

问题分析：该问题要求选择最佳的配送中心位置和最佳运输方案使总费用最低，这是一个典型的最优化问题. 根据题目描述，在一个物流系统中，货物应该从生产基地到配送中心，再由配送中心分发到各个客户，而不考虑厂家直接到客户的情形. 整个物流系统配送的总成本包括从生产基地到配送中心以及配送中心到客户的两部分运输费用的总和，已知运输费用等于运量和运输距离的乘积. 如果配送中心位置确定，则各生产基地和客户到配送中心的距离都是可计算的已知量，该问题的目标函数可以表示成以基地到中心以及中心到客户的运输量为决策变量的线性表达式. 但由于配送中心的位置未定，所以配送中心的坐标也要视为决策变量，则目标函数中出现决策变量的乘积，这是非线性规划问题. 约束条件需要考虑各个生产基地的输出量不应超过其产能，各配送中心到客户的运量不应

低于其需求量，当然对每个配送中心，输入的量还应等于输出的量.

模型假设：

1）各个基地生产的货物必须先经过物流配送中心配送后转运到客户，不考虑厂家直接运输到客户的情形.

2）两点之间运输距离假定为直线距离，配送中心的选址仅以物流系统总费用最小为目标，不考虑环境条件的限制，配送中心不能和生产基地或客户点重叠.

3）从生产基地到物流配送中心以及从配送中心到客户的运输费与运输量和运输距离成正比，不妨用运输距离乘以运输量表示运输费用.

4）本问题中仅以运输费用总和作为目标，不考虑诸如储存费等其他费用.

符号设定：

d_{ij}——从生产基地 i 到各物流配送中心 j 的距离，$i=1, 2, 3$；$j=1, 2$；

$\bar{d}_{jk}$——从物流配送中心 j 到各需求客户 k 的距离，$j=1, 2$；$k=1, 2, \cdots, 4$；

x_{ij}——从生产基地 i 到各物流配送中心 j 的运输量；

y_{jk}——从物流配送中心 j 到各需求客户 k 的运输量；

S_i——第 i 个生产基地的生产能力；

D_k——第 k 个客户的需求量；

F——物流系统总的配送成本.

模型建立：根据以上分析，容易得到如下以整个物流系统的总运输费用最小为目标函数的非线性规划模型.

$$\min\ F=\sum_{i=1}^{3}\sum_{j=1}^{2}x_{ij}d_{ij}+\sum_{j=1}^{2}\sum_{k=1}^{4}y_{jk}\bar{d}_{jk}$$

$$\text{s.t.}\begin{cases}\sum_{j=1}^{2}x_{ij}\leq S_i,\ i=1, 2, 3\\ \sum_{j=1}^{2}y_{jk}\geq D_k,\ k=1,2,\cdots,4\\ \sum_{i=1}^{3}x_{ij}=\sum_{k=1}^{4}y_{jk},\ j=1, 2\\ x_{ij}\geq 0,\ y_{jk}\geq 0\end{cases}.$$

约束条件说明：第一组约束条件表示各个生产基地输出货物量不超过其产能；第二组表示每个客户需求量约束；第三组是各配送中心输入输出的平衡约束，因为物流配送中心既不消耗物资又不生产物资，所以运入的量等于运出的量；最后是运输量的非负约束.

模型求解：在 MATLAB 中求解. 为了表述方便，先将决策变量对应如下：

$x_{11}=z_1$，$x_{21}=z_2$，$x_{31}=z_3$，$x_{12}=z_4$，$x_{22}=z_5$，$x_{32}=z_6$，$y_{11}=z_7$，$y_{12}=z_8$，$y_{13}=z_9$，

$y_{14}=z_{10}$，$y_{21}=z_{11}$，$y_{22}=z_{12}$，$y_{23}=z_{13}$，$y_{24}=z_{14}$；(z_{15}, z_{16})，(z_{17}, z_{18})为两个配送中心的坐标变量.

1）定义非线性目标函数 center.m：

```
function f=center(z)
a1=[0 100 0];                        %生产基地坐标
b1=[0 150 200];
a2=[200 250 300 250];                %客户坐标
b2=[0 50 200 320];
f1=0; f2=0; f3=0; f4-0;
%f1是3个生产基地到物流中心C1的运费总额,其中z(1)至z(3)为3个生产基地
%往中心C1的运量,(z(15),z(16))为中心C1的位置
for i=1:3
    d(i)=sqrt((a1(i)-z(15))^2+(b1(i)-z(16))^2);
    f1=d(i)*z(i)+f1;
end
%f2是3个生产基地到物流中心C2的运费总额,其中z(4)至z(6)为3个生产基地
往中心C2的运量, (z(17), z(18))为中心C2的位置
for i=4:6
    d(i)=sqrt((a1(i-3)-z(17))^2+(b1(i-3)-z(18))^2);
    f2=d(i)*z(i)+f2;
end
%f3是物流中心C1到4个客户地的运费总额,其中z(7)至z(10)为中心C1到4个
客户地的运量
for i=7:10
    d(i)=sqrt((a2(i-6)-z(15))^2+(b2(i-6)-z(16))^2);
    f3=d(i)*z(i)+f3;
end
%f4是物流中心C2到4个客户地的运费总额,其中z(11)至z(14)为中心C2到4
个客户地的运量
for i=11:14
    d(i)=sqrt((a2(i-10)-z(17))^2+(b2(i-10)-z(18))^2);
    f4=d(i)*z(i)+f4;
end
f=f1+f2+f3+f4;
```

2）主程序 center_main 如下：

```
clear
S=[300 350 500];                                    %生产基地产量
```

```
D=[200 150 300 350];                          %客户需求量
w1=100*ones(1,14);
z0=[w1 100 100 200 200];                       %定义初值向量
a=[1 0 0 1 0 0 0 0 0 0 0 0 0 0 0 0 0 0;        %产能约束
   0 1 0 0 1 0 0 0 0 0 0 0 0 0 0 0 0 0;
   0 0 1 0 0 1 0 0 0 0 0 0 0 0 0 0 0 0;
   0 0 0 0 0 0 -1 0 0 0 -1 0 0 0 0 0 0 0;      %需求约束
   0 0 0 0 0 0 0 -1 0 0 0 -1 0 0 0 0 0 0;
   0 0 0 0 0 0 0 0 -1 0 0 0 -1 0 0 0 0 0;
   0 0 0 0 0 0 0 0 0 -1 0 0 0 -1 0 0 0 0];
b=[S';-D'];
Aeq=[1 1 1 0 0 0 -1 -1 -1 -1 0 0 0 0 0 0 0 0;  %配送中心平衡约束
     0 0 0 1 1 1 0 0 0 0 -1 -1 -1 -1 0 0 0 0];
beq=[0;0];
vlb=[zeros(14,1);-inf;-inf;-inf;-inf];
vub=[];
%vlb 和 vub 中前 14 个变量表示运输量下限为 0,上限为∞;后 4 个分量表示配送中
心坐标在-∞到+∞之间
[z,fval,exitflag,output]=fmincon('center',z0,a,b,Aeq,beq,vlb,
vub)
```

3）求解结果主要内容如下:

```
z =
300.0000  50.0000  0  0  300.0000  350.0000  200.0000  150.0000
0  0  0  0
300.0000  350.0000  167.3793  14.1049  144.2012  205.2819
fval =
    2.5172e+005.
```

于是得到各生产基地、配送中心和客户之间最佳的运输量，见表 5.15. 两个配送中心的最佳位置为 $C_1(167.3793, 14.1049)$，$C_2(144.2012, 205.2819)$. 此时整个物流系统总的配送成本为 251720.

表 5.15　基地、配送中心与客户之间的最佳运输量

	基地 1	基地 2	基地 3	客户 1	客户 2	客户 3	客户 4
中心 C_1	300	50	0	200	150	0	0
中心 C_2	0	300	350	0	0	300	350

4）结果分析:

① 非线性规划求解中初值选取是很重要的，不同初值产生的最优解可能不

同. 在主程序中, 前 14 个决策变量代表运输量, 取其初值为 100, 后 4 个代表配送中心坐标, 初值定为 (100, 100) 和 (200, 200), 在求解过程中不断调整取值. 如将运输量初值 100 改成 50 或 1, 最优解都没有改变; 如改成 180, 最优值变为 259920, 大于 251720. 改成其他数值也有相似结果, 有时甚至不收敛, 因此表 5.15 中的最优解更合理一些. 对于该问题, 还有一种比较好的初值选取方法是先设定两个配送中心坐标, 将问题转化成线性规划求解, 并将最优解连同设定坐标组成初值向量, 如中心坐标取为 (200, 100), (150, 200), 求出对应线性规划问题的最优解为 z=[150 200 0 0 150 500 200 150 0 0 0 0 300 350], 添上固定的中心坐标后构成初值 z_0, 再利用非线性规划求出最优解同表 5.15 一致. 在初值选取过程中最优值曾出现 250840, 优于 251720, 但此时最佳配送中心位置出现 (0, 0), 同题目中基地 1 重叠, 与假设不符, 所以不予考虑.

② 为了直观反映配送中心的位置, 在 MATLAB 中执行下面程序代码:

```
a1=[0 100 0]; b1=[0 150 200];
a2=[200 250 300 250]; b2=[0 50 200 320];
a3=[167.3793 144.2012]; b3=[14.1049 205.2819];
plot(a1,b1,'ro',a2,b2,'b*',a3,b3,'g+')
text(a3(1),b3(1),'C1')
text(a3(2),b3(2),'C2')
```

输出结果如图 5.19 所示, 其中 C_1 和 C_2 为配送中心的位置, "○" 为生产基地, "*" 号为客户位置.

图 5.19   物流系统分布图

注: 对非线性规划问题的求解, 初值的选取很关键, 一般情况下, 应该先求

出一个初步的最优解，并将其重新作为初值，继续求解．如果不同初值求出的最优解不同，应进行比较找出最优值最小（最大）时对应的解作为问题的最优解．只有在反复试验对比中才能找到合适的最优解．

该问题属于配送中心不确定，根据总费用最小和最短直线距离来建立非线性优化模型．现实中配送中心的选取往往还会受到自然环境的限制，如果已经给出若干备选的中心地址，要在其中选择部分作为配送中心，则此时应建立 0-1 非线性混合规划问题．

5.5　实战篇——奥运场馆的优化设计

问题提出：为满足 2008 年奥运会期间人们的消费需求和出于商业考虑，需在比赛主场馆鸟巢、国家体育馆、水立方周边地区建设一些小型临时商业网点（见图 5.20），称为迷你超市（Mini Supermarket，MS）网．通过对预演运动会的问卷调查得到了 3 份统计数据，并假定奥运会期间每位观众某一天平均出行两次．

1）结合这些信息在所给的 Access 数据库中找出观众在出行、用餐和购物等方面所反映的统计规律，并利用这些数据和规律测算图 5.20 中 20 个商区的人流量分布情况，这其中要考虑各种出行方式、站台分布、就餐习惯、餐馆分布、场馆布局等的影响．

2）根据测算的各商区人流量百分比建立模型，求解出 20 个商区内 MS 网点的设计方案，也就是每个商区中两种规模的 MS 类型的数量，并且要满足观众购物需求，分布的均衡性及获利要求（原问题的详细描述请参见 2004 年中国大学生数学建模竞赛 A 题）．

图 5.20　20 个商区人流量分布情况

问题分析：对于题目中第一个问题，可以直接对给出的 Access 数据库中的调查数据做出统计分析，容易得出观众在出行、用餐以及购物等方面的规律.

对于第二个问题，统计人流量分布（百分比）时，考虑到条件给出每位观众平均某一天出行两次，以及实际生活经验，可以把它分成 3 部分完成. 其中第一部分为从各乘车站点进入场馆时经过各商区的人流量，第二部分为观众去就餐时经过各商区的人流量，第三部分为就餐后部分观众返回各自的乘车站的过程中经过商区的人流量. 从某个入口进入的观众在简化情形下可看作均匀分布到各看台，且沿体育馆顺（逆）时针方向的分配应该各占 1/2. 以某个入口为起点，经过各商区的人流量可通过引入流量递减系数（场馆商区数目的倒数）建立递归计算公式. 各看台用餐方式比例仍以统计数据来计算，沿最短路径经过各商区到就餐点的人流量应逐步递增. 返回车站时类似讨论，将几部分累加可以计算出一天中总的流量. 对 20 个商区内的 MS 网点的设计，考虑到问题中 3 个基本要求的限定和观众购买欲望的约束，对各商区中不同规模 MS 的个数的求解可建立一个优化模型.

模型假设：1）假设馆区内观众均沿图中人行道路行走，以便利用最短路径原则确定处在各个位置的观众的行进路线.

2）观众只能在图中出租车站点上下出租车且出租车不能在其他地方任意停放.

3）商区设置只考虑客流量与观众购物欲望，主要由统计数据确定.

4）看台上各年龄段的人均匀分布，以保证统计数据的稳定性.

5）只考虑在场馆附近用餐，且就餐方式只有问题提供的 3 种.

6）统计数据具有稳定性，可推广性.

7）在有几条等长路径的条件下，出于安全角度，观众应尽量减少走交通主干道，或考虑观众的逛街购物需求优先选择经过商区的路径，否则按概率分配选择路径.

8）考虑到人流流动的连续性，观众要到另一个相隔商区时都经过中间的商区.

9）人流量是指单位时间（天）内经过某个商区的人次总和.

符号设定：

W——场馆 A、B、C 总容量，20 万人；

W_0——每个看台的人数，1 万人；

r_i——统计数据中各乘车点的人数占总人数的百分比（$i=1, 2, \cdots, 6$，顺序依次为公交车东西 r_1，出租车 r_2，私家车 r_3，地铁西 r_4，公交车南北 r_5，地铁东 r_6）；

l_i——统计数据中各就餐方式的人数占总人数的百分比（按就餐方式），（$i=1, 2, 3$ 分别代表中餐、西餐、商场就餐）；

δ_i——各场馆容量百分比（$i=1, 2, 3$ 分别代表 A，B，C 3 个场馆）；

α_j——流量递减系数（某一场馆内商区总数的倒数，$j=1,2,3$ 分别代表 A、B、C 3 个场馆）；

γ——购买指数（所有到场观众购买商品的人数百分比）；

N_i——从各乘车站点到第 i 个入口的总人数（$i=1,2,\cdots,6$，共 6 个入口，见图 5.20 中编号）；

x_{ij}——第 i 个商业区内第 j 个 MS 的数量（$i=1,2,\cdots,20$；$j=1,2$），商业区的编号为从 $A_1\rightarrow A_{10}$，$B_1\rightarrow B_6$，$C_1\rightarrow C_4$ 的顺序依次为 1～20；

μ——上座率；

p_i——第 i 个商业区内人流量百分比（$i=1,2,\cdots,20$），商业区的编号为从 $A_1\rightarrow A_{10}$，$B_1\rightarrow B_6$，$C_1\rightarrow C_4$ 的顺序依次为 1～20.

模型建立与求解：

1. 问卷调查数据的统计规律

根据 Access 数据库中提供的 3 份类型相同的问卷调查表，利用 Access 按观众在出行、购物和就餐等方面的喜好对每个调查表进行归类统计，然后把同类型数据累加，分别得到各种出行方式，就餐形式和不同购物消费水平.

（1）出行方式

出行方式数据表和相应的统计直方图分别如表 5.16 和图 5.21 所示. 其中调查总人数为 10600.

表 5.16　出行方式数据表

出行方式	1	2	3	4	5	6
人数	1774	1828	2010	958	2006	2024
比例/%	16.74	17.25	18.96	9.04	18.92	19.09

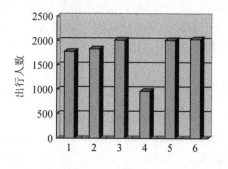

图 5.21　统计直方图

1. 公交（南北）；2. 公交（东西）；3. 出租车；4. 私家车；5. 地铁（东）；6. 地铁（西）

从上面的数据和直方图可以看出观众在出行方式上从总量上看最青睐乘坐地铁、公交车，其次是乘坐出租车，而驾驶私家车的比例相对要小的多．其中的主要原因是因为地铁相对稳定、舒适、迅捷和经济，而从经济上乘公交最节约；乘出租车虽然方便迅速，但相对地铁、公交的费用要高，所以次之；至于私家车属于高档消费，所以所占比例最少．根据这些规律我们可以利用它确定各类型车站的客流量，从而用于计算奥运场馆商业区的人流量．

（2）购物消费水平

购物消费水平数据表见表 5.17，相应的直方图如图 5.22 所示．

表 5.17　消费水平数据表

消费额/元	0~100	100~200	200~300	300~400	400~500	大于 500
人数	2060	2629	4668	983	157	103
比例/%	19.43	24.80	44.04	9.27	1.48	0.97

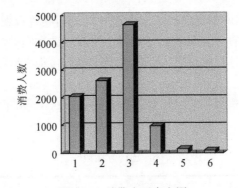

图 5.22　消费水平直方图

1. 0~100 元；2. 100~200 元；3. 200~300 元；4. 300~400 元；5. 400~500 元；6. 大于 500 元

从购物消费水平的统计数据可以看出绝大多数顾客的消费额在 300 元以内，而且主要集中在 200~300 元．消费 400 元以上的顾客所占比例极少．这反映出顾客在奥运会期间主要消费在购买小型纪念品等方面．

（3）就餐方式

就餐方式数据表见表 5.18，相应的直方图如图 5.23 所示．

表 5.18　就餐方式数据表

就餐方式	中餐	西餐	商场
人数	2382	5567	2651
比例/%	22.47	52.52	25.01

就餐饮方面而言，3 种方式中西餐是最受欢迎的，达到了其他两种方式的两倍以上，占了总量的 50%以上，而中餐和在商场就餐各占了 25%左右.

图 5.23   就餐方式直方图

2. 商业区人流量统计

根据问题①所得的统计数据和相关假设，观众的乘车习惯一般不会改变，考虑到乘车的方便程度不同，观众去某个场馆不一定乘车到离场馆最近的车站，所以各站点下车的乘客应该视为按比例到不同场馆，也就是说各场馆内的观众来自各乘车站点. 又根据问题提供的场馆 A，B，C 的容量分别为 10 万，6 万，4 万，因此我们简单认为从每个站点进入各个场馆的人可按照各场馆容量比 5：3：2 分配.

（1）各区入口人数的计算

在图 5.20 中分别标出进入各区 A、B、C 的入口（每个区有两个入口）(I)，(II)，(III)，(IV)，(V)，(VI). 由最短路径原理可知，公交东、西的乘客可能到：(I)，(III)，(V) 入口；公交南、北，地铁东、西的乘客可能到 (II)，(IV)，(VI) 入口；出租车站的乘客可能到 (I)，(III)，(V) 入口；私车站的乘客可能到 (I)，(II)，(III)，(V) 入口，私车站到 C 区的乘客按假设分别到 (I)，(II) 入口的人数各占一半. 故由问题 (1) 中统计数据得，进入各个入口的观众数目依次如下：

$$\begin{cases} N_1 = (r_1 + r_2 + r_3/2)W\delta_3 \\ N_2 = (r_4 + r_5 + r_6 + r_3/2)W\delta_3 \\ N_3 = (r_1 + r_2 + r_3)W\delta_2 \\ N_4 = (r_4 + r_5 + r_6)W\delta_2 \\ N_5 = (r_1 + r_2 + r_3)W\delta_1 \\ N_6 = (r_4 + r_5 + r_6)W\delta_1 \end{cases}$$

由于每位观众平均每天出行两次，一次为进入场馆，一次为出场馆后去就餐并返回乘车站点. 所以我们把人流量的统计分为 3 部分处理，然后进行累加.

（2）进出场馆流量统计

进入每个入口的观众购票是随机的，因而应视为每个入口的观众数量应该均匀分配到各看台，根据假设 8 从而应该递减地通过各商业区到达各看台入口. 以入口（Ⅵ）为例说明统计规律：从入口（Ⅵ）进入 A_6（$k=0$）的人数为 N_6，有 $\alpha_1 N_6$ 进入 A_6 对应看台，剩余人数的一半 $\frac{1}{2}(1-\alpha_1)N_6$ 进入 A_5（A_7）（$k=1$），又有 $\alpha_1 N_6$ 进入 A_5（A_7）对应看台，剩余人数 $\frac{1}{2}(1-\alpha_1)N_6-\alpha_1 N_6$ 进入 A_4（A_8）（$k=2$）……以此规律可递推出进入场馆时各商业区的人流量. 一般可以得到如下模型：

$$M_{ik}=\begin{cases}(\frac{1}{2}-(k-\frac{1}{2})\times\alpha_j)\times N_i, & k=1,2,\cdots,\frac{1}{2\alpha_j}\\ N_i, & k=0\end{cases}.$$

说明 1）$i=1,2$；$j=3$；$i=3,4$；$j=2$；$i=5,6$；$j=1$.

2）k 是以入口为初始点（$k=0$）顺次所对应的第 k 个商业区，不一定与商业区编号一致. 例如，就 A_6 而言 k 与之对应见表 5.19.

表 5.19　k 与商业区编号对应关系

k	0	1	2	3	4	5
商业区	A_6	A_5	A_4	A_3	A_2	A_1

3）M_{ik} 是与 i 和 k 对应的人流量.

（3）观看比赛后出场馆就餐时经过各商业区的人流量

第二部分统计可以把人流量看作由本商区所对应的看台人数 W_0（固定）与其他商区经过该商区的人数两部分构成. 不妨以 A 场馆为例（如图 5.20 所示），先统计出别的商区经过某一商区的流量.

1）去吃中餐时，以商区 A_2 为例计算：商区 A_6 中吃中餐的人选择经过商区 A_2 的路线的概率为 $\frac{1}{2}$，则 A_6 中通过商区 A_2 的人数为 $\frac{1}{2}W_0l_1$；同时易得商区 A_3、A_4、A_5 中吃中餐的所有人都要经过商区 A_2，则商区 A_3、A_4、A_5 中经过 A_2 的总人数为 $3W_0l_1$，故其他商区通过商区 A_2 的总人数为：$\frac{7}{2}W_0l_1$. 由于选择路线的对称性及人流量的均匀分布得商区 A_{10} 与商区 A_2 等同. 按以上方法可推出商区 A_3（A_9）、A_4（A_8）、A_5（A_7）的人数分别为 $\frac{5}{2}W_0l_1$，$\frac{3}{2}W_0l_1$，$\frac{1}{2}W_0l_1$. 特别对于 A_1，其他商区中吃中餐的人均要经过商区 A_1，其总和为 $9W_0l_1$.

因此，A 区中吃中餐的人经过 A_{k+1} 的流量通式为

$$\begin{cases} \dfrac{9-2k}{2}W_0 l_1, & k=1,2,\cdots,4 \\[2mm] 9W_0 l_1, & k=0 \end{cases} \tag{5.1}$$

其中，$k=1,2,\cdots,4$ 分别对应 A_1，$A_2(A_{10})$，$A_3(A_9)$，$A_4(A_8)$，$A_5(A_7)$ 的人流量.

2）用 1）中同样的方法可以得到吃西餐和商场就餐时其他商区经过 A_{k+1} 的流量通式为

$$\begin{cases} \dfrac{2k-1}{2}W_0(l_2+l_3), & k=1,2,\cdots,4 \\[2mm] 9W_0(l_2+l_3), & k=5 \end{cases} \tag{5.2}$$

其中，$k=1,2,\cdots,5$ 分别对应 $A_2(A_{10})$，$A_3(A_9)$，$A_4(A_8)$，$A_5(A_7)$，A_6 的人流量.

综合式（5.1）和式（5.2）可得就餐时场馆 A 中商区 A_{k+1} 的人流量模型如下：

$$M(A_{k+1})=\begin{cases} W_0+\dfrac{9-2k}{2}W_0 l_1+\dfrac{2k-1}{2}W_0(l_2+l_3), & k=1,2,\cdots,4 \\[2mm] W_0+9W_0 l_1, & k=0 \\[2mm] W_0+9W_0(l_2+l_3), & k=5 \end{cases}$$

其中，$M(A_{k+1})$ 是指在这种情况下 A_{k+1} 的流量.

用同样的方法可以建立场馆 B、C 在就餐时人流量的类似统计模型，在此不再赘述.

（4）就餐后返回各乘车站点流量统计

1）就餐后过 A 场馆的观众包括吃中餐后到公交南、北车站、地铁东站和吃西餐后到出租车站两部分：吃中餐后到入口（Ⅴ）的人流量为 $Wl_1(r_5+r_6)$，吃西餐后到入口（Ⅵ）的人流量为 $Wl_2 r_2$.

2）就餐后经过 B 场馆的观众包括吃中餐后到地铁西和在商场就餐后到出租车站的两部分（到公交东西站及私车站的根据最短路径原则不经过场馆）：

吃中餐后到入口（Ⅲ）的人流量为 $Wl_1 r_4$；商场就餐后到入口（Ⅳ）的人流量为 $Wl_3 r_2$.

因此，就餐后返回各个乘车站时各商业区流量统计模型如下：

$$M(A_{k+1})=\begin{cases} Wl_1(r_5+r_6)+Wl_2 r_2, & k=0,5 \\[2mm] \dfrac{1}{2}(Wl_1(r_5+r_6)+Wl_2 r_2), & k=1,2,3,4 \end{cases}$$

$$M(B_{k+1})=\begin{cases} Wl_1r_4+Wl_3r_2, & k=2,\ 5 \\ \dfrac{1}{2}(Wl_1r_4+Wl_3r_2), & k=0,\ 1,\ 3,\ 4 \end{cases}.$$

注：在观众就餐后返回乘车点时根据最短路径原则没有经过 C 场馆的.

综上所述，我们统计得到了一天中商业区人流量的 3 组具体模型，将每一商区每次统计的流量数据累加得到一天中各个商区的人流量，再根据此数据容易算出各商区的人流量百分比.

利用 MATLAB 编程求解出各商业区人流量百分比见表 5.20（程序见附录 1）.

表 5.20   各商业区人流量百分比

商区	A_1	A_2	A_3	A_4	A_5	A_6	A_7	A_8	A_9	A_{10}
百分比/%	7.49	4.38	4.80	5.21	5.63	11.24	5.63	5.21	4.80	4.38
商区	B_1	B_2	B_3	B_4	B_5	B_6	C_1	C_2	C_3	C_4
百分比/%	4.20	3.78	6.29	3.78	4.20	8.69	1.93	2.08	1.93	4.37

3. 商区网点方案设计

采用两个变量 c_1，c_2 来表示大小不同规模的 MS. 若顾客一天可消费 k 元，$c_i \geqslant k$（$i=1,2$）表示这两种 MS 可以满足顾客的消费需求，"<" 则表示不能满足.

c_1，c_2 显然和成本相关，假设该值与成本成正比关系是合理的，引进成本因子 η. $c_1 \cdot \eta$ 表示 c_1 规模的 MS 的一天的成本.

通过上述分析，建立网点设计的优化模型如下，x_{i1}，x_{i2}（$i=1,2,\cdots,20$）表示某商区内大小不同规模的 MS 的个数：

$$\min \quad f=\eta\sum_{i=1}^{20}(c_1x_{i1}+c_2x_{i2})$$

$$\text{s.t.} \begin{cases} c_1x_{i1}+c_2x_{i2} \geqslant p_iG, & i=1,2,\cdots,20 & (1) \\ t_{\min} \leqslant x_{i1} \leqslant t_{\max}, & i=1,2,\cdots,20 & (2) \\ t_{\min} \leqslant x_{i2} \leqslant t_{\max}, & i=1,2,\cdots,20 & (3) \\ TA_{\min} \leqslant \sum\limits_{i=1}^{10}(x_{i1}+x_{i2}) \leqslant TA_{\max} & & (4) \\ TB_{\min} \leqslant \sum\limits_{i=11}^{16}(x_{i1}+x_{i2}) \leqslant TB_{\max} & & (5) \\ TC_{\min} \leqslant \sum\limits_{i=17}^{20}(x_{i1}+x_{i2}) \leqslant TC_{\max} & & (6) \end{cases}$$

目标函数是各个商区内 MS 的成本总和，该规划寻求这样的 x_{i1}，x_{i2}：能够满足观众的购买需求，并且使得各个商区内 MS 的成本总和最小，以达到最大盈利的目的.

关于约束条件的说明:

① 条件(1)中 G 表示平均某一天所有观众购物消费总额的上界,计算公式为 $G=W\cdot\gamma\cdot\mu\cdot\xi$. ξ 表示一个观众某一天消费额的上界,该值由问卷调查的数据进行估计. 条件(1)要求每个商区的 MS 都能满足观众在该商区的购物需求.

② 条件(2)~条件(6)是为了满足各区商业网点的分布均衡. 其中条件(2)、条件(3)限制每一个商区中不同规模的 MS 的个数. 条件(4)、条件(5)、条件(6)分别限制了鸟巢、国家体育馆、水立方周围的 MS 的总数.

③ 求解时指定 t_{min}, t_{max}, TA_{min}, TA_{max}, TB_{min}, TB_{max}, TC_{min}, TC_{max} 的值来对平衡性进行控制. 其中 t_{min}、t_{max} 表示每个商区内不同规模的 MS 的最小和最大数目. TA_{min}、TA_{max} 表示 A 馆(鸟巢)周围所有商区内不同规模 MS 的总数的最小和最大值,TB_{min}、TB_{max}、TC_{min}、TC_{max} 分别对应 B 馆和 C 馆.

这是一个线性规划问题. 本文采用 MATLAB 优化工具箱中的线性规划函数 linprog()求解. 它优化下列线性规划模型(具体程序见附录2):

$$\min\ f^{\mathrm{T}}X$$
$$\text{s.t.}\quad AX\leqslant b.$$

在利用 MATLAB 计算之前先对一些数据进行指定(可根据需求调整):

在 $t_{min}=2$, $t_{max}=25$, $TA_{min}=30$, $TA_{max}=200$, $TB_{min}=18$, $TB_{max}=120$, $TC_{min}=12$, $TC_{max}=80$, $\gamma=0.75$, $\mu=0.7$ 的情况下取不同 c_1、c_2,根据大量的实验结果,取两组比较合理的结果见表 5.21 和表 5.22. 由于 linprog()只能求出小数结果,为了满足顾客的消费需求,对结果取上界.

表 5.21　$c_1=100000$,$c_2=200000$ 时的结果

商区	A_1	A_2	A_3	A_4	A_5	A_6	A_7	A_8	A_9	A_{10}
类型 1	9	5	6	6	7	12	7	6	6	5
类型 2	6	4	4	4	5	10	5	4	4	4
商区	B_1	B_2	B_3	B_4	B_5	B_6	C_1	C_2	C_3	C_4
类型 1	5	4	7	4	5	10	2	2	2	5
类型 2	4	3	5	3	4	7	2	2	2	4

表 5.22　$c_1=150000$,$c_2=300000$ 时的结果

商区	A_1	A_2	A_3	A_4	A_5	A_6	A_7	A_8	A_9	A_{10}
类型 1	6	3	4	4	4	8	4	4	4	3
类型 2	4	3	3	3	3	6	3	3	3	3

商区	B_1	B_2	B_3	B_4	B_5	B_6	C_1	C_2	C_3	C_4
类型 1	3	3	5	3	3	7	2	2	2	3
类型 2	3	3	4	3	3	5	2	2	2	3

4. 合理性分析

考虑到奥运期间人数比较多,交通拥挤,为了保障交通秩序,出租车不能随意停放而只能停放在规定地点.考虑人的一般心理,在不会增加太多路程的情况下观众会选择有 MS 的路径,以满足购物需求;如果有多条同样情况的路径(两条路径上 MS 的个数相同),不考虑其他情况,日常生活中一般选择这几条路径的概率均相同.本案例中的主要假设一定程度上反映了实际情况,是比较合理的.

对各商区的人流量进行统计时,对"出行两次"的理解比较重要,本文理解为从各个车站进入场馆,出场馆去吃饭,吃完饭后返回车站.这样理解考虑到观众一般不会在没有比赛的情况下,特地到场馆周围吃饭.故没有把"出行两次"理解为从各个车站进入场馆,看完比赛出场馆回车站,从各个车站进入吃饭地点,吃完饭后返回车站.

从人流量分布统计结果可以看出在靠近入口处的人流量百分比较高,场馆容量越大,它的周围商业区人流量百分比也相对较高.例如,A 场馆的两个入口处的商区 A_1 的人流量百分比 7.49%,A_6 的人流量百分比为 11.24%,从结构图上可以看出,A_6 下方有较多的车站,并且还有商场餐饮,西餐店,这些点的人流量百分比较高是与现实相吻合的.

本文用两个量 c_1、c_2 来描述两个不同规模的 MS.建立了这两个量、设计方案与观众购物需求、MS 成本之间的关系,加上对平衡性的限制,得到一个求最大盈利的优化模型.得到的结果可以看出人流量百分比较高的商区中 MS 的个数也比较多,这是合理的.

优缺点评价:利用本模型计算出来的结果与实际情况比较吻合,有较强的实用性和现实意义,在观众人数总量一定的情况下便可比较合理的计算出流量百分比.同时只要给定 MS 的规模便可得出 MS 的数目,具有一定的推广价值.如果能考虑到统计信息中调查人群的年龄和性别,则模型和结果将会更加合理准确.

习　　题

1. 某饲养场用 n 种原料配合成饲料喂鸡,为了让鸡生长得快,对 m 种营养成分有一个最低标准. 即对 $i=1$, 2, $\cdots$, m, 要求第 i 种营养成分在饲料中的含量不少于 b_i, 若每单位第 j 种原料中含第 i 种营养成分的量为 a_{ij}, 第 j 种原料的单价为 c_j, 问应如何配制饲料才能使成本最低？

2. 拟分配甲、乙、丙、丁 4 人去做 4 项工作, 每人做且仅做一项. 他们做各项工作需用天数见表 5.23, 应如何分配才能使总用工天数最少？

表 5.23　4 名工人完成工作所需的天数

工人 \ 工作	1	2	3	4
甲	10	9	7	8
乙	5	8	7	7
丙	5	4	6	5
丁	2	3	4	5

3. 某校经预赛选出 A, B, C, D 4 名学生, 将派他们去参加该地区各学校之间的竞赛. 此次竞赛的 4 门功课考试在同一时间进行, 因而每人只能参加一门比赛, 比赛结果将以团体总分计名次（不计个人名次）. 设表 5.24 是 4 名学生选拔时的成绩, 应如何组队较好？

表 5.24　4 名学生选拔时的成绩

学生 \ 课程	数学	物理	化学	外语
A	90	95	78	83
B	85	89	73	80
C	93	91	88	79
D	79	85	84	87

4. 某工厂生产两种标准件, A 种标准件每个可获利 0.3 元, B 种标准件每个可获利 0.15 元. 若该厂仅生产一种标准件, 每天可生产 A 种标准件 800 个或 B 种标准件 1200 个, 但 A 种标准件还需某种特殊处理, 每天最多处理 600 个, A, B 标准件最多每天包装 1000 个. 该厂应该如何安排生产计划, 才能使每天获利最大？

5. 将长度为 500 cm 的线材截成长度为 78 cm 的坯料至少 1000 根, 98 cm 的坯料至少 2000 根, 若原料充分多, 在完成任务的前提下, 应如何截切, 使得留下的余料最少？

6. 某厂有原料甲、乙, 生产 4 种产品 A, B, C, D, 各参数见表 5.25.

表 5.25   4 种产品各参数

原料 \ 单位消耗产品	A	B	C	D	限额/kg
甲	3	2	10	4	18
乙	0	0	2	0.5	3
单价/（万元/万件）	9	8	50	19	

（1）求总收入最大的生产方案.

（2）当最优生产方案不变时，分别求出 A，B，C，D 的单价的变化范围.

（3）当最优基不变时，分别求出原料甲、乙的变化范围.

7. 已知某厂 3 种原料生产 5 种产品的有关参数见表 5.26：

表 5.26   某厂生产 5 种产品的参数

原料 \ 单位消耗产品	A	B	C	D	E	限额/kg
甲	0.1	0	0.2	0.3	0.1	600
乙	0.2	0.2	0.1	0	0.3	500
丙	0	0.3	0	0.2	0.1	300
单价/元	4	3	6	5	8	

（1）求最优生产方案；

（2）根据市场情况，计划 A 至少生产 500 件，求相应生产方案.

（3）因 E 滞销，计划停产，求相应生产方案.

（4）根据市场情况，限定 C 不超过 1640 件，求相应生产方案.

（5）若限定原料甲需剩余至少 50 kg，求相应生产方案.

（6）若限定生产 A 至少 1000 件，生产 B 至少 200 件，求相应生产方案.

8. 要从宽度分别为 3 m 和 5 m 的 B_1 型和 B_2 型两种标准卷纸中，沿着卷纸伸长的方向切割出宽度分别为 1.5 m，2.1 m 和 2.7 m 的 A_1 型、A_2 型和 A_3 型 3 种卷纸 3000 m，10000 m 和 6000 m. 如何切割才能使耗费的标准卷纸的面积最少？

9. 某储蓄所每天的营业时间是 9:0～17:0. 根据经验，每天不同时间段所需要的服务员人数见表 5.27.

表 5.27   不同时间段所需要的服务员数量

时间段/h	9～10	10～11	11～12	12～13	13～14	14～15	15～16	16～17
服务员人数	4	3	4	6	5	6	8	8

储蓄所可以雇佣全时和半时两类服务员. 全时服务员每天报酬100元, 从9:00~17:00工作, 但12:00~14:00之间必须安排1h的午餐时间. 储蓄所每天可以雇佣不超过3名的半时服务员, 每个半时服务员必须连续工作4h, 报酬40元. 该储蓄所应如何雇佣全时和半时两类服务员? 如果不能雇佣半时服务员, 每天至少增加多少费用? 如果雇佣半时服务员的数量没有限制, 每天可以减少多少费用?

10. 一家保姆服务公司专门向顾主提供保姆服务. 根据估计, 下一年的需求: 春季6000人日, 夏季7500人日, 秋季5500人日, 冬季9000人日. 公司新招聘的保姆必须经过5天的培训才能上岗, 每个保姆每季度工作 (新保姆包括培训) 65天. 保姆从该公司而不是从顾主那里得到报酬, 每人每月工资800元. 春季开始时公司拥有120名保姆, 在每个季度结束后, 将有15%保姆自动离职.

（1）如果公司不允许解雇保姆, 请你为公司制定下一年的招聘计划; 哪些季度需求的增加不影响招聘计划? 可以增加多少?

（2）如果公司在每个季度结束后允许解雇保姆, 请为公司制定下一年的招聘计划.

11. 某公司将甲、乙、丙、丁4种不同含硫量的液体原料混合生产A, B两种产品. 按照生产工艺的要求, 原料甲、乙、丁必须首先倒入混合池中混合, 混合后的液体再分别与原料丙混合生产 A, B. 已知原料甲、乙、丙、丁的含硫量分别是3%, 1%, 2%, 1%, 进货价格分别为6, 16, 10, 15 (千元/t); 产品A, B的含硫量分别不能超过2.5%, 1.5%, 售价分别为9, 15 (千元/t). 根据市场信息, 原料甲、乙、丙的供应没有限制, 原料丁的供应量最多为50t, 产品A, B的市场需求量分别为100t、200t. 应如何安排生产?

12. 有4名同学到一家公司参加3个阶段的面试: 公司要求每个同学都必须首先找公司秘书初试, 然后到部门主管处复试, 最后到经理处参加面试, 并且不允许插队 (任何一个阶段4名同学的顺序是一样的). 由于4名同学的专业背景不同, 所以每人在3个阶段的面试时间也不同, 见表5.28.

表5.28　3个阶段面试

单位: min

人 \ 阶段 \ 时间	秘书初试	主管复试	经理面试
甲	13	15	20
乙	10	20	18
丙	20	16	10
丁	8	10	15

这 4 名同学约定他们全部面试完以后一起离开公司. 假定现在时间是上午 8:00，则他们最早何时能离开公司？

13. 南部联盟农场是 3 个农场的一个联合组织，这个组织的整体计划在协作技术办公室制订，目前这个办公室正在制订下一季的产量计划.

每一个农场的农业产出受限于两个量：可使用的灌溉土地量和水利委员会分配的用于灌溉的水量. 这些数据见表 5.29.

表 5.29　南部联盟农场资源数据

农场	可用的土地/亩	水资源分配/ft
1	400	600
2	600	800
3	300	375

适合于 3 个农场种植的农作物包括棉花、高粱和甜菜，即下一季考虑种植的 3 种农作物. 这 3 种农作物的每亩期望净收益和水的消耗量是不同的. 农业部门已经制定南部联盟农场作物总亩数的最大配额，见表 5.30.

表 5.30　南部联盟农场的庄稼数据

庄稼	最大配额/亩	水的消耗/(ft/亩)	回报/(元/亩)
甜菜	600	3	8000
棉花	500	2	6000
高粱	325	1	2000

由于用于灌溉的水量有限，南部联盟农场在下一季不能使用它的全部可灌溉土地用于种植计划的作物. 为确保 3 个农场均衡，3 位农场主达成一致：每一个农场以相同比例使用它的可使用的可灌溉土地. 例如，农场 1 使用它的土地的 400 亩中的 200 亩，那么农场 2 将使用它的土地 600 亩中的 300 亩，农场 3 将使用它的土地 300 亩中的 150 亩. 但是作物的任何组合可能在任何农场种植.

协作技术办公室面临的工作是在满足给定的条件下，为每一个农场选择每一种作物的种植量，目标是整体上最大化南部联盟农场净收益. 试建立数学模型求解.

第 6 章　线性代数模型

线性代数作为一门重要的数学工具，不仅在数学各领域有重要的理论意义，还在物理、生物、化学、医学、生产管理等各方面有着广泛而重要的应用．作为数学建模来说，掌握基本的线性代数方法也是必要的．本章主要结合一些实际问题说明如何建立线性代数模型，并利用软件工具进行辅助分析求解．这里以简单的案例介绍线性代数模型，其主要目的是通过这些案例加深对线性代数基本概念、理论和方法的理解，培养数学建模的意识．为了方便后面模型的求解，下面先介绍 MATLAB 中的线性代数工具箱．

6.1　MATLAB 求解线性代数工具简介

在第 2 章，已经对在 MATLAB 中如何创建或生成矩阵、对矩阵元素进行访问以及对矩阵进行各种运算等操作做了初步的介绍．这一章将对这些功能做进一步说明，特别结合实际案例对线性方程组的求解进行详细介绍．

1. 符号行列式的计算

行列式的计算是解方程组的基础．行列式的计算分为数字行列式和符号行列式两种情形．对数字行列式直接使用 det 命令可解决，而符号行列式需要先定义符号变量．

相关命令如下：

```
syms   x y        % 定义符号变量x,y
det(A(x,y))       % 计算含有符号变量x,y的行列式
```

例 6.1　计算 $\begin{vmatrix} x-y & 1 & 1 & 1 \\ 1 & x-y & 1 & 1 \\ 1 & 1 & x+y & 1 \\ 1 & 1 & 1 & x+y \end{vmatrix}$．

解　程序及输出结果：

```
syms x y
A=[x-y 1 1 1;1 x-y 1 1;1 1 x+y 1;1 1 1 x+y];
det(A)
    ans =
```

```
x^4-2*x^2*y^2-6*x^2+8*x+y^4+2*y^2-3
```

例 6.2 解方程 $\begin{vmatrix} 3 & 2 & 1 & 1 \\ 3 & 2 & 2-x^2 & 1 \\ 5 & 1 & 3 & 2 \\ 7-x^2 & 1 & 3 & 2 \end{vmatrix}=0$.

解 求解符号行列式的方法，程序代码如下：

```
clear all                                    % 清除各种变量
syms x                                       % 定义 x 为符号变量
A=[3 2 1 1;3 2 2-x^2 1;5 1 3 2;7-x^2 1 3 2]; % 给矩阵 A 赋值
D=det(A)                                      % 计算矩阵 A 的行列式 D
f=factor(D)                                   % 对行列式 D 进行因式分解
X=solve(D)                                    % 求解代数方程"D=0"的解
```

输出结果：

```
D =
-6+9*x^2-3*x^4
f =
-3*(x-1)*(x+1)*(x^2-2)
X =
     -1
      1
   2^(1/2)
  -2^(1/2)
```

2. 线性方程组的求解

在 MATLAB 中，求解线性方程组的方法有很多，这里介绍几个命令直接求解.

```
rref(A)                  % 给出 A 的最简行阶梯形矩阵
linesolve(A,y, options)  % 求解 Ax=y
null(A,'r')              % 求齐次方程组 Ax=0 的基础解系
rrefmovie(A)            % 给出每一步化简的过程
```

例 6.3 将矩阵 $A=\begin{pmatrix} 2 & 1 & -1 & 3 & 1 \\ 4 & 2 & -5 & 1 & 2 \\ 2 & 1 & -1 & -1 & 1 \end{pmatrix}$ 化为最简行阶梯形矩阵.

解 程序及输出结果：

```
A=[2 1 -1 3 1;4 2 -5 1 2;2 1 -1 -1 1];
rref(A)
```

```
ans =
    1.0000    0.5000         0         0    0.5000
         0         0    1.0000         0         0
         0         0         0    1.0000         0 .
```

例 6.4　求解线性方程组 $\begin{cases} x_1+3x_2-2x_3+4x_4+x_5=7 \\ 2x_1+6x_2+5x_4+2x_5=5 \\ 4x_1+11x_2+8x_3+5x_5=3 \\ x_1+3x_2+2x_3+x_4+x_5=-2 \end{cases}$.

解　程序及输出结果：

```
B=[1 3 -2 4 1 7;2 6 0 5 2 5;4 11 8 0 5 3;1 3 2 1 1 -2];
format rat              % 用有理型输出
rref(B)
ans=
    1      0      0    -19/2     4      71/2
    0      1      0      4      -1      -11
    0      0      1     -3/4     0      -9/4
    0      0      0      0       0       0
```

所以原方程组等价于方程组

$$\begin{cases} x_1-\dfrac{19}{2}x_4+4x_5=\dfrac{71}{2} \\ x_2+4x_4-x_5=-11 \\ x_3-\dfrac{3}{4}x_4=-\dfrac{9}{4} \end{cases},$$

故方程组的通解为

$$X=c_1\begin{pmatrix} \dfrac{19}{2} \\ -4 \\ \dfrac{3}{4} \\ 1 \\ 0 \end{pmatrix}+c_2\begin{pmatrix} -4 \\ 1 \\ 0 \\ 0 \\ 1 \end{pmatrix}+\begin{pmatrix} \dfrac{71}{2} \\ -11 \\ -\dfrac{9}{4} \\ 0 \\ 0 \end{pmatrix},$$

其中 $c_1, c_2 \in \mathbf{R}$.

例 6.5　求齐次方程组 $\begin{cases} x_1+2x_2-x_3-2x_4=0 \\ 2x_1-x_2-x_3+x_4=0 \\ 3x_1+x_2-2x_3-x_4=0 \end{cases}$ 的基础解系及全部解.

解 该方程组的矩阵表示形式为 $\begin{pmatrix} 1 & 2 & -1 & -2 \\ 2 & -1 & -1 & 1 \\ 3 & 1 & -2 & -1 \end{pmatrix} X=0$.

MATLAB 程序代码如下：

```
A=[1 2 -1 -2;2 -1 -1 1;3 1 -2 -1];
format rat
null(A,'r')
ans =
    3/5        0
    1/5        1
     1         0
     0         1
```

即方程组基础解系的两个向量分别为 $\eta_1=\begin{pmatrix} \frac{3}{5} \\ \frac{1}{5} \\ 1 \\ 0 \end{pmatrix}$, $\eta_2=\begin{pmatrix} 0 \\ 1 \\ 0 \\ 1 \end{pmatrix}$. 故原方程通解为

$y=k_1\eta_1+k_2\eta_2$ (k_1, k_2 为任意常数).

3. 特征值与特征向量的计算

方阵的特征值与特征向量在矩阵对角化和微分方程组求解等问题中有着广泛的应用，它可以用来分析矩阵的对角化问题，二次型化标准形以及二次型的正定性等问题. 在 MATLAB 中与本实验相关的命令：

```
P=poly(A)        % 求 A 的特征多项式
roots(P)         % 求多项式 P 的零点
orth(A)          % 求出矩阵 A 的列向量构成空间的一个规范正交基
[V,U]=eig(A)
```
% 返回方阵 A 的特征值和特征向量,其中 U 的对角元素为 A 的特征值,V 的列向量为特征值对应的特征向量

例 6.6 求矩阵 $A=\begin{pmatrix} -1 & -2 & 0 \\ 2 & 3 & 0 \\ 2 & 1 & 3 \end{pmatrix}$ 的特征值与特征向量.

解 程序及输出结果：

```
>> A=[-1 -2 0;2 3 0;2 1 3];
```

```
>> E=eig(A)
E =
    3.0000
    1.0000
    1.0000
>> [V,D]=eig(A)
V =
        0   -0.6667    0.6667
        0    0.6667   -0.6667
    1.0000    0.3333   -0.3333
D =
    3.0000         0         0
        0    1.0000         0
        0         0    1.0000
```

例 6.7 将矩阵 $A = \begin{pmatrix} 5 & 2 & 0 \\ 0 & 3 & 2 \\ 0 & 1 & 2 \end{pmatrix}$ 对角化.

解 MATLAB 程序代码如下:

```
A=[5 2 0;0 3 2;0 1 2]
[P,U]=eig(A)
```

输出结果:

```
P=
    1.0000   -0.8729    0.3333
        0    0.4364   -0.6667
        0    0.2182    0.6667
U=
    5    0    0
    0    4    0
    0    0    1
```

可见 A 有 3 个互不相同的特征值, 可相似对角化, 输入命令:

```
>>B=inv(P)*A*P
```

输出结果:

```
B =
```

```
5.0000    -0.0000         0
     0     4.0000    0.0000
     0    -0.0000    1.0000
```

6.2 投入产出模型

在一个国家或区域的经济系统中，各部门（或企业）既有消耗又有生产，或者说既有"投入"又有"产出"．生产的产品供给各部门和系统外的需求，又要消耗系统各部门所提供的产品，消耗的目的是为了生产；生产的结果是为了创造新价值．显然对每一部门，物资消耗和新创造的价值等于它生产的总产值．这就是"投入"和"产出"之间的平衡关系．

问题描述： 某地区有 3 个重要产业，即煤矿、发电厂和地方铁路．经成本核算，开采一元的煤，煤矿要支付 0.3 元的电费及 0.25 元的运输费；生产一元的电力，发电厂要支付 0.65 元的煤作燃料，为了运行电厂的辅助设备需消耗本身 0.15 元的电，还需要 0.1 元的运输费；作为铁路局，每创收一元的运输费，铁路要支付 0.6 元的煤费及 0.15 元的电费．在某一周内，煤矿接到金额为 8 万元的外地订货，发电厂接到金额为 6.5 万元的外地需求，外界对地方铁路没有需求．问 3 个企业在这一周内总产值各多少才能满足自身及外界的需求？3 个企业间相互支付多少金额？3 个企业各创造多少新价值？

模型假设： 为了简化问题，不考虑价格变动等其他因素的影响．

模型建立： 设煤矿、发电厂和铁路本周内的总产值依次为 x_1，x_2，x_3 元，则根据需求有如下分配平衡方程组

$$\begin{cases} x_1-(0\times x_1+0.65x_2+0.6x_3)=80000 \\ x_2-(0.3x_1+0.15x_2+0.15x_3)=65000 \\ x_3-(0.25x_1+0.1x_2+0\times x_3)=0 \end{cases}, \qquad (6.1)$$

令

$$X=\begin{pmatrix} x_1 \\ x_2 \\ x_3 \end{pmatrix}, \quad A=\begin{pmatrix} 0 & 0.65 & 0.6 \\ 0.3 & 0.15 & 0.15 \\ 0.25 & 0.1 & 0 \end{pmatrix}, \quad Y=\begin{pmatrix} 80000 \\ 65000 \\ 0 \end{pmatrix}.$$

则式（6.1）变成

$$X-AX=Y,$$

即

$$(E-A)X=Y. \qquad (6.2)$$

其中，矩阵 E 为单位矩阵，矩阵 A 称为直接消耗矩阵，X 称为产出向量，Y 称为需求向量，$(E-A)$ 称为列昂杰夫矩阵，是非奇异矩阵.

投入产出分析表：设 $B=(E-A)^{-1}-E$，$C=A\begin{pmatrix} x_1 & 0 & 0 \\ 0 & x_2 & 0 \\ 0 & 0 & x_3 \end{pmatrix}$，$D=(1,1,1)C$．矩阵

B 称为完全消耗矩阵，它与矩阵 A 一起在各个部门之间的投入产出中起平衡作用．矩阵 C 可以称为投入产出矩阵，它的元素表示煤矿、发电厂、铁路之间的投入产出关系，其中每一行给出了每一个企业分别用于企业内部和其他企业的消耗．向量 D 称为总投入向量，它的元素是矩阵 C 的对应列元素之和，分别表示煤矿、发电厂、铁路得到的总投入．

由矩阵 C，向量 Y、X 和 D，可得投入产出分析表，见表 6.1.

表 6.1　投入产出分析表

单位：元

费用＼产业	煤矿	发电厂	铁路	外界需求	总产出
煤矿	c_{11}	c_{12}	c_{13}	y_1	x_1
发电厂	c_{21}	c_{22}	c_{23}	y_2	x_2
铁路	c_{31}	c_{32}	c_{33}	y_3	x_3
总投入	d_1	d_2	d_3		

计算求解：按式（6.2）解方程组可得产出向量 X，于是可计算矩阵 C 和向量 D．在 MATLAB 中实现上述计算，程序代码如下.

```
A=[0 0.65 0.6;0.3 0.15 0.15;0.25 0.1 0];
Y=[80000 65000 0]';
E=eye(3);
X=(E-A)\Y
B=inv(E-A)-E
C=A*diag(X)          %计算投入产出矩阵
D=ones(1,3)*C        %计算总投入向量
F=X-D'               %计算新创造价值向量
```

计算结果整理后见表 6.2.

表6.2   投入产出计算结果

单位：元

	煤矿	发电厂	铁路	外界需求	总产出
煤矿	0	113720	46540	80000	240260
发电厂	72080	26240	11630	65000	174950
铁路	60060	17500	0	0	77560
新创造价值	108110	17500	19390		
总投入	132140	157460	58170		

可见煤矿要生产240260元的煤,发电厂要生产174950元的电恰好满足需求.3
个企业间相互支付金额从表6.2中可直接得出.

6.3   交通流量模型

城市道路网中每条道路、每个交叉路口的车流量调查,是分析、评价及改善
城市交通状况的基础. 根据实际车流量信息可以设计流量控制方案,必要时设置
单行线,以免大量车辆长时间拥堵. 下面考虑一简化的交通流量统计问题.

问题描述:某城市的交通图,如图6.1所示,每条道路都是单行线,需要
调查每条道路每小时的车流量. 图中的数字表示该条路段的车流数. 如果每
个交叉路口进入和离开的车数相等,整个图中进入和离开的车数相等. 试解
决以下问题:

1) 建立确定每条道路流量的线性方程组.

2) 分析哪些流量数据是多余的.

3) 为了唯一确定未知流量,需要增添哪几条道路的流量统计.

图6.1   某城市单行线车流量

模型假设：根据题目要求，做以下假设.

1）全部流入网络的流量等于全部流出网络的流量，这个从图中信息可以确定.

2）全部流入一个节点的流量等于全部流出此节点的流量.

模型建立：由网络流量假设，每条道路流量的线性方程组为

$$
\begin{cases}
180+220=x_1+x_7 \\
x_1+x_9=300+x_2 \\
x_2+100=300+x_{11} \\
x_3+x_7=350+x_8 \\
x_4+x_{10}=x_3+x_9 \\
x_{11}+500=x_4+x_{12} \\
x_5+x_8=160+150 \\
x_6+400=x_5+x_{10} \\
x_{12}+150=x_6+290
\end{cases},
$$

即

$$
\begin{cases}
x_1+x_7=400 \\
x_1-x_2+x_9=300 \\
x_2-x_{11}=200 \\
x_3+x_7-x_8=350 \\
x_3-x_4+x_9-x_{10}=0 \\
x_4-x_{11}+x_{12}=500 \\
x_5+x_8=310 \\
x_5-x_6+x_{10}=400 \\
-x_6+x_{12}=140
\end{cases}.
\tag{6.3}
$$

模型求解：上述方程组的系数矩阵为

$$
A=\begin{pmatrix}
1 & 0 & 0 & 0 & 0 & 0 & 1 & 0 & 0 & 0 & 0 & 0 \\
1 & -1 & 0 & 0 & 0 & 0 & 0 & 0 & 1 & 0 & 0 & 0 \\
0 & 1 & 0 & 0 & 0 & 0 & 0 & 0 & 0 & 0 & -1 & 0 \\
0 & 0 & 1 & 0 & 0 & 0 & 1 & -1 & 0 & 0 & 0 & 0 \\
0 & 0 & 1 & -1 & 0 & 0 & 0 & 0 & 1 & -1 & 0 & 0 \\
0 & 0 & 0 & 1 & 0 & 0 & 0 & 0 & 0 & 0 & -1 & 1 \\
0 & 0 & 0 & 0 & 1 & 0 & 0 & 1 & 0 & 0 & 0 & 0 \\
0 & 0 & 0 & 0 & 1 & -1 & 0 & 0 & 0 & 1 & 0 & 0 \\
0 & 0 & 0 & 0 & 0 & -1 & 0 & 0 & 0 & 0 & 0 & 1
\end{pmatrix}.
$$

在 MATLAB 中利用命令 rref（B）将增广矩阵化为阶梯形行最简形式

$$B=\begin{pmatrix} 1 & 0 & 0 & 0 & 0 & 0 & 0 & 0 & 1 & 0 & -1 & 0 & 500 \\ 0 & 1 & 0 & 0 & 0 & 0 & 0 & 0 & 0 & 0 & 0 & -1 & 0 & 200 \\ 0 & 0 & 1 & 0 & 0 & 0 & 0 & 0 & 1 & -1 & -1 & 1 & 500 \\ 0 & 0 & 0 & 1 & 0 & 0 & 0 & 0 & 0 & 0 & -1 & 1 & 500 \\ 0 & 0 & 0 & 0 & 1 & 0 & 0 & 0 & 0 & 1 & 0 & -1 & 260 \\ 0 & 0 & 0 & 0 & 0 & 1 & 0 & 0 & 0 & 0 & 0 & -1 & -140 \\ 0 & 0 & 0 & 0 & 0 & 0 & 1 & 0 & -1 & 0 & 1 & 0 & -100 \\ 0 & 0 & 0 & 0 & 0 & 0 & 0 & 1 & 0 & -1 & 0 & 1 & 50 \\ 0 & 0 & 0 & 0 & 0 & 0 & 0 & 0 & 0 & 0 & 0 & 0 & 0 \end{pmatrix}.$$

其对应的非齐次方程组可表示为

$$\begin{cases} x_1 = -x_9 + x_{11} + 500 \\ x_2 = x_{11} + 200 \\ x_3 = -x_9 + x_{10} + x_{11} - x_{12} + 500 \\ x_4 = x_{11} - x_{12} + 500 \\ x_5 = -x_{10} + x_{12} + 260 \\ x_6 = x_{12} - 140 \\ x_7 = x_9 - x_{11} - 100 \\ x_8 = x_{10} - x_{12} + 50 \end{cases} \tag{6.4}$$

取$(x_9, x_{10}, x_{11}, x_{12})$为自由未知量，分别赋 4 组值为$(1, 0, 0, 0)$，$(0, 1, 0, 0)$，$(0, 0, 1, 0)$，$(0, 0, 0, 1)$，则式（6.4）对应齐次方程组基础解系中 4 个解向量为

$\boldsymbol{\eta}_1 = (-1, 0, -1, 0, 0, 0, 1, 0, 1, 0, 0, 0)^{\mathrm{T}}$，　　　$\boldsymbol{\eta}_2 = (0, 0, 1, 0, -1, 0, 0, 1, 0, 1, 0, 0)^{\mathrm{T}}$，

$\boldsymbol{\eta}_3 = (1, 1, 1, 1, 0, 0, -1, 0, 0, 0, 1, 0)^{\mathrm{T}}$，　　　$\boldsymbol{\eta}_4 = (0, 0, -1, -1, 1, 1, 0, -1, 0, 0, 0, 1)^{\mathrm{T}}$．

取自由未知量$(x_9, x_{10}, x_{11}, x_{12})$为$(0,0,0,0)$得非齐次方程组（6.4）的特解

$\boldsymbol{\eta}^* = (500, 200, 500, 500, 260, -140, -100, 50, 0, 0, 0, 0)^{\mathrm{T}}$．

则式（6.3）的通解为 $\boldsymbol{x} = k_1\boldsymbol{\eta}_1 + k_2\boldsymbol{\eta}_2 + k_3\boldsymbol{\eta}_3 + k_4\boldsymbol{\eta}_4 + \boldsymbol{\eta}^*$．其中，$k_1$、$k_2$、$k_3$、$k_4$为任意常数，$\boldsymbol{x}$的每一个分量即为交通网络未知部分的具体流量，显然它有无穷多解．

结果分析：从增广矩阵的阶梯形行最简形式可以看出，式（6.3）中最后一个方程是多余的，即最后一个方程中的流量数据 150 和 290 不用统计．而如果要唯一确定未知流量，可以增添 $x_9, x_{10}, x_{11}, x_{12}$（$x_2, x_9, x_{10}, x_{12}$ 等）这几条道路的流量统计．在特解中，x_6 和 x_7 为负，这表明对应的两条单行线应该改变方向才合理．

6.4　小行星轨道的确定

问题描述： 科学家要确定一颗小行星绕太阳运行的轨道，它在轨道平面内建立以太阳为原点的直角坐标系，在两坐标轴上取天文测量单位（天文单位为地球到太阳的平均距离：9300 万英里（mi，1mi＝1.609344 km））. 在 5 个不同的时间对小行星做了 5 次观察，测得轨道上 5 个点的坐标数据，见表 6.3.

表 6.3　坐标数据

X 坐标	x_1	x_2	x_3	x_4	x_5
	3.8635	4.5256	5.1863	5.7068	6.2569
Y 坐标	y_1	y_2	y_3	y_4	y_5
	0.2186	0.7816	1.4936	2.2249	3.4522

Kepler（开普勒）第一定律告诉我们小行星轨道是一个椭圆，试根据以上数据确定椭圆的方程以及各个参数.

问题分析与模型建立：

由 Kepler 第一定律知，小行星轨道为一椭圆. 而椭圆属于二次曲线，它的一般形式为

$$a_1x^2+2a_2xy+a_3y^2+2a_4x+2a_5y+1=0 . \tag{6.5}$$

科学家确定小行星运动的轨道，依据的是轨道上 5 个点的坐标数据：(x_1, y_1)，(x_2, y_2)，(x_3, y_3)，(x_4, y_4)，(x_5, y_5). 为了确定方程中的待定系数，将 5 个点的坐标分别代入式（6.5），得

$$\begin{cases} a_1x_1^2+2a_2x_1y_1+a_3y_1^2+2a_4x_1+2a_5y_1=-1 \\ a_1x_2^2+2a_2x_2y_2+a_3y_2^2+2a_4x_2+2a_5y_2=-1 \\ a_1x_3^2+2a_2x_3y_3+a_3y_3^2+2a_4x_3+2a_5y_3=-1 \\ a_1x_4^2+2a_2x_4y_4+a_3y_4^2+2a_4x_4+2a_5y_4=-1 \\ a_1x_5^2+2a_2x_5y_5+a_3y_5^2+2a_4x_5+2a_5y_5=-1 \end{cases} .$$

这是一个包含 5 个未知数的线性方程组，写成矩阵

$$\begin{pmatrix} x_1^2 & 2x_1y_1 & y_1^2 & 2x_1 & 2y_1 \\ x_2^2 & 2x_2y_2 & y_2^2 & 2x_2 & 2y_2 \\ x_3^2 & 2x_3y_3 & y_3^2 & 2x_3 & 2y_3 \\ x_4^2 & 2x_4y_4 & y_4^2 & 2x_4 & 2y_4 \\ x_5^2 & 2x_5y_5 & y_5^2 & 2x_5 & 2y_5 \end{pmatrix} \begin{pmatrix} a_1 \\ a_2 \\ a_3 \\ a_4 \\ a_5 \end{pmatrix} = \begin{pmatrix} -1 \\ -1 \\ -1 \\ -1 \\ -1 \end{pmatrix} .$$

利用测量数据，可以求解该线性方程组，进而确定式（6.5），但所得的是二次曲线方程的一般形式. 为了知道小行星轨道的一些参数，必须将二次曲线方程化为椭圆的标准形式

$$\frac{x^2}{a^2}+\frac{y^2}{b^2}=1 .$$

由于太阳的位置是小行星轨道的一个焦点，这时可以根据椭圆的长半轴 a 和短半轴 b 计算出小行星的近日点和远日点距离.

根据解析几何中二次曲线理论，椭圆经过平移和旋转两种变换后方程可表示为

$$\lambda_1 x^2+\lambda_2 y^2+\frac{|D|}{|C|}=0 ,$$

这里

$$C=\begin{bmatrix} a_1 & a_2 \\ a_2 & a_3 \end{bmatrix}, \quad D=\begin{bmatrix} a_1 & a_2 & a_4 \\ a_2 & a_3 & a_5 \\ a_4 & a_5 & 1 \end{bmatrix} .$$

其中，D 为二次曲线的矩阵，λ_1，λ_2 为矩阵 C 的特征值（不妨设 $\lambda_1 \leqslant \lambda_2$），即二次曲线式（6.5）的特征值. 所以，椭圆长半轴为 $a=\sqrt{\left|\dfrac{|D|}{\lambda_1 |C|}\right|}$；椭圆短半轴为 $b=\sqrt{\left|\dfrac{|D|}{\lambda_2 |C|}\right|}$；椭圆半焦距 O 为 $c=\sqrt{a^2-b^2}$. 而椭圆的中心坐标 (x_0, y_0) 满足下面的方程组：

$$\begin{cases} a_1 x+a_2 y+a_4=0 \\ a_2 x+a_3 y+a_5=0 \end{cases} .$$

因为原点即太阳是椭圆的一个焦点，因此利用两个焦点关于中心对称，可知另一个焦点的坐标为 $(2x_0, 2y_0)$.

模型求解： 根据以上分析，在 MATLAB 中编写程序代码如下.

```
format short
clear;clc;
x=[3.8635 4.5256 5.1863 5.7068 6.2569]';
y=[0.2186 0.7816 1.4936 2.2249 3.4522]';
plot(x,y,'r*')
hold on
%求解线性方程组,确定二次曲线的系数
b=-ones(length(x),1);
A=[x.^2 2*x.*y y.^2 2*x 2*y];
a=A\b
%绘制小行星轨道椭圆曲线
```

```
syms s t
eq1=a(1)*s^2+2*a(2)*s*t+a(3)*t^2+2*a(4)*s+2*a(5)*t+1;
ezplot(eq1,[-2,7],[-2,7])
title('小行星轨迹')
hold on
grid on
%小行星轨道的相关参数
C=[a(1) a(2);a(2) a(3)];
D=[a(1) a(2) a(4);a(2) a(3) a(5);a(4) a(5) 1];
X=C\[-a(4);-a(5)];                        %确定椭圆中心坐标
x0=X(1);y0=X(2);
[U,d]=eig(C);                             %求 C 的特征值和特征向量
f=det(D)/det(C);                          %计算 C 和 D 的行列式的比值
a0=sqrt(-f/d(2,2))                        %确定椭圆半长轴和半短轴
b0=sqrt(-f/d(1,1))
c=sqrt(a0^2-b0^2)                         %确定椭圆半焦距
h=a0-c                                    %确定小行星近日点距离
H=a0+c                                    %确定小行星远日点距离
x1=2*x0;y1=2*y0;                          %确定椭圆除原点外另一焦点坐标
plot(x0,y0,'ro',0,0,'b+',x1,y1,'b+')     %在图中标注中心和两个焦点
%动画演示小行星运动轨迹
t=0:0.1:2*pi;
u=a0*cos(t);v=b0*sin(t);
U=[U(:,2),U(:,1)];
V=U*[u;v];
x1=V(1,:)+x0;y1=V(2,:)+y0;
n=length(t);s=1:n;si=1:0.1:n;
x2=interp1(s,x1,si);x2=[x2,x2,x2,x2,x2];
y2=interp1(s,y1,si);y2=[y2,y2,y2,y2,y2];
comet(x2,y2)
```

运行后整理得到以下参数值:

- 二次曲线的系数为 $(a_1, a_2, a_3, a_4, a_5) = (-0.3558, 0.2000, -0.4006, 0.4930, 0.4192)$;
- 半长轴为 $a_0 = 4.3613$,半短轴为 $b_0 = 2.4100$,焦距为 $c = 3.6350$;
- 近日点距离为 $h = 0.7263$,远日点距离为 $H = 7.9963$.

椭圆轨迹如图 6.2 所示. 图中"*"表示测量数据点,"○"代表椭圆中心,"+"代表两个焦点.

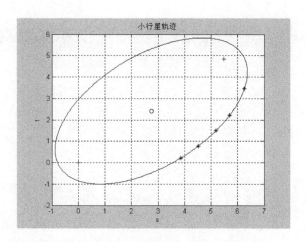

图 6.2　小行星运行椭圆轨迹

6.5　Hill 密码的加密与解密

密码学在经济和军事方面起着极其重要的作用．现代密码学涉及很多高深的数学知识，这里仅介绍一种初级的加密方法，如图 6.3 所示．

图 6.3　保密通信的基本模型

密码学中将信息代码称为**密码**，尚未转换成密码的文字信息称为**明文**，由密码表示的信息称为**密文**．从明文到密文的过程称为**加密**，反之为**解密**．1929 年，希尔（Hill）通过线性变换对传输信息进行加密处理，提出了在密码史上有重要地位的希尔加密算法，图 6.3 说明了 Hill 密码加密的过程．下面简要介绍该算法的基本思想．

问题描述： 若要发出信息 attack，试用 Hill$_3$ 密码对该信息进行加密，并给出加密后得到的密文及相应的解密方法．

模型假设：

1）假定每个字母都对应一个非负整数，空格和 26 个英文字母依次对应整数 0～26，见表 6.4．

表 6.4　空格及字母的整数代码表

项目	空格	A	B	C	D	E	F	G	H	I	J	K	L	M
代码	0	1	2	3	4	5	6	7	8	9	10	11	12	13
项目	N	O	P	Q	R	S	T	U	V	W	X	Y	Z	
代码	14	15	16	17	18	19	20	21	22	23	24	25	26	

2）假设将单词 attack 从左到右，每 3 个字母分为一组，并将对应的 3 个整数排成 3 维的列向量，最后一组字母数少于 3 时用空格代替. 加密后仍为 3 维的列向量，其分量仍为整数.

模型建立： 设列向量 $\boldsymbol{\alpha}$ 为明文，选一个三阶可逆矩阵 $\boldsymbol{A}$ 作为加密矩阵，使密文 $\boldsymbol{\beta}=\boldsymbol{A\alpha}$，而且接收方能由 $\boldsymbol{\beta}$ 根据 $\boldsymbol{\alpha}=\boldsymbol{A}^{-1}\boldsymbol{\beta}$ 准确地解出 $\boldsymbol{\alpha}$. 为了避免小数引起误差，并且确保 $\boldsymbol{\beta}$ 也是整数向量，$\boldsymbol{A}$ 和 $\boldsymbol{A}^{-1}$ 的元素应该都是整数. 注意到，当整数矩阵 $\boldsymbol{A}$ 的行列式为 ± 1 时，$\boldsymbol{A}^{-1}$ 也是整数矩阵. 因此发出信息 attack 的问题就转化为

1）按表 6.4 把 attack 分解成两个列向量 $\boldsymbol{\alpha}_1$，$\boldsymbol{\alpha}_2$.

2）构造一个行列式为 ±1 的 3 阶整数可逆矩阵 $\boldsymbol{A}$（$\boldsymbol{A}\neq\boldsymbol{E}$）.

3）计算 $\boldsymbol{A\alpha}_1$ 和 $\boldsymbol{A\alpha}_2$.

4）翻译成密文.

5）给出解密过程.

模型求解： 1）由以上假设可知 $\boldsymbol{\alpha}_1=(1,20,20)^{\mathrm{T}}$，$\boldsymbol{\alpha}_2=(1,3,11)^{\mathrm{T}}$.

2）选定加密矩阵. 事实上对三阶单位矩阵

$$\boldsymbol{E}=\begin{pmatrix} 1 & 0 & 0 \\ 0 & 1 & 0 \\ 0 & 0 & 1 \end{pmatrix}$$

进行几次适当的初等变换（如把某一行的整数倍加到另一行，或交换某两行），根据行列式的性质可知，这样得到的矩阵 $\boldsymbol{A}$ 的行列式为 1 或 −1，这里取

$$\boldsymbol{A}=\begin{pmatrix} 5 & 3 & 1 \\ 2 & 1 & 0 \\ 13 & 6 & 0 \end{pmatrix}, \quad |\boldsymbol{A}|=-1.$$

3）将向量 $\boldsymbol{x}_1$，$\boldsymbol{x}_2$ 左乘矩阵 $\boldsymbol{A}$，得到两个新向量

$$\boldsymbol{\beta}_1=\begin{pmatrix} 5 & 3 & 1 \\ 2 & 1 & 0 \\ 13 & 6 & 0 \end{pmatrix}\begin{pmatrix} 1 \\ 20 \\ 20 \end{pmatrix}=\begin{pmatrix} 85 \\ 22 \\ 133 \end{pmatrix}, \quad \boldsymbol{\beta}_2=\begin{pmatrix} 5 & 3 & 1 \\ 2 & 1 & 0 \\ 13 & 6 & 0 \end{pmatrix}\begin{pmatrix} 1 \\ 3 \\ 11 \end{pmatrix}=\begin{pmatrix} 25 \\ 5 \\ 31 \end{pmatrix}.$$

对向量 $\boldsymbol{\beta}_1$，$\boldsymbol{\beta}_2$ 利用表 6.4 反查对应的字母时，发现有些数值超过了表值的范围，

解决办法是加减 26 的整数倍, 使其转化成 $0 \sim 25$ 之间的一个数, 这种运算称为**模 26 运算**, 表示为

$$\begin{pmatrix} 85 \\ 22 \\ 133 \end{pmatrix} (\mathrm{mod}\, 26) = \begin{pmatrix} 7 \\ 22 \\ 3 \end{pmatrix}, \quad \begin{pmatrix} 25 \\ 5 \\ 31 \end{pmatrix} (\mathrm{mod}\, 26) = \begin{pmatrix} 25 \\ 5 \\ 5 \end{pmatrix}.$$

再查表得到相应的密文为 GVCYEE.

4）密文的解密，其实就是上述加密过程的逆转.

首先求出 A 的逆矩阵:

$$A^{-1} = \begin{pmatrix} 0 & -6 & 1 \\ 0 & 13 & -2 \\ 1 & -9 & 1 \end{pmatrix},$$

然后将密文分组查表得到相应的表值为 $\boldsymbol{\beta}_1 = (7, 22, 3)^{\mathrm{T}}$, $\boldsymbol{\beta}_2 = (25, 5, 5)^{\mathrm{T}}$. 但是 $\boldsymbol{\beta}_1$, $\boldsymbol{\beta}_2$ 是经过模 26 运算得到的结果, 因此由 $A^{-1}\boldsymbol{\beta}_1$, $A^{-1}\boldsymbol{\beta}_2$ 并不能直接得到前面明文的表值向量. 这涉及矩阵的模 m 可逆问题, 这里并不详细介绍. 具体应用中只需进行 $A^{-1}(\mathrm{mod}\, 26)$ 运算, 即将 A^{-1} 中元素通过加减 26 变成集合 $\{0, 1, 2, \cdots, 25\}$ 上的矩阵, 即有

$$A^{-1} = \begin{pmatrix} 0 & 20 & 1 \\ 0 & 13 & 24 \\ 1 & 17 & 1 \end{pmatrix}.$$

则有 $A^{-1}\boldsymbol{\beta}_1 = (443, 358, 384)^{\mathrm{T}}$, $A^{-1}\boldsymbol{\beta}_2 = (105, 185, 115)^{\mathrm{T}}$, 再进行模 26 运算得到 $\boldsymbol{\alpha}_1 = (1, 20, 20)^{\mathrm{T}}$, $\boldsymbol{\alpha}_2 = (1, 3, 11)^{\mathrm{T}}$. 查表 6.4 即可得到明文信息.

模型分析: 如果要发送一个英文句子, 在不记标点符号的情况下, 仍然可以把句子 (含空格) 从左到右每 3 个字符分为一组 (最后不足 3 个字母时用空格补上).

模型应用: 甲方收到与之有秘密通信往来的乙方的一条加密信息, 其内容为 F G W A C Q H I I Q E E X S R T W F. 若已知甲乙双方相互约定采用 Hill_2 密码, 密钥为二阶矩阵 $A = \begin{pmatrix} 1 & 2 \\ 1 & 3 \end{pmatrix}$, 请解密这段密文.

按照上述方法进行解密, 将密文分组为 FG WA CQ HI IQ EE XS RT WF, 查表得到对应表值, 由下面程序完成相关计算.

```
clear all,clc
A=[1 2;1 3];                      %加密矩阵
B=inv(A);                         %A 的逆矩阵
C=[6 23 3 8 9 5 24 18 23;
   7 1 17 9 17 5 19 20 6];        %密文表值矩阵
[m,n]=size(C);
```

```
for i=1:m
    for j=1:m
        if B(i,j)>26
            B(i,j)=B(i,j)-26;      %A 的逆矩阵 B 模 26 运算
        else if  B(i,j)<0
            B(i,j)=B(i,j)+26;
    end
    end
    end
end
format rat,B
D=B*C;
for i=1:m
    for j=1:n
        for k=1:50              %足够的循环次数保证每个元素介于 0~26 之间
        if D(i,j)>26
            D(i,j)=D(i,j)-26;%解密模 26 运算
        end
    end
end
end
D                              %明文表值矩阵
```

输出结果：

```
D=
    4   15   1  6  19  5   8  14   5
    1    4  14  1   8  26  21  2   9
```

对照表 6.4 得到明文字母并经汉语拼音组合得到明文为 DAO DAN FA SHE ZHUN BEI，即"导弹发射准备".

习　　题

1. 一种佐料由 4 种原料 A，B，C，D 混合而成. 这种佐料现有两种规格，这两种规格的佐料中，4 种原料的比例分别为 2:3:1:1 和 1:2:1:2. 现在需要 4 种原料的比例为 4:7:3:5 的第三种规格的佐料. 第三种规格的佐料能否由前两种规格的佐料按一定比例配制而成？

2. 蛋白质、碳水化合物和脂肪是人体每日必需的 3 种营养，但过量的脂肪摄入不利于健康. 人们可以通过适量的运动来消耗多余的脂肪. 设 3 种食物（脱脂牛奶、大豆面粉、乳清）每 100 g 中蛋白质、碳水化合物和脂肪的含量以及慢跑 5 min

消耗蛋白质、碳水化合物和脂肪的量见表 6.5. 怎样安排饮食和运动才能实现每日的营养需求？

表6.5　3 种营养消耗分析表

单位：g

营养	每 100 g 食物所含营养			慢跑 5 min 消耗量	每日需要的营养量
	牛奶	大豆面粉	乳清		
蛋白质	36	51	13	10	33
碳水化合物	52	34	74	20	45
脂肪	10	7	1	15	3

3．某乡镇有甲、乙、丙 3 个企业．甲企业每生产 1 元的产品要消耗 0.25 元乙企业的产品和 0.25 元丙企业的产品．乙企业每生产 1 元的产品要消耗 0.65 元甲企业的产品，0.05 元自产的产品和 0.05 元丙企业的产品．丙企业每生产 1 元的产品要消耗 0.5 元甲企业的产品和 0.1 元乙企业的产品．在一个生产周期内，甲、乙、丙 3 个企业生产的产品价值分别为 100 万元，120 万元，60 万元，同时各自的固定资产折旧分别为 20 万元，5 万元和 5 万元．

（1）求一个生产周期内这 3 个企业扣除消耗和折旧后的新创价值．

（2）如果这 3 个企业接到外来订单分别为 50 万元，60 万元，40 万元，那么他们各生产多少才能满足需求？

4．有一个平面结构如图 6.4 所示，有 13 条梁（图中标号的线段）和 8 个铰接点（图中标号的圈）联结在一起．其中 1 号铰接点完全固定，8 号铰接点竖直方向固定，并在 2 号，5 号和 6 号铰接点上，分别有图示的 10 t，15 t 和 20 t 的负载．在静平衡的条件下，任何一个铰接点上水平和竖直方向受力都是平衡的．已知每条斜梁的角度都是 45°．

（1）列出由各铰接点处受力平衡方程构成的线性方程组．

（2）利用 MATLAB 软件求解该线性方程组，确定每条梁受力情况．

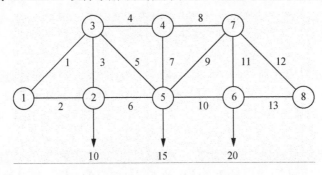

图 6.4　某梁和铰平面结构

5. 配平下列化学反应式.

（1）$FeS + KMnO_4 + H_2SO_4 \longrightarrow K_2SO_4 + MnSO_4 + Fe_2(SO_4)_3 + H_2O + S\downarrow$.

（2）$Al_2(SO_4)_3 + Na_2CO_3 + H_2O \longrightarrow Al(OH)_3\downarrow + CO_2\uparrow + Na_2SO_4$.

6. 甲，乙，丙 3 个农民组成互助组，每人工作 6 天（包括为自己家干活的天数），刚好完成他们 3 人家的农活，其中甲在甲，乙，丙 3 家干活的天数依次为：2，2.5，1.5；乙在甲，乙，丙 3 家各干 2 天活，丙在甲，乙，丙 3 家干活的天数依次为：1.5，2，2.5. 根据 3 人干活的种类、速度和时间，他们确定 3 人不必相互支付工资刚好公平. 随后 3 人又合作到邻村帮忙干了 2 天（各人干活的种类和强度不变），共获得工资 500 元. 他们应该怎样分配这 500 元工资才合理？

7. Fibonacci（斐波那契）兔子问题. 13 世纪初，欧洲数学家 Fibonacci 写了一本名为《算盘书》的著作. 书中有许多有趣的数学题，其中最有趣的是下面这个题目：

如果一对兔子每月能生 1 对小兔子，而每对小兔在它出生后的第 3 个月里，又能开始生 1 对小兔子，假定在不发生死亡的情况下，由 1 对初生的兔子开始，1 年后能繁殖成多少对兔子？

Fibonacci 把推算得到的前几个数摆成一串：1，1，2，3，5，8，…

这串数里隐含着一个规律：从第 3 个数起，后面的每个数都是它前面那两个数的和. 而根据这个规律推算出来的数，构成了数学史上一个有名的"Fibonacci 数列". 这个数列有许多奇特的性质. 例如，从第 3 个数起，每个数与它后面那个数的比值，都很接近于 0.618，正好与"黄金分割律"相吻合.

记 Fibonacci 数列为 F_1，F_2，F_3，F_4，F_5，…，先求矩阵 A 使得

$$\begin{pmatrix} F_{k+2} \\ F_{k+1} \end{pmatrix} = A \begin{pmatrix} F_{k+1} \\ F_k \end{pmatrix},$$

再计算出 Fibonacci 数列的前 20 项，并计算 F_3/F_4，F_4/F_5，…，F_{19}/F_{20}.

8. 某农场饲养的某种动物所能达到的最大年龄为 15 岁，将其分成 3 个年龄组：第一组，0～5 岁；第二组，6～10 岁；第三组，11～15 岁. 动物从第二年龄组起开始繁殖后代，经过长期统计，第二组和第三组的繁殖率分别为 4 和 3. 第一年龄和第二年龄组的动物能顺利进入下一个年龄组的存活率分别为 1/2 和 1/4. 假设农场现有 3 个年龄段的动物各 100 头，则 15 年后农场 3 个年龄段的动物各有多少头？

第 7 章　微分方程建模

在研究实际问题时，常常会联系到某些变量的变化率或导数，这样所得到的变量之间的关系式就是微分方程模型．微分方程作为数学科学的重要学科，已经有 300 多年的发展历史，其解法和理论已逐渐完备，可以为分析和求方程的解提供足够的理论支撑，使得微分方程模型具有较大的普遍性、有效性和非常丰富的数学内涵．微分方程模型通常包括常微分方程模型、积分方程模型、偏微分方程模型、差分方程模型及其各种类型的方程组模型．微分方程建模是一种极有效的解决实际问题的数学手段和方法．对于现实世界的变化，人们往往关注的是其变化速度以及所处位置随时间的变化规律，其规律一般可以用微分方程或方程组表示．微分方程建模适用的领域比较广，它在物理学、化学、航空航天、生物医学、生态、环境、人口、考古、交通、资源利用、金融及社会科学领域都有极其广泛的应用．建立微分方程模型对于我们进行科学的描述、分析、预测和控制有着非常重要的意义和作用．微分方程模型根据其表现特性可分为连续和离散两种形式，其中的连续模型适用于常微分方程和偏微分方程及其方程组建模；离散模型适用于差分方程及其方程组建模．需要注意的是微分方程反映的是变量之间的间接关系，因此要得到直接关系，就得解微分方程或方程组．求解微分方程常见的有 3 种方法：①求精确解；②求数值解（近似解）；③定性理论方法．不同方法适用不同类型的模型，其中能够求精确解的方程是非常有限的．

本章学习的重点是掌握常用的微分方程建模方法，熟悉一些经典的微分方程案例，了解微分方程求解的一些基本方法和原理，熟练掌握 MATLAB 求解微分方程的各种工具．下面，我们给出如何利用微分方程知识建立数学模型的几种方法．

7.1　建立微分方程模型的方法

7.1.1　利用规律或题目隐含的等量关系建立微分方程模型

利用数学、物理、化学等学科中的定理或经过实验检验的规律等来建立微分方程模型，如力学中的牛顿第二运动定律，电学中的基尔霍夫定律，热学中的冷却定律等．从这些知识出发我们可以建立相应的微分方程模型．当然题目本身也可能隐含着一些等量关系，这也是我们建立微分方程模型的基础．

7.1.2　利用导数的定义建立微分方程模型

导数是微积分中一个基础而又重要的概念，其定义为

$$\frac{\mathrm{d}y}{\mathrm{d}x}=\lim_{\Delta x\to 0}\frac{\Delta y}{\Delta x},$$

商式 $\Delta y/\Delta x$ 表示函数增量与自变量的改变量的比值，就是函数的瞬时平均变化率，故导数就是函数的变化率. 函数在某点的导数，就是函数在该点的变化率. 由于现实中很多事物都在随时间不停地发展变化，而变化就必然有变化率，因此常用导数来建立描述研究对象变化规律的微分方程模型.

一个典型例子就是考古学中文物年代的测定，通常是考察其中的放射性物质（如镭、铀等）的裂变情况. 科学家已经证明放射性物质裂变速度（单位时间裂变的质量，即其变化率）与其存余量成正比. 假设某时刻 t 该放射性物质的存余量 x 是 t 的函数，由裂变规律可以建立微分方程模型

$$\frac{\mathrm{d}x}{\mathrm{d}t}=-kx,$$

其中 k 是正比例常数（$k>0$），与放射性物质本身有关. 求解该模型得 $x=ce^{-kt}$，其中 c 是由初始条件确定的常数. 从这个关系式出发，不难计算出该文物的绝对年龄的近似值.

另外，在经济学领域中，导数概念也有着广泛的应用. 通常将各种函数的导函数（函数变化率）称为该函数的边际函数，从而得到经济学中的边际分析理论.

7.1.3　利用微元法建立微分方程模型

利用已知的定理与规律寻找微元之间的关系式也是建立微分方程模型的重要手段，与第一种方法不同的是，对微元而不是直接对函数及其导数应用规律. 微元法是科学研究中的常用方法，是从部分到整体的思维方法. 一般地，如果某一实际问题中所求的变量 I 符合以下条件，就可以考虑利用微元法来建立微分方程模型：I 是与一个变量 x 的变化区间 $[a,b]$ 有关的量；I 对于区间 $[a,b]$ 具有可加性；部分量 ΔI_i 的近似值可用 $f(\xi_i)\Delta x_i$ 表示. 微元法的步骤可描述为：首先根据问题的具体情况，选取一个变量，如 x 为自变量，并确定其变化区间 $[a,b]$；在区间 $[a,b]$ 中随便选取一个任意小的区间并记作 $[x,x+\mathrm{d}x]$，求出相应于这个区间的部分量 ΔI 的近似值. 如果 ΔI 能近似地表示为 $[a,b]$ 上的一个连续函数在 x 处的值 $f(x)$ 与 $\mathrm{d}x$ 的乘积，我们就把 $f(x)\mathrm{d}x$ 称为量 I 的微元且记作 $\mathrm{d}I$. 于是可以建立该问题的微分方程模型 $\mathrm{d}I=f(x)\mathrm{d}x$. 对于比较简单的问题，两边积分就可以求解该模型.

微元法被广泛应用于各种领域，例如，在几何上求曲线的弧长、平面图形的面积、旋转曲面的面积、旋转体体积、空间立体体积；代数方面求近似值；物理

上求变力做功、压力、平均值、静力矩与重心等. 这些问题都可以先建立它们的微分方程模型, 然后求解.

7.1.4 模拟近似法

在生物、经济等学科的实际问题中, 许多现象的规律性不是很清楚, 即使有所了解也是极其复杂的, 建模时在不同的假设下去模拟实际的现象, 建立能近似反映问题的微分方程, 然后从数学上求解或分析微分方程解的性质, 再去同实际情况对比, 检验此模型能否刻画、模拟某些实际现象.

7.2 简单的微分方程模型

案例 7.1 理想单摆运动的周期.

数学摆是系于一根长度为 l 的线上质量为 m 的质点 M. 在重力作用下, 它在垂直于地面的平面上做圆周运动, 如图 7.1 所示. 试确定摆的运动周期.

模型建立与求解: 取反时针运动方向为计量摆与铅垂线所成的角 φ 的正方向. 从图中不难看出, 小球所受的合力为 $mg\sin\varphi$, 则由牛顿第二定律, 得到摆的运动方程为(线加速度＝角加速度×半径)

图 7.1 数学摆示意图

$$ml\frac{\mathrm{d}^2\varphi}{\mathrm{d}t^2}=-mg\sin\varphi.$$

即

$$\frac{\mathrm{d}^2\varphi}{\mathrm{d}t^2}=-\frac{g}{l}\sin\varphi.$$

这是理想单摆的运动方程, 当摆只是微小振动, 即 $|\varphi|$ 比较小时, 可以取 $\sin\varphi$ 的近似值 φ 代入上式, 这样就得到微小振动时摆的运动方程

$$\begin{cases}\dfrac{\mathrm{d}^2\varphi}{\mathrm{d}t^2}=-\dfrac{g}{l}\varphi \\ \varphi'(0)=0, \quad \varphi(0)=\varphi_0 \end{cases},$$

解得

$$\varphi(t)=\varphi_0\cos\omega t,$$

其中 $\omega=\sqrt{\dfrac{g}{l}}$. 显然当 $t=\dfrac{T}{4}$ 时, $\varphi(t)=0$, 故有

$$\sqrt{\frac{g}{l}}\cdot\frac{T}{4}=\frac{\pi}{2},$$

则

$$T = 2\pi\sqrt{\frac{l}{g}}\ .$$

这就是我们在中学学习的理想单摆在微小振动时的周期公式. 如果单摆是在一个有阻力的介质中摆动或有其他外部阻力存在，则摆的运动方程中合外力将相应改变.

案例 7.2　断代问题.

问题描述：在巴基斯坦一个洞穴中，考古学家发现了古代的人骨碎片，通过做 C^{14}（碳 14）年代测定，科研人员发现古尸中 C^{14} 与 C^{12} 的比例仅仅是活体组织内的 6.24%，能否判断此人生活在多少年前？

方法原理：测定文物年代的最精确的方法之一就是 C^{14} 年代测定方法，该方法是 1949 年美国芝加哥大学的 Willard F. Libby 发现的，是考古工作者研究断代的重要手段之一. 这种方法的依据主要是宇宙线中子穿过大气层时撞击空气中的氮核，引起核反应而生成具有放射性的 C^{14}. 从古至今，C^{14} 不断产生，同时其本身又在不断的放出 β 射线而裂变为氮. 大气中 C^{14} 处于动态平衡状态，C^{14} 被植物吸收，这些植物又被动物吃下，经过一系列交换过程进入活体组织，直到在生物体内达到平衡浓度，即在活体中，C^{14} 的数量与稳定的 C^{12} 的数量成定比，生物体死亡后，交换过程停止，放射性碳便按照放射性元素裂变规律衰减，裂变速率与剩余量成正比，比例系数约为 1/8000.

模型建立与求解：设 t 为死后年数，对应的 C^{14} 与 C^{12} 的量分别为 $x_1(t)$ 与 $x_2(t)$，则

$$y(t) = \frac{x_1(t)}{x_2(t)}\ ,$$

当 $t=0$ 时，$y=y_0$ 即活体中 C^{14} 与 C^{12} 数量的比例，由裂变速率与剩余量成正比可得如下微分方程：

$$\frac{\mathrm{d}x_1}{\mathrm{d}t} = -\frac{x_1}{8000}\ ,$$

即

$$\frac{\mathrm{d}y}{\mathrm{d}t} = -\frac{y}{8000}\ ,$$

求解，得

$$y = c\mathrm{e}^{-\frac{t}{8000}}\ ,$$

带入初值有

$$y = y_0\mathrm{e}^{-\frac{t}{8000}}\ .$$

当 $y=0.0624y_0$ 时，求得 $t = -8000\ln 0.0624 \approx 22194$ 年，此即所求死亡年数.

年代测定的修订：1966 年，耶鲁实验室的 Minze Stuiver 和加利福尼亚大学圣地亚哥分校的 Hans E. Suess 在其研究成果中指出：在 2500～10000 年前这段时间中测得的结果有差异，其原因在于那个年代宇宙射线的放射性强度减弱了，偏差的峰值发生在大约 6000 年以前. 为了解决这个问题，他们提出了一个误差公式，用来校正根据碳测定出的 2300～6000 年前这期间的年代：

$$真正的年代 = C^{14}年代 \times 1.4 - 900 .$$

因此校正后此人生活的年代约为 30171 年以前.

案例 7.3 GDP 预测.

问题描述：1998 年我国的国内生产总值（GDP）为 84402.3 亿元，假如我国能保持每年平均 9.5%左右的相对增长率，问到 2020 年我国的 GDP 是多少？

模型建立与求解：记 $t=0$ 代表 1998 年，并设第 t 年我国的 GDP 为 $P(t)$. 由题意知，从 1998 年起，$P(t)$ 的相对增长率为 9.5%，易得如下初值问题

$$\begin{cases} \dfrac{\mathrm{d}P(t)}{\mathrm{d}t} = 0.095P(t) \\ P(0) = 84402.3 \end{cases},$$

分离变量，两边同时积分，化简得

$$P(t) = c\mathrm{e}^{0.095t} ,$$

代入初值得 $c=84402.3$，所以从 1998 年起第 t 年我国的 GDP 为 $p(t)=84402.3\mathrm{e}^{0.095t}$，将 $t=22$ 代入，得到 2020 年我国的 GDP 的预测值为 $P(22) \approx 682390$ 亿元.

注：由于影响 GDP 增长的因素很多，况且每年的增长率也不可能相同，所以上述预测只是一种非常粗糙的估计. 事实上，近年来我国经济总体上呈现快速发展趋势，经济增长率曾一度达到 14%，但随着发展程度不断提升，增速将逐渐放缓.

案例 7.4 水库污染问题.

问题描述：某水库蓄有 90000t 不含有害物质的无污染清水，从时间 $t=0$ 开始，含有害物质 6%的污水不断流入该水库. 流入的速度为 5 t/min，在水库中充分混合（不考虑沉淀和化学反应）后又以 5 t/min 的速度流出水库. 问经过多长时间后水库中有害物质的浓度达到 1%？水库中有害物质的浓度会不会无限增长？

模型建立与求解：设在时刻 t 水库中有害物质的含量为 $q(t)$，此时水库中有害物质的浓度为 $q(t)/90000$. 由于水库的水量在整个过程是恒定的，根据基本关系：单位时间内有害物质的变化量＝单位时间内流进水库的有害物质的量－单位时间内流出水库的有害物质的量，于是可以建立如下微分方程模型

$$\frac{\mathrm{d}q(t)}{\mathrm{d}t}=\frac{6}{100}\times5-\frac{q(t)}{90000}\times5=\frac{3}{10}-\frac{q(t)}{18000},$$

初始条件为 $q(0)=0$.

上述方程分离变量得

$$\frac{\mathrm{d}q(t)}{q(t)-5400}=-\frac{1}{18000}\mathrm{d}t,$$

积分得 $q(t)=5400+Ce^{-\frac{t}{18000}}$. 带入初始条件 $t=0$，$q=0$ 得 $C=-5400$，故

$$q(t)=5400\left(1-e^{-\frac{t}{18000}}\right).$$

水库中有害物质浓度达到 1% 时，应有 $q(t)=90000\times1\%=900$ (t)有害物质，由此解得 $t\approx3281.8\,\mathrm{h}$. 即经过 136 天后，水库中有害物质浓度达到 1%. 由于 $\lim\limits_{t\to+\infty}q(t)=5400$，所以水库中有害物质的最终浓度为 6%，即有害物质的浓度不会无限增长.

案例 7.5　刑事侦察中死亡时间鉴定.

问题描述：警察于清晨 7:10 在一所住宅内发现一具尸体，测得尸体温度是 25℃，当时环境温度是 18℃，一小时后再次测量，尸体温度下降为 22℃，若人的正常体温是 37℃，请协助警察估计死者的死亡时间.

方法原理：Newton 冷却定律指出物体在空气中冷却的速度与物体温度和空气温度之差成正比，现将 Newton 冷却定律应用于刑事侦察中死亡时间的鉴定.

模型建立与求解：设环境温度、人体正常体温分别为 T_1 和 T_0，t 时刻尸体的温度为 $T(t)$（t 从被谋杀后计）. 则运用 Newton 冷却定律得 $T'(t)=k(T_1-T(t))$，解该方程得通解为

$$T(t)=T_1+(T_0-T_1)e^{-kt}.$$

将题目提供的测量数据代入，得方程组

$$\begin{cases}18+(37-18)e^{-kt}=25\\18+(37-18)e^{-k(t+1)}=22\end{cases}.$$

解得 $e^{-kt}=7/19$ 和 $e^{-k(t+1)}=4/19$，则 $e^k=7/4$. 计算得

$$t=\frac{\ln19-\ln7}{\ln7-\ln4}\approx1.7843\,(\mathrm{h}).$$

该时间是死者从死亡起到尸体被发现所经历的时间，因此反推回去可推测死者的死亡时间大约是凌晨 5:23.

注：该案例和案例 7.2 虽然都是对死亡时间的测定，用的也是微分方程工具，但两者所用到的科学原理却是截然不同的，一个是放射性元素的裂变规律，一个

是 Newton 冷却定律. 显然该方法只适用于生物体死亡时间较短的情况.

案例 7.6　人口增长的 Logistic 模型.

人口问题是当前世界上人们最关心的问题之一. 由于土地、矿产、能源和食品等各方面资源越来越紧缺, 同时人口不断膨胀, 所以严格控制人口增长已经是我国乃至整个世界面临的一项重要而紧迫的任务, 事实上我国早在 70 年代就提出了计划生育政策, 以控制人口增长, 提高人口素质, 该政策已经成为我国一项长期的基本国策. 目前, 我国的人口总数已达到近 14 亿, 近几年来每年新增人口仍在一千多万以上, 相当于一个中等国家的人口, 这给国家的经济建设、社会发展和人民生活的改善带来极大的压力和困难. 因此科学合理的描述人口的增长规律, 预测一定时期人口数量变化规律对于制定相关政策有着非常重要的现实意义. 下面介绍一些基本的人口模型.

1. Malthus（马尔萨斯）模型

模型假设：

1）人口净增长率是常数, 或单位时间内人口的增长量与当时的人口成正比.

2）人口初值设为 N_0, 人口数量非常大, 因此可以看作随时间是连续变化的.

3）人口在空间分布均匀, 没有迁入和迁出, 或迁入和迁出平衡.

4）不考虑环境资源对人口增长的影响.

参数说明： t 为自变量, $N(t)$ 为 t 时刻的人口数量, r 为人口净增长率.

模型的建立与求解： 由上述假设, 时间 t 到 $t+\Delta t$ 内人口的增量为

$$N(t+\Delta t)-N(t)=rN(t)\Delta t,$$

令 $\Delta t \to 0$, 则得到微分方程

$$\frac{\mathrm{d}N(t)}{\mathrm{d}t}=rN(t),\tag{7.1}$$

满足初始条件 $N(0)=N_0$ 的解为

$$N(t)=N_0\mathrm{e}^{rt}.$$

则 $r>0$ 时, 有 $\lim\limits_{t\to+\infty}N(t)=+\infty$；$r=0$ 时, 有 $\lim\limits_{t\to+\infty}N(t)=N_0$；$r<0$ 时, 有 $\lim\limits_{t\to+\infty}N(t)=0$.

显然根据 Malthus 模型, 人口数量将按照指数规律趋于无穷大, 这是不可能的. 事实上, 指数模型与 19 世纪以前欧洲一些地区人口统计数据比较吻合, 适用于 19 世纪后迁往加拿大的欧洲移民后代, 但不符合 19 世纪后多数地区人口增长规律. 该模型可用于短期人口增长预测, 不能预测较长期的人口增长过程. 其原因是, 在人口增长的初期, 种群规模较小, 有足够的生存空间、足够的食物, 彼此间没有利益冲突. 但随着人口规模的逐渐扩大, 对有限的空间、食物和其他生

存必须条件的竞争越来越激烈，这必然影响人口的出生率和死亡率，从而降低实际增长率，因而在上述模型中假设增长率为常数，资源无限是不合理的．为此学者们提出了下面改进的人口模型．

2. Logistic（逻辑斯蒂）模型

由于人口增长到一定数量后，资源、环境等因素对人口增长起到阻滞作用，且阻滞作用随人口数量增加而变大，也就是说增长率是 $N(t)$ 的减函数，为了简化问题，不妨假设增长率与 $N(t)$ 是线性关系，表示为

$$r(N)=r-sN \quad (r>0，s>0)，\tag{7.2}$$

这里 r 是固有增长率，可理解为人口增长初期的增长率．为了确定参数 s，荷兰生物学家 Verhulst 引入参数 N_m 表示自然资源和环境条件所能容纳的最大人口，则有 $r(N_m)=0$，即 $r-sN_m=0$，则有 $s=r/N_m$，则式（7.2）变成

$$r(N)=r\left(1-\frac{N}{N_m}\right)，$$

代入式（7.1）有

$$\begin{cases} \dfrac{\mathrm{d}N}{\mathrm{d}t}=rN\left(1-\dfrac{N}{N_m}\right) \\ N(0)=N_0 \end{cases}\tag{7.3}$$

该模型称为 Logistic 方程．显然方程（7.3）既是可分离变量方程，又是贝努利型方程．容易求得其解为

$$N(t)=\frac{N_m}{1+\left(\dfrac{N_m}{N_0}-1\right)\mathrm{e}^{-rt}}．\tag{7.4}$$

显然 $r>0$ 时，有 $\lim\limits_{t\to+\infty}N(t)=N_m$．为了直观理解 Logistic 增长模型的性质，我们取参数的一组特殊值 $N_m=20$ 亿，$N_0=0.3$ 亿，$r=0.2$ 绘出 Logistic 模型（7.4）的图形，在 MATLAB 中输入代码：

```
f=inline('100/(1+(100/3-1)*exp(-0.2*t))');
%定义 Logistic 模型函数
ezplot(f,[0,50])
xlabel('t')
ylabel('N')
```

输出结果如图 7.2 所示．

从图 7.2 中可以看出 Logistic 模型（7.4）的图形是一条 S 形曲线，人口数量开

始快速增长，随后增速减缓，直至人口数量趋于最大容量时不再增长. 由方程（7.3）易知，人口增长最快，即 dN/dt 最大的时候是 $N=N_m/2$ 时，此时拐点出现.

图 7.2 Logistic 模型的 S 形曲线

3. 改进的 Logistic 增长模型

增长率与 $N(t)$ 是线性关系的假设不是必须的，这只是增长率是人口数量的减函数的最简情形，在某些情况下该假设未必合理. 为此下面给出了非线性的增长率函数

$$r(N)=r(1-\log_{N_m} N) ,$$

这里 N_m 和 r 的含义同前. 显然当人口数量达到最大值时，$r(N_m)=0$，这符合阻滞增长的特点. 根据单位时间人口增长量等于增长率乘以人口数量的基本关系，得到如下对数型 Logistic 方程：

$$\begin{cases} \dfrac{dN}{dt}=r(1-\log_{N_m} N)N \\ N(0)=N_0 \end{cases} .$$

求解该微分方程模型得

$$N(t)=N_m \cdot \left(\dfrac{N_0}{N_m}\right)^{e^{-\frac{rt}{\ln N_m}}} \tag{7.5}$$

式（7.5）称为改进的 Logistic 模型.

因为 $r>0$，且 N_m 充分大，易知 $\lim\limits_{t\to +\infty} e^{-\frac{rt}{\ln N_m}}=0$，即 $\lim\limits_{t\to +\infty} N(t)=N_m$，说明该模型在人口数量达到一定程度以后趋于稳定，即达到最大容量，其阻滞作用明显.

Logistic 模型及改进形式对不同地区人口数量的拟合效果是比较理想的，这一

点本书在第 10 章数据拟合部分还要特别提到. 不仅如此, 该模型还适用于一般生物种群的生长变化规律, 1945 年克龙比克（Crombie）做了一个人工饲养小谷虫的实验, 数学生物学家高斯（Gauss）也做了一个原生物草履虫实验, 实验结果都和 Logistic 曲线吻合得很好. 大量实验资料表明用 Logistic 模型及其改进形式来描述种群的增长规律, 效果是比较理想的, 同时该模型在社会经济学领域也有广泛而重要的应用.

7.3　建筑物高度的估计

问题描述：随着经济的迅速发展, 城市建筑物越来越高, 地标性建筑不断涌现, 如上海的金茂大厦、阿联酋的迪拜塔、美国的帝国大厦等. 假如你现在站在某幢建筑物楼顶, 并随身携带一只秒表, 你想通过扔下一块石头听回声的方法来估计建筑物的高度. 假定地面平坦、坚硬且没有行人, 从扔下石头到听到回声按下秒表的时间为 5s, 问能否由此计算出建筑物的高度, 该方法是否合理？

问题分析与求解：该方法的原理是先用秒表计量出石块下落的时间, 再利用经典运动学规律求解石块的下落高度. 为了简化问题, 假设石块下落初速度为 0, 下落过程不考虑风的影响以及和墙壁可能碰撞而发生路径改变的情况, 也就是说石块是垂直下落的. 下面分几种情况估算建筑物高度并逐步优化结果.

情形 1　不考虑空气阻力的影响, 可以直接利用自由落体运动的公式 $h = gt^2/2$ 来计算. 根据 $t = 5$ s 及重力加速度 $g = 9.8$ m/s^2, 可求得 $h \approx 122.5$ m. 该结果是自由落体情况下的理想结果, 因为没有考虑任何阻力因素, 这在现实中是不可能的, 所以这个结果是非常粗糙的, 实际结果应该小于该值. 下面考虑空气阻力的作用.

情形 2　除地球引力外, 石块下落过程中还受到空气的阻力. 根据流体力学知识, 空气阻力同石块下落的速度成正比, 阻力系数设为常数 δ, 石块质量为 m, 由牛顿第二定律可得

$$F = mg - \delta v = m\frac{dv}{dt}.$$

令 $k = \delta/m$, 求出该一阶线性方程的解为

$$v = c_1 e^{-kt} + \frac{g}{k}.$$

代入初始条件 $v(0) = 0$, 得 $c_1 = -g/k$, 故有

$$v = \frac{g}{k} - \frac{g}{k}e^{-kt}.$$

积分得

$$h=\frac{g}{k}t+\frac{g}{k^2}\mathrm{e}^{-kt}+c_2.$$

代入初始条件 $h(0)=0$，得到计算建筑物高度的公式：

$$h=\frac{g}{k}t+\frac{g}{k^2}\mathrm{e}^{-kt}-\frac{g}{k^2}=\frac{g}{k}\left(t+\frac{1}{k}\mathrm{e}^{-kt}\right)-\frac{g}{k^2}. \tag{7.6}$$

注：将 e^{-kt} 用泰勒公式展开，并令 $k\to0^+$，即可得出前面不考虑空气阻力时的结果.

假设 $k=0.1$ 并仍取 $t=5\,\mathrm{s}$，则可求得 $h\approx104.4\,\mathrm{m}$. 该方法由于考虑了空气阻力，结果相对情形 1 的结论已有明显改进，但还是有不足，原因在于忽略了人听到声音的误差.

情形 3   由于听到回声再按秒表，计算得到的时间中包含了反应时间，所以计算结果还不准确. 心理学家认为一般正常人的反应时间为 0.15～0.4 s，这里不妨设平均反应时间为 0.2 s，将 $t=5\,\mathrm{s}$，扣除反应时间后应为 4.8 s，代入式（7.6），求得 $h\approx96.81\,\mathrm{m}$. 该结果比前两个结果又改进了不少，但是否为最后的结果呢？

情形 4   事实上，在情形 3 中还忽略了回声传回来所需要的时间. 也就是说石块下落的真正时间应该为 $t-t_1$，这里 $t=4.8\,\mathrm{s}$，t_1 为声音传回来的时间，即高度 h 和声音传播速度的比值，于是可建立如下方程：

$$h=\frac{g}{k}\left(t-\frac{h}{340}+\frac{1}{k}\mathrm{e}^{-k\left(t-\frac{h}{340}\right)}\right)-\frac{g}{k^2}.$$

该方程是非线性的，用 MATLAB 中的迭代算法可以求出近似解为 $h\approx87.41\,\mathrm{m}$. 但是作为估算，去解一个复杂的非线性方程显然没有必要. 事实上，相对于石块下落速度，声音速度要快得多，我们可用情形 3 求出的高度 $h\approx96.81\,\mathrm{m}$，计算声音传播时间 $t_1\approx0.285\,\mathrm{s}$，得到石块真正下落时间 $t\approx4.515\,\mathrm{s}$，将 t 代入式（7.6）再算一次，得出建筑物的高度近似值为 $h\approx86.42\,\mathrm{m}$.

情形 4 的结果已经比较好了，但仍然不是完美的解答. 因为空气密度随着高度增加会越来越小. 这样空气的阻力系数和声音在不同介质中传播速度也不一样，所以要想得到更精确的结果，考虑的因素还很多，这里就不再深入讨论.

注：该问题的解答从最简单的运动学规律到微分方程知识、级数理论，再到非线性方程求解，涉及微积分、微分方程和计算方法等多学科知识，体现了从简单到复杂，从模糊到清晰的分析解题过程，较好地体现了数学建模的思路和一般方法.

7.4   天然气产量和储量的预测问题

问题描述：天然气资源是我们生产生活中离不开的重要能源. 随着经济的快速增长，社会各个行业对能源的依赖越来越强，需求越来越大. 但是任何天然资源都是有限的，不可能取之不尽、用之不竭. 所以科学分析油气田的储量，合理开发利用油气资源就显得非常重要. 表 7.1 给出了某油气田 20 世纪连续 20 个年度的产气量数据，试建立数学模型对该油气田的产量进行预测，并评价预测的效果.

表 7.1　某油气田连续 20 个年度的产气量数据

单位：$10^8 m^3$

年份	1957	1958	1959	1960	1961	1962	1963
产量	19	43	59	82	92	113	138
年份	1964	1965	1966	1967	1968	1969	1970
产量	148	151	157	158	155	137	109
年份	1971	1972	1973	1974	1975	1976	
产量	89	79	70	60	53	45	

模型假设与符号说明：

1）假设产气量数据是油气田正常情况下的真实产量，无人为因素影响.

2）假设油气田的可采储量足够大，可采时间足够长.

3）记 $N(t)$ 为油气田到 t 年的累积产量，$Q(t)$ 为油气田第 t 年的产量，$r(t)$ 为油气田第 t 年的增长率（在 $N(t)$ 基础上），N_m 为油气田可采储量，t_m 为对应的可采时间.

问题分析与模型建立：先利用 20 个年度的产气量数据在 MATLAB 中绘制出产量随时间变化的散点图以及增长率曲线，程序代码如下：

```
year=1:1:20;
data=[19.0,43.0,59.0,82.0,92.0,113.0,138.0,148.0,151.0,157.0,
158.0,155.0,137.0,109.0,89.0,79.0,70.0,60.0,53.0,45.0];
r=[];N=[];
for i=1:length(data)
    N(i)=sum(data(1:i));              %计算各年度累积产量
    r(i)=data(i)./ N(i);             %计算年度增长率
end
plot(year,N,'o')
xlabel('t'); ylabel('N(t)')
pause
plot(year,r,'-o')
xlabel('t');ylabel('r(t)')
```

输出结果如图 7.3 和图 7.4 所示.

图 7.3   各年累积产气量散点图   图 7.4   各年度的增长率

综合图 7.3 和图 7.4 反映的趋势和规律，发现产气量的增长率逐渐降低，即增长率 r 是 t 的减函数. 累积产量虽不断增加，但增长速度逐渐减弱，所以考虑将指数增长模型用于油气产量预测. 从而得到油气田的累积产量 $N(t)$ 与开发时间 t 的关系：

$$\frac{\mathrm{d}N(t)}{\mathrm{d}t}=r(t)N(t) . \tag{7.7}$$

如果开发时间 t 以年为单位，则油气田的年产量 $Q(t)=\dfrac{\mathrm{d}N(t)}{\mathrm{d}t}$，式（7.7）可改写成

$$\frac{Q(t)}{N(t)}=r(t) .$$

要想预测油气田的产量，就必须确定油气产量的增长率 $r(t)$ 的表达式，根据图 7.4 中增长率曲线的变化趋势，可以考虑用负指数函数、反比例函数等近似表示. 这里考虑如下经验模型

$$r(t)=a\mathrm{e}^{-bt} , \tag{7.8}$$

其中，a，b 是待估计的参数. 于是可建立如下微分方程模型

$$\begin{cases} \dfrac{\mathrm{d}N(t)}{\mathrm{d}t}=a\mathrm{e}^{-bt}N(t) \\ N(t_m)=N_m \end{cases} .$$

这是一阶线性齐次微分方程，其解为

$$N(t)=N_m\mathrm{e}^{\frac{a}{b}(\mathrm{e}^{-bt_m}-\mathrm{e}^{-bt})} . \tag{7.9}$$

根据假设，t_m 很大，则 e^{-bt_m} 应该很小，可以忽略不计. 所以由式（7.9）得到预测油气田累积产量的近似模型为

$$N(t)=N_m\mathrm{e}^{-\frac{a}{b}\mathrm{e}^{-bt}} . \tag{7.10}$$

对式（7.10）求导，即得油气田第 t 年产量的预测模型为

$$Q(t) = a \cdot N_m \cdot e^{-\frac{a}{b} e^{-bt} - bt}. \qquad (7.11)$$

为了确定油气田的可采储量 N_m，对式（7.10）两边取自然对数得线性方程

$$y(t) = \alpha + \beta x(t), \qquad (7.12)$$

其中

$$x(t) = e^{-bt}, \quad y(t) = \ln N(t), \quad \alpha = \ln N_m, \quad \beta = -\frac{a}{b}.$$

模型求解：

1）对式（7.8）两边取自然对数得 $s(t) = A + Bt$，其中 $s(t) = \ln r(t)$，$A = \ln a$，$B = -b$. 根据油气田实际生产数据，利用线性拟合计算出截距 A 和斜率 B，进而计算出 a、b 之值.

2）计算出不同时间的 $x(t) = e^{-bt}$ 和 $y(t) = \ln(N(t))$，在式（7.12）中对 $y(t)$ 与 $x(t)$ 进行线性回归，求得截距 α 和斜率 β.

3）再由式（7.12）中关系式 $\alpha = \ln N_m$ 计算出油气田的可采储量 $N_m = e^{\alpha}$.

4）将 a、b 和 N_m 的值代入式（7.10）和式（7.11），即得预测油气田的累积产量和年产量的计算公式.

5）利用所得公式，计算各个年份累积产量 $N(t)$ 和年产量 $Q(t)$ 的预测值.

MATLAB 程序代码如下：

```
clear;clc;
year=1:1:20;
%年份1957年记为1,1976年记为20
data=[19.0,43.0,59.0,82.0,92.0,113.0,138.0,148.0,151.0,157.0,
158.0,155.0,137.0,109.0,89.0,79.0,70.0,60.0,53.0,45.0];
r=[];N=[];s=[];
for i=1:length(data)
    N(i)=sum(data(1:i));                 %各年累计产量
    r(i)=data(i)./N(i);                  %各年增长率
    s(i)=log(r(i));                      %计算增长率的对数值
    y(i)=log(N(i));                      %计算累计产量的对数值
end
%线性拟合估计参数a,b
aa=polyfit(year,s,1)
z=polyval(aa,year);
plot(year,z,'r-',year,s,'o')
```

```
pause
a=exp(aa(2));b=-aa(1);
%线性拟合估计 Nm
for i=1:length(data)
        x(i)=exp(-b*year(i));                        %计算 x(t)=exp(-bt)
end
bb=polyfit(x,y,1)
Nm=exp(bb(2));                                        %计算油气田的可采储量
%产量预测
Q_year=a*Nm*exp(-a/b*exp(-b*year)-b*year)   %年产量 Q 的预测值
plot(year,Q_year,'r-',year,data,'o')
%年产量预测值与实际值对比图
xlabel('t');ylabel('Q(t)');
pause
N_year=Nm*exp(-a/b*exp(-b*year))              %油气田的累积产量预测值
plot(year,N_year,'r-',year,N,'o');
%累积产量预测值与实际值对比图
xlabel('t');ylabel('N(t)');
```

结果分析: 程序输出各对比效果图分别如图 7.5 和图 7.6 所示. 从图 7.5 中可以看出产量预测值与实际值对比显示模型拟合效果良好,基本上反映了数据的变化趋势. 从图 7.6 中可见累积产量预测值与实际值在前期拟合效果非常好,后期略有偏差,总体效果比较理想.

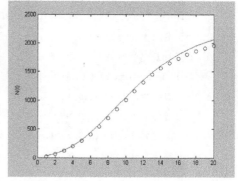

图 7.5 年产量预测值与实际值对比图　　　图 7.6 累积产量预测值与实际值对比图

表 7.2 给出了年产量和累积产量预测值的具体计算结果,并与实际值做了对照,从表中可以看出,预测结果基本上是令人满意的.

表 7.2　实际值与预测值对照表

年份	$Q/(10^8\text{m}^3/\text{年})$		$N/10^8\text{m}^3$	
	实际值	预测值	实际值	预测值
1957	19	26.647	19	33.743
1958	43	45.456	62	69.355
1959	59	68.603	121	126.116
1960	82	93.526	203	207.158
1961	92	117.186	295	312.742
1962	113	136.898	408	440.203
1963	138	150.896	546	584.621
1964	148	158.490	694	739.850
1965	151	159.934	845	899.544
1966	157	156.114	1002	1057.959
1967	158	148.241	1160	1210.421
1968	155	137.579	1315	1353.513
1969	137	125.280	1452	1485.035
1970	109	112.297	1561	1603.847
1971	89	99.350	1650	1709.643
1972	79	86.946	1729	1802.730
1973	70	75.408	1799	1883.825
1974	60	64.913	1859	1953.895
1975	53	55.534	1912	2014.024
1976	45	47.265	1957	2065.332

　　根据上述方法, 我们还可以预测该油气田未来的可开采时间及相应产量. 根据前面计算的参数结果和式 (7.11), 在 MATLAB 中定义函数如下:

```
function y=oil(t)
a=0.9515;b=0.1864;Nm=2335.2;
y=a*Nm*exp(-a/b*exp(-b*t)-b*t)-1;    %定义年产量为 1 时对应的代数方程
```

执行命令:

```
tm=fsolve('oil',30)
```

可得 tm = 41.3296.

　　也就是说, 再过 20 年左右, 该油气田的产量将萎缩至 1 亿 m^3 以下; 若将 1 改成 10, 则可得 8 年后年产量将低于 10 亿 m^3.

　　上面这些案例虽然建立的模型都涉及微分方程, 但基本上都是线性常系数方程或变量分离方程,用初等积分法往往可以直接求解,所以从某种程度上说以上这些案例亦可看作初等模型. 然而现实中有很多常微分方程、方程组的求解是繁琐的,甚至根本无法求出解析表达式,这时依靠人力可能根本不能解决问题,那么借助计算机来辅助求解和近似计算就显得很有必要了.

7.5 求解微分方程的 MATLAB 工具简介

MATLAB 给我们提供了强大的微分方程求解工具,它主要包括常微分方程、方程组求解析解和数值解.

1. 常微分方程的符号解

dsolve( )函数的调用格式为

```
dsolve('方程1','方程2',…,'方程n','初始条件','自变量')
```

说明 求 n 个微分方程构成的方程组的符号解(解析解). 在表达微分方程时,用字母 D 表示求微分,D2、D3 等表示求高阶微分. 任何 D 后所跟的字母为因变量,自变量可以指定或由系统规则选定为默认.

例 7.1 求解下列方程.

1) $y''=y'+e^{2x}$;

2) $(y')^2+y^2=1$;

3) $t^2x''-4tx'+6x=t\ln t$;

4) $y''=-a^2y,\ y(0)=1,\ y'(\pi/a)=0$.

解 依次输入命令:

```
>> D1=dsolve('D2y=Dy+exp(2*x)')
   D2=dsolve('(Dy)^2+y^2=1')
   D3=dsolve('t^2*D2x-4*t*Dx+6*x=t*ln(t)','t')
   D4=dsolve('D2y=-a^2*y','y(0)=1','Dy(pi/a)=0')
```

输出结果:

```
D1=
   -exp(2*x)*t+C1+C2*exp(t)
D2=
   [      1]
   [     -1]
   [ -sin(t-C1)]
   [  sin(t-C1)]            %说明该方程有 4 个解
```

```
D3=
    1/4*t*(2*log(t)+3)+C1*t^2+C2*t^3
D4=
     cos(a*t)
```

例 7.2　求解一阶线性方程组 $\begin{cases} x'=x-y \\ y'=x \end{cases}$.

解　输入命令：

```
>> [x,y]=dsolve('Dx=x-y','Dy=x')
```

输出结果：

```
x=
1/3*exp(1/2*t)*(3*C1*cos(1/2*t*3^(1/2))+3^(1/2)*sin(1/2*t*3^
(1/2))*C1-2*3^(1/2)*sin(1/2*t*3^(1/2))*C2)
y=
1/3*exp(1/2*t)*(2*3^(1/2)*sin(1/2*t*3^(1/2))*C1+3*C2*cos(1/2*
t*3^(1/2))-3^(1/2)*sin(1/2*t*3^(1/2))*C2).
```

2. 微分方程数值求解

在生产和科研中所遇到的微分方程（组）往往很复杂且大多得不出解析解. 而且实际问题一般带有初值，所以一般是要求得到解在若干个点上满足特定精度要求的近似值，或者得到一个满足精确度要求的便于计算的表达式，这就是微分方程（组）的数值求解. 数值求解的方法主要有 Euler 法、龙格-库塔法、线性多步法等方法. 关于这些方法的原理和详细推导详见计算数学相关内容，这里不做介绍. 我们的侧重点是如何掌握利用 MATLAB 工具对给定的方程求出相应的数值解，并学会对结果进行必要的分析.

solver( )函数的命令为 ode45，ode23，ode113，ode15s，ode23s，ode23t，ode23tb 等. 其调用格式为

```
[t, x]=solver('f',ts,x0,options)
    % t 为自变量,x 为函数值,f 为由待解方程(组)写成的 M 文件名(外部函数),ts=[t0,
tf],t0,tf 为自变量的初值和终值,x0 为函数的初值,options 用于设定误差限
```

说明　1）在解 n 个未知函数的方程组时，x_0 和 x 均为 n 维向量，M 文件中的待解方程组应以 x 的分量形式写成.

2）使用 MATLAB 软件求数值解时，高阶微分方程必须等价地变换成一阶微

分方程组.

3）因为没有一种算法可以有效地解决所有的 ODE 问题，为此 MATLAB 提供了多种求解器 Solver，对于不同的 ODE 问题，采用不同的 Solver，具体见表 7.3.

表 7.3　不同求解器 Solver 的特点

求解器 Solver	ODE 类型	特点	说明
ode45	非刚性	一步算法，4、5 阶 Runge-Kutta 方程，累计截断误差达 $(\Delta x)^3$	大部分场合的首选算法
ode23	非刚性	一步算法，2、3 阶 Runge-Kutta 方程，累计截断误差达 $(\Delta x)^3$	使用于精度较低的情形
ode113	非刚性	多步法，Adams 算法，高低精度均可到 $10^{-3} \sim 10^{-6}$	计算时间比 ode45 短
ode23t	适度刚性	采用梯形算法	适度刚性情形
ode15s	刚性	多步法，Gear's 反向数值微分，精度中等	若 ode45 失效时，可尝试使用 ode15s
ode23s	刚性	一步法，2 阶 Rosebrock 算法，低精度	当精度较低时，计算时间比 ode15s 短

例 7.3　求解描述振荡器的经典的 VerderPol 微分方程：

$$\frac{d^2 y}{dt^2} - 500(1 - y^2)\frac{dy}{dt} + y = 0, \quad y(0) = 1, \quad y'(0) = 0.$$

解　令 $x_1 = y$，$x_2 = dy/dt$，则微分方程变为一阶微分方程组：

$$\begin{cases} x_1' = x_2 \\ x_2' = 500(1 - x_1^2)x_2 - x_1 \\ x_1(0) = 1, \quad x_2(0) = 0 \end{cases}.$$

1）建立 M 文件 vdp.m 如下：

```
function dx=vdp(t,x)
    dx=zeros(2,1);
    dx(1)=x(2);
    dx(2)=500*(1-x(1)^2)*x(2)-x(1);
```

2）取 t0＝0，tf＝2000，建立主程序：

```
[T,Y]=ode15s('vdp',[0 2000], [1 0]);      %用求解器 ode15s 求解
plot(T,Y(:,1),'-')                         %画出数值解的图形
```

输出结果如图 7.7 所示.

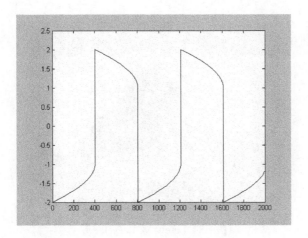

图 7.7　VerderPol 微分方程数值解图形

例 7.4　求解 Lorenz 方程：

$$\begin{cases} \dfrac{\mathrm{d}x}{\mathrm{d}t} = -\beta x + yz \\[2mm] \dfrac{\mathrm{d}y}{\mathrm{d}t} = -\sigma(y-z) \\[2mm] \dfrac{\mathrm{d}z}{\mathrm{d}t} = -xy + \rho y - z \end{cases}.$$

其中，$\beta = 9/4$，$\rho = 30$，$\sigma = 12$，初始条件为 $x(0)=1$，$y(0)=0$，$z(0)=0.002$.

解　1）建立 M 文件 lorenz.m 如下：

```
function dy=lorenz(t,y)
beta=9/4;ruo=30;segma=12;
    dy=zeros(3,1);
    dy(1)=-beta*y(1)+y(2)*y(3);
    dy(2)=-segma*(y(2)-y(3));
    dy(3)=-y(1)*y(2)+ruo*y(2)-y(3);
```

2）取 t0=0，tf=100，建立主程序：

```
[T,Y]=ode45('lorenz',[0 100],[1 0 0.002]);
plot3(Y(:,1),Y(:,2),Y(:,3))          %绘制 Lorenz 吸引子的图形
comet3(Y(:,1),Y(:,2),Y(:,3))         %动画演示 Lorenz 吸引子的图形生成过程
```

输出结果如图 7.8 所示.

图 7.8　Lorenz 吸引子的图形

注：Lorenz 系统是一个用来研究气象预报的热对流的模型，以 Edward Norton Lorenz（爱德华·诺顿·洛伦茨）的姓氏命名．它是第一个被深入研究的"奇异吸引子"．Lorenz 模型是第一个被详细研究过的可产生混沌的非线性系统．Lorenz 吸引子有两个明显的螺旋形的轨线，也称为双纽线．吸引子实际上是一个具有无穷结构的分形．事实上 Lorenz 系统的解，将随着时间的流逝不重复地，无限次数地奔波于两个分支图形之间，这就是著名的 Lorenz 吸引子（Lorenz Attractor）.

7.6　核废料处置方法的安全评价问题

问题描述：核污染是人类 21 世纪面临的一大难题，它对人类和地球上其他生物的生命安全产生了巨大的威胁，所以特别为人类所关注．每年全世界核电厂都会产生大量核废料，如何处置这些核垃圾是个严峻的问题．1986 年切尔诺贝利核电站爆炸和 2011 年福岛核电站核泄漏更是对环境造成了巨大的破坏和污染，严重威胁了人类的生存．因此和平利用原子能，妥善处置核废料是一项非常严肃的工作．

目前世界上对低放射性核废料的处置方法常用的有浅土层埋葬和海洋投掷等方法．浅土层埋葬法在美国、英国、法国等欧美国家采用多年，主要是将装有放射性废物的容器埋在几米深的混凝土壕沟或坑井中，并在容器间隙灌入水泥，最后在上面覆盖土层，种上植被．海洋处置方法是将装有核废料的容器投掷到海底．对于高放射性废物目前只能采用深地层处置．曾经有一段时间，美国原子能委员会将浓缩的放射性废物装入密封的圆桶，然后投掷到水深为 300 ft（1 ft＝3.048×10^{-1} m）的海中．一些生态学家和科学家担心圆桶在运输过程中会破裂而造成放射性污染．但美国原子能委员会认为这种做法是安全的．然而一些工程师通过实验后发现：当圆桶的下沉速度超过 40ft/s 时，就会与海底碰撞而破裂．试分析这种处置方法的安全性．

　　已知参数有：圆桶质量 $W=527.436\text{lb}$（$1\text{lb}=0.453592\text{ kg}$），重力加速度 $g=32.2\text{ ft/s}^2$，圆桶受到的浮力 $F=470.327\text{lb}$；圆桶下沉时受到的海水阻力 $D=\delta v$，$\delta=0.08$ 为阻力系数．

　　模型建立与求解：假设在圆筒下沉过程中海水风平浪静，即不考虑海水的流动或潮汐对圆筒下落轨迹的影响．设圆筒下沉的初速度为 0，t 时刻下沉的位移为 $y(t)$，速度为 $v(t)$．对圆桶进行受力分析易知，圆筒受到重力、浮力和阻力的作用，根据 Newton 第二定律，可建立如下微分方程模型：

$$m\frac{\mathrm{d}^2 y}{\mathrm{d}t^2}=W-F-D, \tag{7.13}$$

其中，$W=mg$，$D=\delta v$，m 为圆桶质量．式（7.13）也可以表示为

$$m\frac{\mathrm{d}v}{\mathrm{d}t}=W-F-D, \tag{7.14}$$

即

$$\begin{cases}\dfrac{\mathrm{d}v}{\mathrm{d}t}=g-\dfrac{F}{m}-\dfrac{\delta v}{m}.\\ v(0)=0\end{cases} \tag{7.15}$$

式（7.15）的解为

$$v(t)=\frac{W-F}{\delta}(1-\mathrm{e}^{-\frac{\delta}{m}t}),\quad t>0.$$

　　上面的速度函数中各参数均已知，只要知道圆桶下沉到海底的时间即可计算圆桶与海底碰撞的速度．为了直观了解速度的变化规律，下面给出了时间 t 在 [0,1000]范围内的速度变化曲线，如图 7.9 所示．

图 7.9　圆筒下沉速度曲线

从图 7.9 中可以看出，下沉速度不断增大，但增长速度逐渐减弱，最后趋于稳定，于是不妨先计算出上式的极限速度如下：

$$\lim_{t\to\infty}v(t)=\frac{W-F}{\delta}=\frac{527.436-470.327}{0.08}\approx713.86(\text{ft/s})$$

这个数值非常大，只要海底足够深，圆筒的速度会远远超过安全极限值. 但是在投掷到 300 多英尺的海底时，还不能断定 $v(t)$究竟能否超过极限碰撞速度 40 ft/s. 因此需要知道圆桶下落的确切时间，但是时间的确定本身就是一个难点. 由于圆桶下沉到海底的位移是已知的，为此考虑将速度 v 看成位移 y 的函数 $v(y)$，由复合函数微分法有

$$\frac{\mathrm{d}v}{\mathrm{d}t}=\frac{\mathrm{d}v}{\mathrm{d}y}\cdot\frac{\mathrm{d}y}{\mathrm{d}t},$$

代入式（7.15）得

$$\begin{cases}v\dfrac{\mathrm{d}v}{\mathrm{d}y}=g-\dfrac{F}{m}-\dfrac{\delta v}{m}.\\ v(0)=0\end{cases}$$

该方程是一阶变量分离方程，变形得

$$\begin{cases}\dfrac{v}{W-F-\delta v}\cdot\dfrac{\mathrm{d}v}{\mathrm{d}y}=\dfrac{1}{m},\\ v(0)=0,\ y(0)=0.\end{cases}$$

两边积分得函数方程

$$\frac{W-F}{\delta^2}\ln\frac{W-F-\delta v}{W-F}+\frac{v}{\delta}+\frac{y}{m}=0.\tag{7.16}$$

但遗憾的是并不能从式（7.16）中解出 v 关于 y 的显函数，因此要利用$v(y)$来计算$v(300)$比较麻烦，当然可以根据式（7.16）用数值方法求 $v(300)$的近似解. 注意到$v=v(y)$是一个单调上升函数，而 v 增大，y 也增大，则很容易求出函数$y=y(v)$的解析表达式

$$y=-\frac{W}{g}\left(\frac{v}{\delta}+\frac{W-F}{\delta^2}\ln\frac{W-F-\delta v}{W-F}\right),$$

令 $v=40$ ft/s，$g=32.2$ ft/s，代入上式计算出 $y=238.4$ ft<300 ft，说明圆桶还没有沉到海底，速度已经超越极限速度，可见美国原子能委员会处理放射性废物的做法是极其危险的. 以上解答虽然回答了这种做法是否合理，但并没有给出我们想要的数据. 下面用数值方法确定 $v(300)$的一个很好的近似值，并且回避上述繁琐的公式推理.

1）在 MATLAB 中执行程序 nuclear_main1.m，求解微分方程式（7.13）和式（7.15）的符号解.

MATLAB 程序代码如下：

```
y_t=dsolve('m*D2y+deta*Dy=(W-F)','y(0)=0','Dy(0)=0','t');
%求微分方程的符号解
v_t=dsolve('m*Dv+deta*v=(W-F)','v(0)=0','t');
y_t=simple(y_t)                                        %化简结果
v_t=simple(v_t)
```

2）输出结果：

```
y_t = (W-F)*(t*deta-m+m*exp(-deta/m*t))/deta^2
v_t =-(W-F)*(-1+exp(-deta/m*t))/deta
```

3）根据步骤 2）求解结果定义函数 nuclear_fun.m：

```
function yy=nuclear_fun(t)
W=527.436; F=470.327; g=32.2; deta=0.08; m=W/g;
yy=[(W-F)*(t*deta-m+m*exp(-deta/m*t))/deta^2-300];
%定义非线性方程y_t =300
```

注：若有多个方程，方括号中应用"；"分开.

4）建立主程序 nuclear_main2.m：

```
clear;clc;
W=527.436;F=470.327;g=32.2; deta=0.08;m=W/g;
t0=2;
t_max=fsolve('nuclear_fun',t0)
%圆桶落到300ft 深海底时花费时间
v_max=-(W-F)*(-1+exp(-deta/m*t_max))/deta
%圆桶落到海底的速度
```

输出结果：

```
t_max=13.2600
v_max=44.7658
```

即圆桶沉到海底的时间为 13.26 s，到达海底的速度已达到 44.7658 m/s，超过了极限速度.

上述解答定量的分析了核废料处置方法的安全性，其结果说明美国原子能委员会这种做法是错误的，必须加以改进. 现在美国原子能委员会条例明确禁止把低浓度的放射性废物投掷到海里，改为在一些废弃的煤矿中修建放置核废料的深井.

7.7　食饵-捕食者系统

自然界中的生态系统是一个错综复杂的动态系统，种群之间可能既是天敌，又有着不可分割的依赖关系,如种群 A 靠自然资源生存,种群 B 靠捕食 A 维持生存,前者称为食饵,后者称为捕食者,这就是本节将讨论的一个简化的生态系统:食饵(Prey)-捕食者(Predator)系统,即食饵-捕食者模型,简称 P-P 模型.

问题描述(地中海鲨鱼问题):意大利生物学家 Umberto D. Ancona 一直致力于鱼类种群相互制约关系的研究,在第一次世界大战期间,他研究了地中海各港口捕获的各类鱼的数量数据,并从中发现鲨鱼、鳐鱼等(捕食者)的比例有明显增加(见表 7.4),而供其捕食的食用鱼(食饵)的百分比却显著下降. 因为捕获的各种鱼的比例在某种程度上近似地反映了地中海里各种鱼类数量的比例,所以研究捕获量有助于了解海洋中种群的数量. 显然战争大大降低了捕鱼量,使得食用鱼增加,鲨鱼等也随之增加,但鲨鱼的比例却大幅增加. 这是一个奇怪的现象. 他无法解释,于是求助于著名数学家 V. Volterra,希望建立一个数学模型来定量解释这一现象.

表7.4　第一次世界大战期间地中海各港口捕获的鲨鱼等的比例

单位:%

年份	1914	1915	1916	1917	1918
百分比	11.9	21.4	22.1	21.2	36.4
年份	1919	1920	1921	1922	1923
百分比	27.3	16.0	15.9	14.8	10.7

基本假设:

1)食饵食物丰富,独立生存时以指数规律增长,由于捕食者的存在使增长率降低,假设降低的程度与捕食者数量成正比;

2)捕食者独立生存时死亡率恒定,由于食饵为它提供食物的作用使其死亡率降低或使之数量增长,假定增长的程度与食饵数量成正比.

符号说明:

$x(t)$——食饵在 t 时刻的数量;

$y(t)$——捕食者在 t 时刻的数量;

r——食饵独立生存时的增长率;

d——捕食者独自存在时的死亡率;

a——捕食者捕获食饵的能力;

b——食饵对捕食者的供养能力;

e——人类捕获能力系数.

模型 1(不考虑捕捞):根据假设,在不考虑人工捕捞的情形下,食饵的增长速度同食饵数量成正比,减少速度(对捕食者而言是增长速度)与单位时间内捕食者和食用鱼数量的乘积 xy 成正比,而且捕食者的自然减少速度与它们的数量成正比,于是可得如下食饵-捕食者模型:

$$\begin{cases} \dfrac{\mathrm{d}x}{\mathrm{d}t}=x(r-ay) \\ \dfrac{\mathrm{d}y}{\mathrm{d}t}=y(-d+bx) \end{cases}. \qquad (7.17)$$

其中，$x(0)=x_0$，$y(0)=y_0$ 为食饵和捕食者的初始数量．

该模型反映了在没有人工捕捞的自然环境中食饵与捕食者之间的相互制约关系，并没有考虑环境等因素对种群自身的阻滞作用，是 V. Volterra 提出的最简单的微分方程模型，称为 Volterra 方程．

模型（7.17）无法给出解析解，下面利用 MATLAB 软件工具进行数值求解．考虑数据 $r=1$，$a=0.2$，$d=0.6$，$b=0.03$，$x_0=28$，$y_0=2$，则模型（7.17）变为

$$\begin{cases} x'=x(1-0.2y) \\ y'=y(-0.6+0.03x) \\ x(0)=28,\ y(0)=2 \end{cases}. \qquad (7.18)$$

在 MATLAB 中首先定义函数 shark.m 如下：

```
function dx=shark(t,x)
  r=1;a=0.2;d=0.6;b=0.03;
  dx=zeros(2,1);
  dx(1)=x(1)*(r-a*x(2));
  dx(2)=x(2)*(-d+b*x(1));
```

然后建立主程序 shark_main.m 如下：

```
[t,x]=ode23('shark',[0 12],[28 2]);
plot(t,x(:,1),'-',t,x(:,2),'+'),pause        %绘制食饵和捕食者曲线
plot(x(:,1),x(:,2),20,5, 'K*')               %绘制相轨线和平衡点(20,5)
```

求解结果： 程序执行后分别输出如图 7.10 和图 7.11 所示的图形，其中图 7.10 给出了数值解 $x(t)$ 和 $y(t)$ 的图形，图中实线为食饵数量变化，而 "+" 线为捕食者的曲线．图 7.11 中为相轨线 $x(t)\sim y(t)$．

从图 7.10 中可以看出食饵一多，捕食者食物增多，鲨鱼量随即增大，而由于鲨鱼数目增多吃掉大量的食用鱼，鲨鱼又面临食物缺乏的威胁，从而使其数量下降，这时食用鱼相对安全些，于是食用鱼总数又不断回升，就这样，食用鱼和鲨鱼数量交替增减，不断循环，逐渐形成生态的动态平衡，并且它们的循环遵从着一定的周期，可以大致看出 $x(t)$ 和 $y(t)$ 都是周期函数．该微分方程组对应的相轨线是一条封闭曲线．实际上，在式（7.17）中消去 $\mathrm{d}t$，得到

$$\frac{\mathrm{d}x}{\mathrm{d}y}=\frac{x(r-ay)}{y(-d+bx)},$$

分离变量并积分得

$$(x^d e^{-bx})(y^r e^{-ay})=c .$$

其中，常数 c 由初始条件确定. 可以证明，该相轨线是封闭曲线（略），从而等价于 $x(t)$ 和 $y(t)$ 都是周期函数. 在式（7.18）中令 $x'=0$，$y'=0$，求出平衡解得 $x=y=0$ 或 $x=20$，$y=5$，第一组解没有意义，第二组解表示在题目给定条件下，数量为 20 的食饵和数量为 5 的捕食者将形成一种动态平衡，双方将维持这一数量不变，当初始数量不满足此条件时，两者数量便会出现如图 7.10 所示的循环交替变化的情形，在动态中维持平衡. 因此点(20,5)称为平衡点，如图 7.11 所示的"*"点. 相轨线的横轴表示食饵数量，纵轴表示捕食者数量，方向为逆时针方向.

图 7.10　数值解 $x(t)$ 和 $y(t)$ 的图形　　　　图 7.11　相轨线图形

下面讨论食饵、捕食者数量在一周期内的平均值，将模型（7.17）中第一个方程变形为

$$y(t)=-\frac{1}{a}\cdot\frac{x'}{x}+\frac{r}{a},$$

将上式在一个周期 T 内积分，因为 $x(T)=x(0)$，则捕食者在一周期内的平均值为

$$\bar{y}=\frac{1}{T}\int_0^T y(t)\mathrm{d}t=\frac{1}{T}\left(-\frac{1}{a}\ln(x(t))\Big|_0^T+\frac{rT}{a}\right)=\frac{r}{a} .$$

同理，将模型（7.17）中第二个方程变形后在一个周期 T 内积分，可得到食饵在一周期内的平均值为 $\bar{x}=\frac{d}{b}$. 将上述数据代入，发现平衡点(20, 5)的坐标恰好是食用鱼与鲨鱼在一个周期中的平均值.

模型 2（考虑捕捞）：要解释为什么捕鱼量下降，鲨鱼的比例却大幅增加，还需要考虑有捕捞的影响. 设人类捕捞系数为 e，则食饵的自然增长率由 r 降为 $r-e$，捕食者的死亡率由 d 增为 $d+e$，由于捕捞时对鱼的种类是不加挑选的，故考虑捕捞影响的 Volterra 方程应为

$$\begin{cases} \dfrac{\mathrm{d}x}{\mathrm{d}t}=x((r-e)-ay) \\[2mm] \dfrac{\mathrm{d}y}{\mathrm{d}t}=y(-(d+e)+bx) \end{cases} \tag{7.19}$$

类似于模型 1，还是利用数值求解的方法来分析，这里假设战前捕获系数 $e=0.3$，战争中降为 $e=0.1$，其余参数取值同前. 则战争前与战争中的 Volterra 模型分别为

$$\begin{cases} \dfrac{\mathrm{d}x}{\mathrm{d}t}=x(0.7-0.2y) \\[2mm] \dfrac{\mathrm{d}y}{\mathrm{d}t}=y(-0.9+0.03x)\,, \\[2mm] x(0)=28, \ y(0)=2 \end{cases} \tag{7.20}$$

$$\begin{cases} \dfrac{\mathrm{d}x}{\mathrm{d}t}=x(0.9-0.2y) \\[2mm] \dfrac{\mathrm{d}y}{\mathrm{d}t}=y(-0.7+0.03x)\,. \\[2mm] x(0)=28, \ y(0)=2 \end{cases} \tag{7.21}$$

模型求解：对于模型(7.20)和模型(7.21)分别定义函数 buhuo1.m 和 buhuo2.m 如下：

```
function dx=buhuo1(t,x)                    %模型(7.20)
    r=1;a=0.2;d=0.6;b=0.03;e=0.3;
    dx=zeros(2,1);
    dx(1)=x(1)*(r-e-a*x(2));
    dx(2)=x(2)*(-d-e+b*x(1));
function dy=buhuo2(t,x)                    %模型(7.21)
    r=1;a=0.2;d=0.6;b=0.03;e=0.1;
    dx=zeros(2,1);
    dx(1)=x(1)*(r-e-a*x(2));
    dx(2)=x(2)*(-d-e+b*x(1));
```

建立主程序 buhuo_main.m，求解两个方程，并绘制出两种情况下鲨鱼数在鱼类总数中所占比例 $x_2(t)/[x_1(t)+x_2(t)]$ 的图形，MATLAB 程序代码如下：

```
[t1,x]=ode23('buhuo1',[0 12],[28 2]);
[t2,z]=ode23('buhuo2',[0 12],[28 2]);
x1=x(:,1);x2=x(:,2);
y1=x2./(x1+x2);                            %战争前鲨鱼所占比例
```

```
z1=z(:,1);z2=z(:,2);
y2=z2./(z1+z2);
plot(t1,y1,'-',t2,y2,'o')                          %战争中鲨鱼所占比例
```

运行后输出的图形如图 7.12 所示.

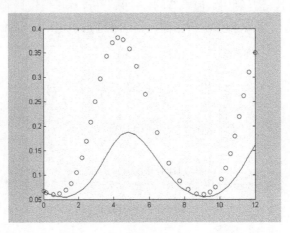

图 7.12   战前和战中鲨鱼占比情况

图 7.12 实线为战前的鲨鱼比例，"○"线为战争中的鲨鱼比例，显然战争中鲨鱼的比例的确比战前高. 该实验验证了 Ancona 的发现是正常的，为了做进一步说明，将式（7.19）第二个方程变形得

$$x(t)=-\frac{1}{b}\cdot\frac{y'}{y}+\frac{d+e}{b}.$$

类似地，将上式在一个周期 T 内积分，可得有捕捞的情况下食饵在一个周期内的平均值为（为了区分无捕捞的情形，这里用大写字母表示）

$$\overline{X}=\frac{d+e}{b},$$

捕食者在一周期内的平均值为

$$\overline{Y}=\frac{r-e}{a}.$$

很明显，由于战争中捕捞强度减弱，即 e 减少，则 $\overline{X}$ 减少，而 $\overline{Y}$ 增加，这就找到了战争中鲨鱼所占比重为什么增大的原因.

沃特拉原理：从上面分析我们可以看到，对于一个食饵-捕食者系统，如果同等地对二者进行捕杀（$e<r$），则捕捞强度的增大，对食饵有利；捕捞强度的减少，会对捕食者有利. 这个结果称为 Volterra 原理.

Volterra 模型有着广泛的应用. 例如，当农作物发生病虫害时，不应随随便便

地使用杀虫剂，因为杀虫剂在杀死害虫的同时也可能杀死这些害虫的天敌，而害虫与其天敌构成一个双种群捕食系统，其中害虫相当于食饵，天敌相当于捕食者，由于捕杀强度增大，会对食饵有利，这样一来，你会发现使用杀虫剂后，害虫更加猖獗了．一个很好的案例就是澳洲的吹棉蚧，1968 年偶然传入美国后，严重地威胁着美国的柑橘业．因此人们又从澳洲引进了它的天敌——澳洲瓢虫，使得吹棉蚧减少到很低的程度．后来人类发明了农药 DDT，并希望使用它进一步减少吹棉蚧．然而，同 Volterra 原理相一致，使用 DDT 的结果是吹棉蚧的数目反而增加了．Volterra 原理也告诉我们，在一个食饵-捕食者系统中想消灭其中一个物种是不现实的，最好是实现两者的"和平共处"，即动态平衡．

注：在这个案例中，我们利用微分方程数值求解和稳定性理论对方程的解做了定性与定量分析，绘制出解的图形，直观地反映了解的变化规律，也分析了题目中出现的现象的原因，较好地解决了问题．这就告诉我们对于微分方程或方程组，不一定要把方程的解求出来，通常通过对方程的定性分析也可以得到我们想要的信息．关于微分方程稳定性理论的知识请大家参阅其他相关书籍．

习　题

1．1972 年发掘长沙市东郊马王堆一号汉墓时，对其棺外主要用以防潮吸水用的木炭分析了它含 C^{14} 的量约为大气中的 0.7757 倍．据此，你能推断出此女尸下葬的年代吗？已知 C^{14} 的半衰期为 5730 年．

2．表 7.5 是美国 1790～1980 年每隔 10 年的人口记录．

表 7.5　美国 1790～1980 年每隔 10 年的人口记录

年份	1790	1800	1810	1820	1830	1840	1850
人口（$\times 10^6$）	3.9	5.3	7.2	9.6	12.9	17.1	23.2
年份	1860	1870	1880	1890	1900	1910	1920
人口（$\times 10^6$）	31.4	38.6	50.2	62.9	76.0	92.0	106.5
年份	1930	1940	1950	1960	1970	1980	
人口（$\times 10^6$）	123.2	131.7	150.7	179.3	204.0	226.5	

参照油气产量和可采储量的预测问题，用这些数据检验 Malthus 人口指数增长模型和 Logistic 模型，根据检验结果进一步讨论人口模型的改进．

3．某农场饲养的某种动物所能达到的最大年龄为 15 岁，将其分成 3 个年龄组：第一组，0～5 岁；第二组，6～10 岁；第三组，11～15 岁．动物从第二年龄组起开始繁殖后代，经过长期统计，第二年龄组的动物在其年龄段平均繁殖 4 个后代，第三年龄组的动物在其年龄段平均繁殖 3 个后代．第一年龄组和第二年龄组的动物能顺利进入下一个年龄组的存活率分别为 1/2 和 1/4．假设农场现有 3 个年龄段的动物各 1000 头，则 15 年后农场 3 个年龄段的动物各有多少头？

4．在一种溶液中，化学物质 A 分解而形成 B，其速度与未转换的 A 的浓度成比例．转换 A 的一半用了 20 min，把 B 的浓度 y 表示为时间的函数，并绘出图像．

5．（车间空气的清洁）已知一个车间体积为 V m^3，其中有一台机器每分钟能产生 r m^3 的二氧化碳（CO_2），为清洁车间里的空气，降低空气中的 CO_2 含量，用一台风量为 K m^3/min 的鼓风机通入含 CO_2 为 m% 的新鲜空气来降低车间里的空气的 CO_2 含量．假定通入的新鲜空气能与原空气迅速地均匀混合，并以相同的风量排出车间．又设鼓风机开始工作时车间空气中含 x_0 的 CO_2．则经过 t 时刻后，车间空气中 CO_2 的含量为多少？最多能把车间空气中 CO_2 的百分比降到多少？

如果设 $V = 10000$ m^3，$r = 0.3$ m^3/min，$K = 1500$ m^3/min，$m = 0.04$%，$x_0 = 0.12$%．试回答上述问题．

6．（砂石运输问题）设有 V m^3 的砂、石要由甲地运输到乙地，运输前需要先装入一个有底无盖并在底部有滑行器的木箱中，砂、石运到乙地后，从箱中倒出，再继续用空箱装运，不论箱子大小，每装运一箱，需 0.1 元，箱底和两端的材料费为 20 元/m，箱子两侧材料费为 5 元/m^2，箱底的两个滑行器与箱子同长，材料费为 2.5 元/m^2，则木箱的长、宽、高应各为多少米，才能使运费与箱子的成本费的总和为最小？

7．一个半径为 R cm 的半球形容器内开始时盛满了水，但由于其底部一个面积为 S cm^2 的小孔在 $t = 0$ 时刻被打开，水被不断放出．容器中的水被放完总共需要多长时间？

8．我方巡逻艇发现敌方潜水艇．与此同时敌方潜水艇也发现了我方巡逻艇，并迅速下潜逃逸．设两艇间距为 60 海里（1 海里 = 1852 m），潜水艇最大航速为 30 节，而巡逻艇最大航速为 60 节，则巡逻艇应如何追赶潜水艇？

9．（铁链下滑问题）一条长为 L m，质量为 M 的链条悬挂在一个钉子上，初始时，一边长 3/5L，另一边长 2/5 L，由静止启动．分别根据以下情况求出链条下滑的时间：

（1）不计摩擦力和空气阻力．

（2）阻力为 1/10L 的链条重．

（3）阻力与速度 v 成正比．

（4）摩擦力与对钉子的压力成正比，在 $v = 1$ 时，$F_{阻} = 0.02$ m．

10．一截面积为常数 A，高为 H 的水池，其池底有一横截面积为 B 的小孔，水池顶部有进水孔，单位时间进水量为 V，t 时刻水面高度记为 h，从小孔流出的

水速为 $v=\sqrt{2gh}$，求在任一时刻水面高度的函数表达式（设开始时水池水的高度为 h_0）．

11．（饮酒驾车问题）据报载，2003 年全国道路交通事故死亡人数为 10.4372 万，其中因饮酒驾车造成的占有相当的比例．针对这种严重的道路交通情况，国家质量监督检验检疫局 2004 年 5 月 31 日发布了新的《车辆驾驶人员血液、呼气酒精含量阈值与检验》国家标准，新标准规定，车辆驾驶人员血液中的酒精含量大于或等于 20 mg/100 ml，小于 80 mg/100 ml 为饮酒驾车（原标准是小于 100 mg/100 ml），血液中的酒精含量大于或等于 80 mg/100 ml 为醉酒驾车（原标准是大于或等于 100 mg/100 ml）．

大李在中午 12 点喝了一瓶啤酒，下午 6 点检查时符合新的驾车标准，紧接着他在吃晚饭时又喝了一瓶啤酒．为了保险起见，他等到凌晨 2 点才驾车回家，又一次遭遇检查时却被定为饮酒驾车，这让他既懊恼又困惑，为什么喝同样多的酒，两次检查结果会不一样呢？

请你参考下面给出的数据（或自己收集资料）建立饮酒后血液中酒精含量的数学模型，并讨论以下问题：

（1）对大李遇到的情况做出解释．

（2）在喝了 3 瓶啤酒或者半斤低度白酒后多长时间内驾车就会违反上述标准，在以下情况下回答：

① 酒是在很短时间内喝的；

② 酒是在较长一段时间（如 2h）内喝的．

（3）怎样估计血液中的酒精含量在什么时间最高？

（4）根据你的模型论证：如果天天喝酒，是否还能开车？

第 8 章 层次分析法

每个人每天都会面临很多决策问题. 例如, 日常生活中要买一件外套, 首先要决定它的款式: 正装、礼服、休闲服. 如果是正装, 那么又需要选择它的面料: 纯棉、涤纶、混纺……如果是纯棉的, 还需要挑选颜色: 红、黄、蓝、黑等; 又如, 你工作学习了一天, 需要补充体力, 打算邀请朋友一起共进晚餐, 那么你会考虑究竟是吃中餐、西餐, 还是火锅……如果是吃中餐, 那是吃川菜、粤菜, 还是鲁菜……如果你在假期计划外出旅游, 那是去 "浪漫之都" 的巴黎, 还是去 "音乐之都" 的维也纳, 是去海水湛蓝的巴厘岛, 还是去秀甲天下的峨眉山……

再从人们所从事的不同行业来说. 公司的领导者要决定采取什么样的发展策略; 商人要斟酌如何制定有效的广告手段; 教师思考如何针对学生因材施教; 医生要确定如何为病人找到最佳治疗方案; 技术人员要思考如何改进和创新等.

可以说决策问题贯穿于我们生活的方方面面. 决策就是在现有条件下, 根据一定的需求, 在众多方案中找出一种相对有效的或者有利的结果. 当然在处理决策问题的时候会受到很多因素的影响, 这些因素通常会涉及社会人文等. 在做比较、判断、评价的时候这些因素的重要性、影响力或者优先级的衡量往往是带有一定的主观性, 会因人而异, 因此难以量化, 也很难用一般的数学方法加以解决. 以旅游问题为例, 有人喜欢山, 有人喜欢水, 有人喜欢阳光, 有人喜欢寒冷, 不同的人会选择不同的目的地. 经济宽裕的倾向出国旅游, 而经济一般的则会选择近一点的景点.

美国运筹学家 T. L. Saaty 教授于 20 世纪 70 年代初提出了一种简便、灵活而又实用的多准则决策方法, 这就是层次分析法 (Analytic Hierarchy Process, AHP). 它是对一些较为复杂、较为模糊的问题做出决策的简易方法, 特别适用于那些难以完全定量分析的问题.

层次分析法是一种定性和定量相结合的, 系统化、层次化的分析方法.

8.1 层次分析法的基本原理与步骤

人们在对社会和经济活动以及科学管理领域相关问题的系统分析中, 常常面临的是一个由相互关联、相互制约的众多因素构成的复杂系统, 这个系统往往缺少定量的数据. 过去通常用于研究自然和现象的有机理分析和统计分析两种方法, 但都不适合处理这类问题. 层次分析法为这类问题的决策提供了一种新的、简洁而实用的数学工具.

　　假设一个刚刚毕业即将面临工作的大学生，有 3 份工作 P_1，P_2 和 P_3 可供选择．那么他究竟选择哪一个工作作为自己的职业呢？按常理来说，他会去征求家长、同学以及亲友的意见，然后加以综合来做出自己的选择，可是不同的人看重的因素是不一样的，所以最后 3 种意见会不相上下．下面就以这个问题为例来介绍层次分析法的一般步骤．

　　按通常的标准，人们常用工资福利、发展前景、胜任程度、工作环境、地理位置这 5 个指标作为衡量工作的准则．首先人们会把 5 个准则按照其在自己心目中所占权重进行排序，如有人看重就业后的收入，有人看重发展前景，注重生活品质的人看重工作环境、交通条件等．然后对于每一个准则，将这 3 个职业进行相互对比，如 P_1 可能收入最高；P_2 可能发展前景最好；P_3 可能工作环境最舒适等．最后，人们会将各层次的比较判断进行综合，选出最佳的就业单位．

　　这个分析处理过程大致可以分成 3 个步骤：

　　1）分析系统中各因素之间的关系，建立系统的层次结构模型．

　　2）相互比较确定各准则对目标选择的权重，以及各个方案对每一准则的权重，这些权重在人们的思考过程中一般是定性的、大致的描述，层次分析法要求量化结果．

　　3）将方案层对准则层的权重和准则层对目标层的权重进行综合，以确定各个方案对目标的权重排序．这个在层次分析法中也要给出综合的量化计算方法．

8.1.1　层次结构模型的建立与特点

　　应用层次分析法解决决策问题时，首先要把问题条理化、层次化，构造出一个有层次的结构模型．在这个模型下，复杂问题被分解为若干元素．这些元素又按其属性及关系形成若干层次．上一层次的元素作为准则对下一层次有关元素起支配作用．这些层次可以分为 3 类．

　　1）目标层．这一层次中只有一个元素，它一般是分析问题的预定目标或理想结果．

　　2）准则层．这一层次中包含了为实现目标所涉及的中间环节，它可以由若干层次组成，包括所需考虑的准则，有时候某一准则又由多个因素决定，因此会包含多个子准则．

　　3）方案层．这一层次包括了为实现目标可供选择的各种措施、决策方案等．

　　层次结构中的层次数与问题的复杂程度及需要分析的详细程度有关．一般地，层次数不受限制．但是每一层次中各元素所支配的元素一般不要超过 9 个，这是因为支配的元素过多会给比较判断带来困难．

　　在上面的问题中，我们将决策问题分为 3 个层次．最上层为目标层，即适合的工作，中间为准则层，包括工资福利、发展前景等 5 个准则．最下面为 3 个单位构成的方案层. 各层之间的联系用相连直线段表示. 于是得到如图 8.1 所示的层次结构模型.

图 8.1　工作选择层次结构模型

8.1.2　构造成对比较矩阵

层次结构反映了因素之间的关系, 但准则层中的各准则在目标衡量中所占的比例并不一定相同, 在决策者的心目中, 它们各占有一定的比例.

设现在要比较 n 个因子 $X=\{x_1, x_2, \cdots, x_n\}$ 对上一层某因素 O 的影响大小, Saaty 建议采取对因素进行两两比较建立成对比较矩阵的办法, 即每次取两个因素 x_i 和 x_j, 以 $a_{ij}=x_i{:}x_j$ 表示 x_i 和 x_j 对 O 的影响大小之比. 全部比较结果用矩阵 $A=(a_{ij})_{n\times n}$ 表示, 称 A 为 $O-X$ 之间的成对比较矩阵. 容易看出, 若 x_i 与 x_j 对 O 的影响之比为 a_{ij}, 则 x_j 与 x_i 对 O 的影响之比应为 $a_{ji}=\dfrac{1}{a_{ij}}$.

之所以不将所有因素放在一起比较是为了减少性质不同的各因素之间的比较的差异, 提高准确度.

定义 8.1　若矩阵 $A=(a_{ij})_{n\times n}$ 满足:

1) $a_{ij}>0$.

2) $a_{ji}=\dfrac{1}{a_{ij}}$　($i, j=1, 2, \cdots, n$).

则称之为**正互反矩阵**, 显然有 $a_{ii}=1$, $i=1, 2, \cdots, n$.

关于如何确定 a_{ij} 的值, Saaty 等建议引用数字 1~9 及其倒数作为尺度. 表 8.1 列出了 1~9 尺度的含义.

表 8.1　1～9 尺度及其含义

标度	含义
1	表示两个因素相比，具有相同重要性
3	表示两个因素相比，前者比后者稍重要
5	表示两个因素相比，前者比后者明显重要
7	表示两个因素相比，前者比后者强烈重要
9	表示两个因素相比，前者比后者极端重要
2, 4, 6, 8	表示上述相邻判断的中间值

若因素 x_i 与因素 x_j 的重要性之比为 a_{ij}，那么因素 x_j 与因素 x_i 的重要性之比为 a_{ij} 的互反数，即 $a_{ji} = \dfrac{1}{a_{ij}}$.

从心理学观点来看，分级太多会超越人们的判断能力，既增加了判断的难度，又容易因此而提供虚假数据. Saaty 等人还用实验方法比较了在各种不同尺度下人们判断结果的正确性，实验结果表明，采用 1～9 尺度最为合适.

如前面提到的工作选择问题，根据一般的判断可以构造出一个成对比较矩阵

$$A = \begin{pmatrix} 1 & 2 & 4 & 3 & 3 \\ \dfrac{1}{2} & 1 & 3 & \dfrac{3}{2} & \dfrac{5}{2} \\ \dfrac{1}{4} & \dfrac{1}{3} & 1 & \dfrac{3}{4} & \dfrac{1}{3} \\ \dfrac{1}{3} & \dfrac{2}{3} & \dfrac{4}{3} & 1 & \dfrac{5}{3} \\ \dfrac{1}{3} & \dfrac{2}{5} & 3 & \dfrac{3}{5} & 1 \end{pmatrix}. \tag{8.1}$$

显然此矩阵为正互反矩阵，其中共进行了 $\dfrac{n(n-1)}{2}$ 次比较，即每个因素均和其他因素进行一次比较. 矩阵中 $a_{13} = 4$ 表示工资福利与胜任程度之比为 $4:1$. 工资福利在选择工作时的重要性高于胜任程度，显然 $a_{31} = \dfrac{1}{4}$.

8.1.3　权向量的计算及一致性检验

定义 8.2　如果一个正互反矩阵 A 中任意元素的运算满足
$$a_{ij} \cdot a_{jk} = a_{ik}, \quad i, j, k = 1, 2, \cdots, n,$$
则称 A 为一致性矩阵，简称一致阵.

一致阵 A 具有如下性质：

1）A 的转置矩阵 A^T 也是一致阵.

2）A 的任意两行成比例，比例因子大于零，从而 A 的秩为 1（同样，A 的任意两列也成比例）.

3）A 的唯一非零特征值 $\lambda=n$，其中 n 为矩阵 A 的阶. A 的其余特征值均为零.

式（8.1）给出的矩阵 A 中，$a_{15} \cdot a_{52}=1.2$，$a_{12}=2$，显然不满足一致性. 可以想象，如果要使得 $\frac{n(n-1)}{2}$ 次两两比较都满足一致性是一个非常苛刻的条件.

可以证明 n 阶正互反矩阵 A 为一致矩阵的充要条件是其最大特征值 $\lambda_{\max}=n$.

权向量是描述各因素对上层因素影响的权重大小的一个向量，它的计算可以分成两种情况来讨论：

1）当矩阵为一致阵时，可直接利用特征值 $\lambda=n$ 根据 $Aw=\lambda w$，计算出对应的特征向量 w 并进行归一化后作为权向量. 归一化处理是指将向量的各个分量分别除以该分量之和，显然经过归一化后向量所有分量之和为 1.

2）在成对比较矩阵不一致的情况下，允许这种不一致性限定在一个容许的范围之内. 此时需要检验构造出来的成对比较矩阵 A 是否严重非一致，以便确定是否接受 A.

我们可以由 A 的最大特征值 $\lambda_{\max}$ 是否等于 n 来检验成对比较矩阵 A 是否为一致矩阵.

由于特征值连续地依赖于 a_{ij}，故 $\lambda_{\max}$ 比 n 大得越多，A 的非一致性程度也就越严重，$\lambda_{\max}$ 对应的标准化特征向量也就越不能真实地反映出 $X=\{x_1,x_2,\cdots,x_n\}$ 在对目标 O 的影响中所占的比例. 因此和一致性矩阵计算权向量的方法有较大差异.

定理 8.1　n 阶非一致的正互反矩阵 A 的最大特征值 $\lambda_{\max}>n$.

不一致矩阵必须要符合一定的标准才能应用其最大特征值对应的特征向量作为权向量. 判断方法是做一致性检验，其步骤如下.

1）计算一致性指标 CI.

$$CI=\frac{\lambda_{\max}-n}{n-1}.$$

由定理 8.1 可知 $\lambda_{\max}-n$ 必为正数，因此一致性指标取正值.

2）查找相应的平均随机一致性指标 RI. 对 $n=1,2,\cdots,9$，Saaty 给出了 RI 的值，见表 8.2.

表 8.2　各阶正互反矩阵的随机一致性指标

n	1	2	3	4	5	6	7	8	9
RI	0	0	0.58	0.90	1.12	1.24	1.32	1.41	1.45

RI 的值是通过随机方法构造 500 个样本矩阵：随机地从 $1 \sim 9$ 及其倒数中抽取数字构造正互反矩阵，求得最大特征值的平均值 $\lambda'_{\max}$，并定义

$$\mathrm{RI} = \frac{\lambda'_{\max} - n}{n - 1}.$$

3）计算一致性比例 CR.

$$\mathrm{CR} = \frac{\mathrm{CI}}{\mathrm{RI}}.$$

当 CR<0.1 时，认为成对比较矩阵的一致性是可以接受的，否则应对其作适当修正.

当成对比较矩阵 A 通过一致性检验以后，就可以进行后续的权向量的计算.

定理 8.2　对于所有元素均为正数的矩阵 A，具有以下性质：

1）A 的最大特征值是正单根 λ.

2）λ 对应的特征向量 w 各分量均为正数.

3）$\displaystyle\lim_{k \to \infty} \frac{A^k \mathbf{e}}{\mathbf{e}^{\mathrm{T}} A^k \mathbf{e}} = w$，其中 $\mathbf{e} = (1, 1, \cdots, 1)^{\mathrm{T}}$，$w$ 是对应 λ 的归一化特征向量.

定理 8.2 保证了正互反矩阵都具有正的最大特征值，因此也可以计算出相应的特征向量. 但是当矩阵阶数较高时，要精确计算出特征值以及特征向量是一件很困难的事情. 这里我们采用一些近似的方法，如幂法、和法、根法等，其中和法是最简单的一种方法.

使用和法计算特征值和特征向量的过程很简单，其算法如下.

1）将 A 的每一列向量归一化，得到矩阵 $W = (w_{ij})_{n \times n}$，

$$w_{ij} = \frac{a_{ij}}{\displaystyle\sum_{i=1}^{n} a_{ij}}.$$

2）对 W 按行求和，得到一个 n 维列向量 $w = (w_1, w_2, \cdots, w_n)^{\mathrm{T}}$，其中

$$w_i = \sum_{j=1}^{n} w_{ij} \ (i = 1, 2, \cdots, \ n).$$

3）将向量 w 归一化后得到的向量 w^* 作为近似特征向量.

4）计算

$$\lambda = \frac{1}{n} \sum_{i=1}^{n} \frac{(Aw^*)_i}{w_i^*},$$

将其作为最大特征值的近似值.

以前面找工作问题的成对比较矩阵 A 为例，用和法求其最大特征值和特征向量.

首先将其每一列向量归一化，得

$$W = \begin{pmatrix} 0.4138 & 0.4545 & 0.3243 & 0.4380 & 0.3529 \\ 0.2069 & 0.2273 & 0.2432 & 0.2190 & 0.2941 \\ 0.1034 & 0.0758 & 0.0811 & 0.1095 & 0.0392 \\ 0.1379 & 0.1515 & 0.1081 & 0.1460 & 0.1961 \\ 0.1379 & 0.0909 & 0.2432 & 0.0876 & 0.1176 \end{pmatrix}. \tag{8.2}$$

将 W 按行求和得一个 5 维列向量 $w = (1.9836, 1.1905, 0.4090, 0.7396, 0.6773)^T$.

再将 w 归一化以后得到 $w^* = (0.3967, 0.2381, 0.0818, 0.1479, 0.1355)^T$. 将其作为 A 的特征向量，并可计算出其对应的特征值 $\lambda = 5.1707$.

进一步验证一致性指标和随机一致性指标，计算可得 CI$=0.0427$. 查表 8.2 知当 $n=5$ 时 RI$=1.12$，利用公式可算出 CR$=0.0381<0.1$，因此矩阵 A 通过一致性检验.

上例的 MATLAB 程序：

```
A=[ 1    2    4    3    3 ;
    1/2  1    3    3/2  5/2;
    1/4  1/3  1    3/4  1/3;
    1/3  2/3  4/3  1    5/3;
    1/3  2/5  3    3/5  1 ];
%归一化
[m,n]=size(A);
W=zeros(n,n);
for i=1:n
    W(:,i)=A(:,i)./sum(A(:,i));
end
W
%将 W 按行求和
v=zeros(n,1);
for i=1:n
    v(i)=sum(W(i,:));
end
v
%再将 v 归一化
w=v./sum(v)
%求对应的特征值并计算一致性指标
ri=[0 0 0.58 0.90 1.12 1.24 1.32 1.41 1.45];
lamda=mean((A*w)./w)
ci=(lamda-n)/(n-1)
cr=ci/ri(n)
```

从上面的例子可以看出，和法实际上是将 A 的列向量归一化以后取平均值作

为 A 的特征向量. 因为当 A 的不一致性不太严重, 即可以通过一致性检验时, 将其每一列归一化以后作为特征向量是比较恰当的.

用同样的方法可以构造方案层对每一个准则的成对比较矩阵, 并且计算其最大特征值和特征向量, 并做一致性检验.

8.1.4　组合权向量的计算及一致性检验

1. 组合权向量的计算

前面已经计算出准则层中各因素对目标层的权向量. 层次分析法的最终目的是要得到各方案对于目标的权重排序, 从而进行决策. 因此还需将总排序权重自上而下地进行组合, 计算出方案对目标的权向量, 称为组合权向量.

设上一层次（准则层）包含 $A_1, A_2, \cdots, A_m$ 共 m 个因素, 它们的层次总排序权重分别为 $a_1, a_2, \cdots, a_m$. 又设其后的下一层次（方案层）包含 n 个因素 $B_1, B_2, \cdots, B_n$, 它们关于 A_j 的层次单排序权重分别为 $b_{1j}, b_{2j}, \cdots, b_{nj}$. 特别地, 当 B_i 与 A_j 无关联时, 记 $b_{ij}=0$. 现求 B 层中各因素关于总目标的权重, 即求 B 层各因素的层次总排序权重 $b_1, b_2, \cdots, b_n$, 计算按下列表达式进行:

$$b_i=\sum_{j=1}^{m}b_{ij}a_j, \quad i=1, 2, \cdots, n.$$

若记各准则层对目标的权向量为 $w^{(2)}$, 显然向量 $w^{(2)}$ 是一个 m 维的列向量; 而分别将方案层对每个准则的权向量记为 $w_m^{(3)}$, 总共有 m 个这样的 n 维的列向量.

为了计算方案层对目标层的组合权向量, 我们将 m 个 $w_m^{(3)}$ 记为一个 $n{\times}m$ 的矩阵 $W^{(3)}$, 它的列由 $w_1^{(3)}, w_2^{(3)}, \cdots, w_m^{(3)}$ 依次构成, 即

$$W^{(3)}=[w_1^{(3)}, w_2^{(3)}, \cdots, w_m^{(3)}].$$

利用矩阵乘法容易算出, 第三层对第一层的组合权向量为

$$w^{(3)}=W^{(3)}w^{(2)}.$$

该向量是一个列向量, 其维数由方案层的元素个数决定.

2. 组合一致性检验

对层次总排序也需做一致性检验, 检验层次总排序由高层到低层逐层进行. 因为虽然各层次均已经过层次单排序的一致性检验, 各成对比较矩阵都已具有较为满意的一致性. 但当综合考察时, 各层次的非一致性仍有可能积累起来, 引起最终分析结果较严重的非一致性.

设 B 层中与 A_j 相关因素的成对比较矩阵在单排序中经一致性检验, 求得单排序一致性指标为 $\text{CI}(j)$（$j=1, 2, \cdots, m$）, 相应的平均随机一致性指标为 $\text{RI}(j)$, 则 B 层总排序随机一致性比例为

$$CR = \frac{\sum_{j=1}^{m} CI(j)a_j}{\sum_{j=1}^{m} RI(j)a_j}.$$

当CR<0.1时，认为层次总排序结果具有较满意的一致性并接受该分析结果.

8.2　层次分析法应用举例

AHP 方法经过几十年的发展，许多学者针对 AHP 的缺点进行了改进和完善，形成了一些新理论和新方法，像群组决策、模糊决策和反馈系统理论近几年已成为该领域的一个新热点. 在应用 AHP 法时，建立层次结构模型是十分关键的一步. 现通过分析解决一些实例，说明如何从实际问题中抽象出相应的层次结构并运用到解决实际问题当中.

8.2.1　午餐选择问题

用一个和人们生活密切相关的简单例子来讲解使用层次分析法解决问题的过程. 吃饭是每个人都必须面对的一个问题. 一方面，人们热衷于对美食的追求；另一方面，快节奏的工作又使得人们不得不考虑是否值得在吃的方面花费太多时间. 当然还有费用、就餐环境等因素，正是这些原因使得吃饭变成了一个值得好好研究的问题.

1. 建立层次结构模型

首先对影响人们就餐选择的因素进行归纳，大致可以用食物味道、就餐费用、时间花费、交通状况、就餐环境 5 个因素来构建层次结构模型，如图 8.2 所示.

图 8.2　午餐选择层次结构模型

随着物质生活越来越丰富，可供选择的食物五花八门，并且在不同地域也有不同的特色食品，因此这里就用方案 1、2、3 代替.

2. 构造成对比较矩阵

确定准则层各准则对目标层的权重是构造成对比较矩阵的前提，根据以上 5 个因素，可构造出如下 5 阶成对比较矩阵：

$$A=\begin{pmatrix} 1 & \dfrac{1}{2} & 4 & 3 & 3 \\ 2 & 1 & 6 & 4 & 4 \\ \dfrac{1}{4} & \dfrac{1}{6} & 1 & \dfrac{1}{2} & \dfrac{1}{3} \\ \dfrac{1}{3} & \dfrac{1}{4} & 2 & 1 & 1 \\ \dfrac{1}{3} & \dfrac{1}{4} & 3 & 1 & 1 \end{pmatrix}.$$

成对比较矩阵的构造是整个层次分析法由定性分析到定量分析的转变过程中非常重要的一个环节，如果对各指标的权重设定不合理，会导致矩阵一致性指标严重偏离.

3. 相关计算

利用和法计算出最大特征值为 $\lambda = 5.0799$，并由此计算出特征向量.

计算可得，$\mathbf{CR}=0.0178<0.1$，矩阵 A 通过一致性检验. 进而计算出准则层对目标层的权向量 $w^{(2)}=(0.2747, 0.4394, 0.0583, 0.1076, 0.1201)^{\mathrm{T}}$.

分别构造 3 个方案对准则层 5 个因素的成对比较矩阵，分别得到

$$B_1=\begin{pmatrix} 1 & \dfrac{1}{2} & \dfrac{1}{5} \\ 2 & 1 & \dfrac{1}{2} \\ 5 & 2 & 1 \end{pmatrix}, \quad B_2=\begin{pmatrix} 1 & 3 & 8 \\ \dfrac{1}{3} & 1 & 3 \\ \dfrac{1}{8} & \dfrac{1}{3} & 1 \end{pmatrix}, \quad B_3=\begin{pmatrix} 1 & 1 & 3 \\ 1 & 1 & 3 \\ \dfrac{1}{3} & \dfrac{1}{3} & 1 \end{pmatrix},$$

$$B_4=\begin{pmatrix} 1 & \dfrac{1}{3} & \dfrac{1}{4} \\ 3 & 1 & 1 \\ 4 & 1 & 1 \end{pmatrix}, \quad B_5=\begin{pmatrix} 1 & 1 & \dfrac{1}{5} \\ 1 & 1 & \dfrac{1}{5} \\ 5 & 5 & 1 \end{pmatrix}.$$

分别对这 5 个矩阵计算最大特征值、权向量和一致性指标，结果见表 8.3.

表 8.3　5 个成对比较矩阵的计算结果

	B_1	B_2	B_3	B_4	B_5
	0.1285	0.6816	0.4286	0.1263	0.1429
$w_k^{(3)}$	0.2766	0.2364	0.4286	0.4160	0.1429
	0.5949	0.0820	0.1429	0.4577	0.7143
λ_k	3.0055	3.0015	3	3.0092	3
CR	0.0048	0.0013	0	0.0079	0

最后根据组合权向量的计算公式可以算出方案层对目标层的权向量

$$w^{(3)}=(0.3905,\ 0.2668,\ 0.3428)^{\mathrm{T}}.$$

根据 $w^{(3)}$ 即可对 3 个方案进行排序，3 个方案的排序依次是方案 1，方案 3，方案 2.

8.2.2　最佳组队方案

问题描述： 在一年一度的全国大学生数学建模竞赛中，我校将组队参加，而参赛队员是在集训队员中选出的. 现有 20 名集训队员准备参加竞赛，根据队员的能力和水平要选出 18 名优秀队员参加比赛，选拔队员主要考虑的条件依次为有关学科的成绩、智力水平（反应思维能力、分析问题和解决问题的能力等）、动手能力（计算机的使用和其他方面实际操作能力）、写作能力、外语能力、协作沟通能力和其他特长，每个队员基本条件量化数据见表 8.4（采用五分制）.

表 8.4　队员基本条件量化数据表

能力\队员	I 学科成绩	II 智力水平	III 动手能力	IV 写作能力	V 外语能力	VI 协作能力	VII 其他特长
A	4.3	4.5	4.1	4.0	4.0	4.8	3.0
B	4.1	4.4	4.1	3.3	3.9	4.6	1.0
C	4.0	4.3	4.3	4.3	4.6	4.8	4.0
D	4.3	4.5	4.2	4.8	4.9	4.9	4.0
E	4.4	4.2	4.3	3.9	4.3	4.6	4.5
F	4.6	4.6	4.1	4.0	4.5	4.5	3.0
G	4.6	4.8	4.5	3.6	4.6	4.6	4.5
H	3.5	4.0	4.9	3.1	4.4	4.9	3.0
I	3.9	4.1	4.2	3.3	4.8	4.7	2.5
J	4.2	4.1	4.3	3.5	4.3	4.7	2.0
K	4.5	4.1	4.0	3.9	4.5	4.8	2.5
L	4.8	4.6	4.1	5.0	4.4	4.9	3.0
M	4.3	4.8	4.2	4.1	4.5	4.7	3.5
N	4.3	4.2	4.1	4.1	4.5	4.5	2.5
O	4.6	4.4	4.4	4.2	4.4	4.7	2.5

续表

队员＼能力	I 学科成绩	II 智力水平	III 动手能力	IV 写作能力	V 外语能力	VI 协作能力	VII 其他特长
P	4.7	4.2	4.3	4.4	4.3	4.8	3.0
Q	4.2	4.2	4.7	4.6	4.2	4.6	3.5
R	4.4	4.2	4.6	4.6	4.4	4.6	4.0
S	3.9	4.1	4.8	3.8	4.5	4.8	4.5
T	4.5	4.4	4.8	4.0	3.9	4.5	3.0

假设所有队员接受了同样的培训，外部环境相同，竞赛中不考虑其他的随机因素，竞赛水平的发挥只取决于表中所给的各项条件，并且参赛队员都能正常发挥自己的水平. 现在的问题是如何在 20 名队员中选出 18 名优秀队员参加竞赛.

模型的假设：

1）假设问题中提供队员的基本条件充分地反映了每一个队员的真实能力和水平.

2）假设每个队员的能力和水平在比赛中可以 100% 发挥，不受外界因素和环境的影响.

模型的建立及求解：

1. 利用层次分析法建立层次结构

1）最高层为目标层，即选择优秀队员. 要求从 20 名队员当中采取优胜劣汰的原则选出 18 名队员，也就是需要淘汰掉两名队员.

2）中间层为准则层，即每名队员都具备的各项条件，或者说是队员选拔的指标.

3）最底层为方案层，即供选择的 20 名队员.

整个问题的层次结构模型就很容易建立起来，如图 8.3 所示.

图 8.3　队员选拔的层次结构

2. 确定准则层对目标层的权重

（1）构造成对比较矩阵

由问题条件可知，选择队员主要依据的 7 项条件是依次排列的，但是其重要性并不是按照排列顺序确定的. 根据数学建模的实际情况以及对 7 项能力的要求，总结多年来数学建模队伍选拔的经验，一般认为学科成绩、智力水平、动手能力相对其他 4 项能力显得更为重要，写作能力、协作能力次之，外语能力的要求如果是在国内比赛就显得不那么重要了.

综上所述，我们根据 7 项能力对目标决策的影响程度进行综合考虑，排序为学科成绩、智力水平、动手能力、写作能力、协作能力、外语能力和其他特长. 并确定成对比较矩阵为

$$A = \begin{pmatrix} 1 & \frac{5}{4} & \frac{5}{4} & \frac{5}{3} & \frac{5}{2} & 5 & 6 \\ \frac{4}{5} & 1 & 1 & \frac{4}{3} & 2 & 5 & 4 \\ \frac{4}{5} & 1 & 1 & \frac{4}{3} & 2 & 4 & 3 \\ \frac{3}{5} & \frac{3}{4} & \frac{3}{4} & 1 & \frac{3}{2} & 3 & 3 \\ \frac{2}{5} & \frac{1}{2} & \frac{1}{2} & \frac{2}{3} & 1 & 2 & 2 \\ \frac{1}{5} & \frac{1}{5} & \frac{1}{4} & \frac{1}{3} & \frac{1}{2} & 1 & 1 \\ \frac{1}{6} & \frac{1}{4} & \frac{1}{3} & \frac{1}{3} & \frac{1}{2} & 1 & 1 \end{pmatrix},$$

且 A 是一个 7 阶正互反矩阵.

（2）计算 A 的特征值和特征向量

由和法可以求出最大的特征值 $\lambda_{max} \approx 7.0192$. 相应的特征向量为 $W_0 = (0.2555, 0.2055, 0.1916, 0.1490, 0.0993, 0.0482, 0.0508)^T$，即为准则层对目标层的权重.

MATLAB 程序代码：

```
a=[ 1  5/4    5/4     5/3     5/2    5   6;
    4/5 1     1       4/3     2      5   4;
    4/5 1     1       4/3     2      4   3;
    3/5 3/4   3/4     1       3/2    3   3;
    2/5 1/2   1/2     2/3     1      2   2;
    1/5 1/5   1/4     1/3     1/2    1   1;
```

```
       1/6  1/4    1/3      1/3     1/2     1   1];
for i=1:7
    s=0;
    for j=1:7
     s=s+a(j,i);
    end
    b(:,i)=a(:,i)/s;
end
for i=1:7
    m=0;
    for j=1:7
    m=m+b(i,j);
    end
    w(i)=m/7;
end
A=a*w';
k=0;
for i=1:7
    c(i)=A(i)./w(i);
    k=k+c(i);
end
w
z=k/7
```

（3）一致性检验

查表知 $n=7$ 时平均随机一致指标为 RI$=1.32$，且

$$\text{CI}^{(1)}=\frac{\lambda_{\max}-7}{7-1}\approx 0.0032\;.$$

于是一致性比率指标为

$$\text{CR}^{(1)}=\frac{\text{CI}^{(1)}}{\text{RI}}\approx 0.0024 < < 0.1\;.$$

因此，比较矩阵 A 的一致性检验是可接受的，即矩阵 A 的构造是合理的.

3. 确定方案层对准则层的权重

（1）构造各方案（队员）层对准则（队员的条件）层的权重

根据问题所给的条件和模型的假设 1 可知，队员的各条件充分的反映了每个队员的能力和水平，因此，可以利用每个队员（方案）的各项条件的比构造出相应的比较矩阵为 $A_k=(a_{ij}^{(k)})_{20\times 20}$（$k=1,2,\cdots,7$）.

设 $W_k=(w_1^{(k)},w_2^{(k)},\cdots,w_{20}^{(k)})^{\text{T}}$ 为准则 C_k（k 项条件）的相关数据（见表 8.4），则

$a_{ij}^{(k)} = \dfrac{w_i^{(k)}}{w_j^{(k)}}(i,j=1,2,\cdots,20)$，且 A_k 均为一致阵，其中 $k=1,2,\cdots,7$．

（2）计算各比较矩阵的特征值和特征向量

由于 n 阶一致阵唯一的非零特征值为 n，任一列（行）向量都是特征值 n 的特征向量．于是 $A_k(k=1,2,\cdots,7)$ 的非零特征值为 $\lambda=20$，相应的特征向量取第一列向量，即 $(a_{11}^{(k)},a_{21}^{(k)},\cdots,a_{20,1}^{(k)})^{\mathrm{T}} = \left(\dfrac{w_1^{(k)}}{w_1^{(k)}},\dfrac{w_2^{(k)}}{w_1^{(k)}},\cdots,\dfrac{w_{20}^{(k)}}{w_1^{(k)}}\right)^{\mathrm{T}} = \dfrac{(w_1^{(k)},w_2^{(k)},\cdots,w_{20}^{(k)})^{\mathrm{T}}}{w_1^{(k)}} = \dfrac{W_k}{w_1^{(k)}}$，此与向量 W_k 仅差一个比例常数 $1/w_1^{(k)}$，显然 W_k 也是 A_k 的特征向量．

（3）确定方案层对准则层的权重

将 A_k 的特征向量 W_k 归一化分别可以得到方案层对准则层的权重，利用 MATLAB 软件计算，结果见表 8.5．

表 8.5   方案层对准则层的权重

权向量 队员	W_1	W_2	W_3	W_4	W_5	W_6	W_7
A	0.0501	0.052113	0.047317	0.050031	0.045195	0.050802	0.047244
B	0.0478	0.050955	0.04674	0.04065	0.04405	0.048663	0.015748
C	0.0466	0.049797	0.049048	0.053158	0.052632	0.051337	0.062992
D	0.0501	0.051534	0.047894	0.060038	0.055492	0.051872	0.062992
E	0.0513	0.048639	0.049048	0.048155	0.049199	0.049198	0.070866
F	0.0536	0.053272	0.047317	0.049406	0.051487	0.048128	0.047244
G	0.0536	0.055588	0.051933	0.045028	0.052059	0.049198	0.070866
H	0.0408	0.046323	0.056549	0.038774	0.049771	0.051872	0.047244
I	0.0449	0.047481	0.048471	0.04065	0.054348	0.049733	0.03937
J	0.0484	0.046902	0.049625	0.043152	0.048627	0.050267	0.031496
K	0.0524	0.047481	0.046163	0.04878	0.051487	0.050802	0.03937
L	0.0559	0.052693	0.04674	0.061914	0.049771	0.051872	0.047244
M	0.0495	0.055588	0.047894	0.050657	0.051487	0.049733	0.055118
N	0.0501	0.04806	0.047317	0.050657	0.051487	0.048128	0.03937
O	0.0530	0.050376	0.050779	0.052533	0.050343	0.050267	0.03937
P	0.0542	0.048639	0.049625	0.055034	0.049199	0.050802	0.047244
Q	0.0490	0.048639	0.054241	0.057536	0.048055	0.048663	0.055118
R	0.0507	0.04806	0.053087	0.056911	0.049771	0.049198	0.062992
S	0.0455	0.046902	0.055395	0.04753	0.051487	0.051337	0.070866
T	0.0524	0.050955	0.054818	0.049406	0.04405	0.048128	0.047244

4. 确定方案层对目标层的组合权重

1）由准则层对目标层的权向量 W_0 和方案层对准则层的权重（见表 8.5）利用 MATLAB 软件计算可得方案层对目标层的组合权重.

$$W=(w_A,w_B,\cdots,w_T)^{\mathrm{T}}=[W_1,W_2,\cdots,W_7]W_0.$$

其中，向量 W 的 20 个分量分别为方案层（20 名队员）相对目标层的权重.

2）组合一致性检验.

由于方案层对准则层的比较矩阵 A_k 均为一致阵，因此相应地

$$\mathrm{CI}^{(2)}=(\mathrm{CI}_1^{(2)},\mathrm{CI}_2^{(2)},\cdots,\mathrm{CI}_7^{(2)})W^{\mathrm{T}}=0$$

于是一致性比例指标 $\mathrm{CR}^{(2)}=\dfrac{\mathrm{CI}^{(2)}}{\mathrm{RI}}=0$ ，因此组合一致性比例指标为

$\mathrm{CR}=\mathrm{CR}^{(1)}+\mathrm{CR}^{(2)}=0.0249$，即通过了组合一致性检验，组合权向量可以作为目标决策的依据.

5. 选择队员

将方案层对目标层的权重作为每个队员技术水平指标，根据大小排序，结果见表 8.6.

表 8.6　队员能力综合排序

队员	A	B	C	D	E	F	G	H	I	J
权重	0.0494	0.0452	0.0504	0.0527	0.0505	0.0509	0.0529	0.0464	0.0463	0.0468
排序	14	20	12	3	11	8	2	18	19	17
队员	K	L	M	N	O	P	Q	R	S	T
权重	0.0488	0.0531	0.0511	0.0487	0.0509	0.0513	0.0514	0.0520	0.0501	0.0508
排序	15	1	7	16	9	6	5	4	13	10

由排序结果，淘汰 B 和 I 两名队员，其余的 18 名为入选参赛的优秀队员.

8.2.3　教师综合评价体系

随着社会的进步，教师所承担的职责也越来越多. 教师角色正从传统的教书育人职能向更多的方向扩展，尤其是对于高校教师，科研工作的重要性越来越突出，要评价教师的贡献就需要从多方面进行综合考虑，层次分析法可以很好地解决这一问题.

学校要对 4 位教师（记为 T_1, T_2, T_3, T_4）的贡献进行评价. 其中 T_1, T_2 专职教学，T_4 专职科研，而 T_3 则是教学和科研"双肩挑". 运用层次分析法可以建立层

图 8.4   教师评价层次结构

次结构模型, 如图 8.4 所示. 该层次结构模型中并不是每个准则都支配它的子准则层的所有因素, 而只是支配其中一部分因素, 这种层次结构称为不完全层次结构. 因此此类问题就不能按照完全层次结构模型来解决, 必须进行适当的处理.

第一种处理方法是先将不支配因素的权向量分量简单置 0, 即一个准则若不支配它下层的某个子准则, 我们就将该子准则对上层准则的权向量的对应分量记为零, 这从某种程度上来讲是一种合理的方式. 按照这种处理方式, 可以将 C_1, C_2 对第一层的权向量记为 $w^{(2)} = (w_1^{(2)}, w_2^{(2)})^T$, 而将 $T_1 - T_4$ 分别对 C_1, C_2 的权向量记为 $w_1^{(3)} = (w_{11}^{(3)}, w_{12}^{(3)}, w_{13}^{(3)}, 0)^T$ 和 $w_2^{(3)} = (0, 0, w_{23}^{(3)}, w_{24}^{(3)})^T$, 根据组合权向量的计算公式:

$$w^{(3)} = W^{(3)} w^{(2)}, \quad W^{(3)} = (w_1^{(3)}, w_2^{(3)}).$$

考察一个特殊情况: 教学与科研两个准则的重要性相同, 即 $w^{(2)} = \left(\dfrac{1}{2}, \dfrac{1}{2}\right)^T$, 4 位教师不论从事教学或科研, 能力都相同, 即 $w_1^{(3)} = \left(\dfrac{1}{3}, \dfrac{1}{3}, \dfrac{1}{3}, 0\right)^T$, $w_2^{(3)} = \left(0, 0, \dfrac{1}{2}, \dfrac{1}{2}\right)^T$. 公正的评价应该是, 只担任一项工作的人贡献相同, 而同时承担两项工作的贡献是其他人的两倍. 事实是否果真如此呢? 按照组合权向量的计算公式可以算出 $w^{(3)} = \left(\dfrac{1}{6}, \dfrac{1}{6}, \dfrac{5}{12}, \dfrac{1}{4}\right)^T$, 显然这个结果是不合理的.

考虑另一种办法, 利用支配因素的数量对权向量 $w^{(2)}$ 进行加权, 修正为 $\tilde{w}^{(2)}$, 再计算 $w^{(3)}$. 将 C_1, C_2 支配因素的个数分别记为 n_1, n_2, 令

$$\tilde{w}^{(2)} = \frac{(n_1 w_1^{(2)}, n_2 w_2^{(2)})^T}{(n_1 w_1^{(2)} + n_2 w_2^{(2)})}$$

上式中的分母是为了归一化的需要. 再计算组合权向量 $w^{(3)} = W^{(3)} w^{(2)}$, 可得到 $w^{(3)} = \left(\dfrac{1}{5}, \dfrac{1}{5}, \dfrac{2}{5}, \dfrac{1}{5}\right)^T$, 这是符合上述情形的.

可以看出, 上述结果是在一种很理想化的假设, 即教师从事教学或科研都完全由上级安排, 并且在假定每个人的能力都相同的条件下得出的, 显然每个人的能力有差别, 而且也不可能从事完全相同的工作. 如果从实际出发, 充分

考虑每名教师的能力和特长，发挥其主动性和创造性，那又应该如何对权向量进行修正呢？

8.2.4 特殊的层次结构模型

大学生作为高等教育的参与者和受益者，经历过四年学习和磨炼，需要对其各方面的素质进行综合的评价，一方面作为学校改进培养模式，提高培养质量的依据，也作为评比的依据；另一方面可以为用人单位择优录取提供一个很好的参考. 通常要完成这样一个工作是非常庞大的工程，要做全面的检查、测试和分析，层次分析法是进行综合评价的方法之一. 某校建立的综合评价指标体系见表 8.7.

表 8.7 大学毕业生综合评价指标

类别	指标
德育素质	政治表现
	道德修养
	纪律性
	学习积极性
	参与集体活动
	参与公益活动
专业素养	专业课成绩
	实践能力
	科研创新能力
	协作沟通能力
	计算机水平
	外语水平
身心素质	身体素质
	健康习惯
	体育达标
	心理状况

根据所给出的指标体系很容易构造出该系统的层次结构模型如图 8.5 所示.

后续的步骤略去，只要给出了层次结构模型，根据实际情况就可以构造出合理的成对比较矩阵，经过一系列运算进而得到需要的评价结果. 需要注意的是，如果各子准则的总数超过 9 个，则必须将这些准则进行归类，构造复合的层次结构.

图 8.5   大学毕业生综合评价的层次结构

8.3   层次分析法运用中的问题

层次分析法对人们的思维过程进行了加工整理，提出了一套系统分析问题的方法，为科学管理和决策提供了较有说服力的依据. 但层次分析法也有其局限性，主要表现在：

1）层次分析法在很大程度上依赖于人们的经验，主观因素的影响很大，它至多只能排除思维过程中的严重非一致性，却无法排除决策者个人可能存在的严重片面性.

2）比较、判断过程较为粗糙，不能用于精度要求较高的决策问题. AHP 至多只能算是一种半定量或定性与定量结合的方法.

层次分析法要运用到实际问题中，主要存在的困难有两个：一是如何根据实际情况找出较为贴切的层次结构模型；二是如何将某些定性的量做比较接近实际的量化处理. 并且，层次分析法只能从原有的方案中优选一个出来，没有办法得出更好的新方案. 此外，层次分析法中的比较、判断以及结果的计算过程都是粗糙的，不适用于精度较高的问题.

从建立层次结构模型到给出成对比较矩阵，人的主观因素影响很大，这就使得结果难以让所有的决策者接受. 虽然可以采取专家团队群体判断的方法克服这个缺点，但其主观性的缺点仍然不能根除.

习　题

1. 根据自己的认识或实地调查确定出相应的准则或指标,构造合理的成对比较矩阵并用层次分析法解决下列问题:

(1) 优秀班级评选.

(2) 养殖业的品种选择.

(3) 大型购物中心选址.

(4) 选购手机.

(5) 寒暑假回家的交通选择.

2. 有 3 个干部候选人 Y_1, Y_2, Y_3, 选拔的标准有 5 个:品德、才能、资历、学历和群众关系,见表 8.8.

运用层次分析法解决如何从 3 个干部候选人中选择一个.

表 8.8　选拔标准

人选＼指标	品德	才能	资历	学历	群众关系
Y_1	4.4	4.2	4.3	3.8	4.3
Y_2	4.4	4.5	3.6	4.0	4.5
Y_3	4.6	4.1	4.5	3.6	4.2

3. 某地决定采用挖掘地下通道、架设立交桥、拓宽道路等方式来缓解交通压力,试构造合理的层次结构模型来解决此类问题.

4. 各高校对学生毕业论文的评价指标体系有所差异,试了解本校的毕业论文评价标准,构造适当的层次分析模型.

第9章 图论模型

18世纪，图论（Graph Theory）起源于欧洲．瑞士著名数学家 Euler（欧拉）于1736年发表的第一篇图论论文——"哥尼斯堡七桥问题"，不但解决了曾经困扰了人们多年的难题，同时它宣告了图论这门学科的诞生．

在普鲁士的小镇哥尼斯堡，一条河穿城而过，河中央有两个小岛，分别记为 A、B，河岸分别记为 C、D，小岛之间及小岛与河岸共有 7 座桥连接，如图 9.1 所示．能否从 4 块陆地中的任何一处出发，恰好通过每座桥一次再回到起点？这就是著名的"哥尼斯堡七桥问题"．人们曾经做过很多尝试，但是都没有获得成功．

为了解决这个问题，Euler 将问题进行几何抽象：将小岛和河岸分别用"点"代替，将桥用连接这些点的"线"来代替，得到一个包含 4 个"点"，7 条"线"的"图"，如图 9.1 所示．于是将七桥问题转化为"如何从该图中任何一点出发一笔画出这个图，最后回到起始点"的问题．因为每次经过一个点必须消耗掉两条与该点相关联的边（从一边进入，另一边离开），所以和每个点相关联的边数应该是一个偶数，此问题显然是无解的．

七桥问题　　　　　　　　　点线表示七桥

图 9.1　七桥问题及其图的表示

图论中的"图"是指某类具体事物和这些事物之间的联系的一个集合．如果我们用点表示这些具体事物，用连接两点的线段（直的或曲的）表示两个事物的特定的联系，就得到了描述这个"图"的几何形象．图论为包含二元关系的离散系统提供了数学模型，借助于图论的概念、理论和方法，可以对该模型求解．

随着相关理论和方法的不断完善及计算机技术的促进，图论渗透到物理、化学、通信科学、建筑学、生物遗传学、心理学、经济学、社会学等许多学科当中，并且得到广泛应用．图论这门学科涉及的问题多且广泛，看似简单，本质上却十分复杂深刻，解决问题的方法也千变万化，灵活多变．

9.1 图的基本知识

9.1.1 图的相关定义

图（Graph）是由一个表示对象的非空集合和一个表示这些对象之间关系的非空集合所构成的二元组，通常用大写字母 G，H 等表示.

定义 9.1 一个无向图（Undirected Graph）G 由一个非空点集 $V(G)$ 和其中元素的无序关系集合 $E(G)$ 构成，记为 $G=(V(G), E(G))$，简记为 $G=(V, E)$.

$V=\{v_1, v_2, \cdots, v_n\}$ 称为无向图 G 的顶点集或节点集，每一个元素 $v_i(i=1, 2, \cdots, n)$ 称为图 G 的一个顶点或节点；$E=\{e_1, e_2, \cdots, e_m\}$ 称为无向图 G 的边集，每一个元素 $e_k(k=1, 2, \cdots, m)$（即 V 中某两个元素 v_i，v_j 的无序对）记为 $e_k=(v_i, v_j)=(v_j, v_i)$ 或 $e_k=v_iv_j=v_jv_i$，称为无向图 G 的一条边.

当一条边可表示为 $e_k=v_iv_j$ 时，称 v_i，v_j 为边 e_k 的端点，并称 v_i 与 v_j（v_j 与 v_i）相邻；边 e_k 称为与顶点 v_i，v_j 关联. 如果某两条边至少有一个公共顶点，则称这两条边在图 G 中相邻，没有公共顶点的边称为相互独立的.

定义 9.2 一个有向图（Digraph）D 是由一个非空点集 $V(D)$ 和其中元素的有序关系集合 $A(D)$ 构成，记为 $D=(V(D), A(D))$，简记为 $D=(V, A)$.

$V=\{v_1, v_2, \cdots, v_n\}$ 称为有向图 D 的顶点集或节点集，V 中的每一个元素 $v_i(i=1, 2, \cdots, n)$ 称为该图的一个顶点或节点；$A=\{a_1, a_2, \cdots, a_m\}$ 称为有向图 D 的弧集，A 中的每一个元素 a_k（V 中某两个元素 v_i，v_j 的有序对）记为 $a_k=(v_i, v_j)$ 或 $a_k=v_iv_j(k=1, 2, \cdots, n)$，被称为该有向图的一条从 v_i 到 v_j 的弧.

当一条弧可表示为 $a_k=v_iv_j$ 时，称 v_i 为 a_k 的头，v_j 为 a_k 的尾，或者说 v_i 到 v_j 相邻，v_j 从 v_i 相邻；称弧 a_k 为 v_i 的出弧，为 v_j 的入弧.

通常集合 V 中元素个数称为集合的基数（Cardinality），在不引起混淆的情况下，本章中记为 $|V|$. 图的顶点集中点的数量 $|V|$ 称为图的阶，边集中边的数量 $|E|$ 称为图的边数. 若一个图的顶点集和边集都是有限集，则称该图为有限图.

定义 9.3 给一个图的每一条边（弧）赋予一个数字，则得到一个 **赋权图**（Weighted Graph）.这些数字可以表示距离、花费、时间等,统称为权重（Weight）.无向图和有向图都可以赋权.

例 9.1 下面 3 个图 G，D，W 分别是无向图、有向图和赋权图，如图 9.2 所示.

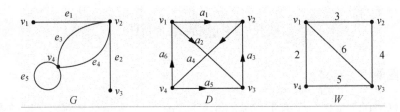

图 9.2　无向图、有向图和赋权图

只有一个顶点的图称为平凡图，除平凡图外所有图都被称为非平凡图．

如果图的一条边（或者弧）的两个顶点是同一个点，则称这条边为环．

在无向图当中，如果有两条边的顶点完全相同，则称这两条边为关联这两个顶点的重边．在有向图当中，当两条弧端点和方向都相同时才称为重边．

既没有重边也没有环的图被称为简单图，否则称为复杂图．

9.1.2　图的顶点的度

定义9.4　1）在无向图中，与顶点 v 关联的边数称为 v 的**度**（Degree），记为 $d(v)$．

度为奇数的点称为奇顶点，度为偶数的点称为偶顶点．度为 0 的点称为**孤立点**，它不与任何点相邻．度为 1 的点称为叶子．

所有顶点度都为 k（$k = 1, 2, \cdots, |V|-1$）的简单图被称为 k 阶正则图．特别地，若图的各顶点的度均等于 $|V|-1$，即任意一顶点都和其他顶点相邻，则称此图为完全图，具有 n 个顶点的完全图记为 K_n．

2）在有向图中，顶点 v 引出的边数称为 v 的**出度**（Out Degree），记为 $d^+(v)$；顶点 v 引入的边数称为 v 的**入度**（In Degree），记为 $d^-(v)$．

显然在有向图中，所有顶点的出度与入度总和应该相等，即 $\sum_{v \in V(D)} d^+(v) = \sum_{v \in V(D)} d^-(v)$，任一顶点 v 的度应为其出度与入度之和，即 $d(v) = d^+(v) + d^-(v)$．

若有向图中任意两点 v_i，v_j 之间有且仅有一条有向边，则称该图为严格有向图．

定理 9.1　图的顶点的度的总和等于边数的两倍．

$$\sum_{v \in V(G)} d(v) = 2|E|.$$

显然所有顶点的度的总和为一个偶数，也就是说，在计算一个图的总度数的时候，所有的边都被计算了两次．

推论 9.1　在有向图中

$$\sum_{v \in V(D)} d(v) = \sum_{v \in V(D)} d^+(v) + d^-(v) = 2|E|.$$

推论 9.2　任何图中奇顶点的总数必为偶数.

例 9.2　在一次聚会中，认识奇数个人的人数一定是偶数.

认识是指人与人之间相互认识，即 a 若认识 b，则 b 也认识 a. 可以把聚会中的所有人看作点，把认识关系看作边，从而构造出一个无向图. 每个人认识其他的人的数量要么为奇数，要么为偶数，可以分别看作该顶点的度. 由定理 9.1，所有认识关系的总和是一个偶数.

因为无论奇数个偶数还是偶数个偶数之和均为偶数，因此要满足总和为偶数，必然应该有偶数个奇数.

9.1.3　子图及运算

1. 子图

定义 9.5　设图 $G=(V,E)$，$H=(V_1,E_1)$，则

1）若 $V_1 \subseteq V$，$E_1 \subseteq E$，则称 H 是 G 的**子图**. 特别地，若 $V_1=V$，$E_1 \subseteq E$，则称 H 为 G 的**生成子图**.

2）设 $V_1 \subseteq V$，且 $V_1 \neq \varnothing$，以 V_1 为顶点集、两个端点都在 V_1 中的图 G 的边为边集的子图，称为 G 的**由 V_1 导出的子图**，记为 $G[V_1]$.

3）设 $E_1 \subseteq E$，且 $E_1 \neq \varnothing$，以 E_1 为边集，E_1 的端点集为顶点集的图 G 的子图，称为 G 的**由 E_1 导出的子图**，记为 $G[E_1]$.

以图 9.3 为例，图 $G[\{v_1,v_2,v_4,v_5\}]$ 表示定义 9.5 中 2)的导出子图，图 $G[\{e_1,e_4,e_5\}]$ 表示定义 9.5 中 3)的导出子图.

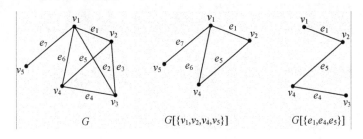

$$G \qquad G[\{v_1,v_2,v_4,v_5\}] \qquad G[\{e_1,e_4,e_5\}]$$

图 9.3　两种导出子图

2. 图的运算

图的运算类似于集合运算，由于图是二元集，所以较之集合运算又有一些不同.

定义 9.6　$G=(V,E)$，$G_1=(V_1,E_1)$，$G_2=(V_2,E_2)$ 为 3 个图，则

1）两个图 G_1 与 G_2 的**和**为 $G_1+G_2=(V_1 \cup V_2, E_1 \cup E_2)$.

2）$v \in V$，$e \in E$，$G-\{v\}$ 表示从图 G 中去掉点 v，同时去掉和 v 相关联的所

有的边；$G-\{e\}$ 表示仅去掉边 e 而不去掉任何的顶点. 可推广到多个点和多条边的情形.

3）两个图 G_1 与 G_2 的**差**为 $G_1-G_2=(V_1-V_2,E_1-E_2)$.

4）图 G 具有 n 个顶点，其**补图**可表示为 $\overline{G}=K_n-E$，即图 G 的补图和它自身具有相同的顶点集.

以图 G 和 H 为例，图的加法及 H 补图如图 9.4 所示.

图 9.4　图的加法与补图

定义9.7　两个图 $G_1=(V_1,E_1)$，$G_2=(V_2,E)$ 的笛卡儿积表示为 $C=G_1\times G_2$，其点集 $V(C)=\{(u_i,v_j)(i=1,2,\cdots,|V_1|,\ j=1,2,\cdots,|V_2|)\}$，其边集 $E(C)$ 由如下规则确定：若两点的第一个坐标相同，第二个坐标表示的点在某个图中相邻，或者第二个坐标相同，第一个坐标表示的点在某个图中相邻，则两点在 C 中相邻，所有满足此规则的相邻关系构成 $E(C)$.

从图 9.5 可以看出，图的笛卡儿积仍然是一个图，其顶点的表示方法类似于平面坐标系下点的表示方法，它的顶点数量等于两个作为因子的图的顶点数量的乘积，而点的相邻关系的判别规则尤其需要注意.

图 9.5　笛卡儿积

9.1.4　图的连通性

定义 9.8　在一个图 $G=(V,E)$ 中，若存在一个以 v_0 为起点，以 v_k 为终点的点与边交替的序列：$v_0e_1v_1e_2v_3\cdots v_k(k=1,2,\cdots)$，则称这个序列为一条从 v_0 到 v_k 的通路. 在简单图中可以仅用点来表示这个序列.

图 9.6 中 $v_1e_1v_2e_2v_3e_{10}v_7e_{11}v_6e_{11}v_7e_9v_2$ 是一条 v_1 到 v_2 的通路，这样的通路还有很多. 只要从起点到终点的过程中经过的所有点与点，边与边顺次相邻，就构成一条通路. 可见通路中允许各点和边重复多次出现.

图 9.6　图的迹、路径、回路、圈

定义 9.9　若在起点 v_0 和终点 v_k 之间存在一条不经过重复的边的通路,则称其为一条 v_0—v_k 迹. 起点和终点相同的迹称为回路.

图 9.6 中 $v_1 e_8 v_7 e_4 v_4 e_3 v_3 e_{10} v_7 e_9 v_2$ 是众多 v_1—v_2 迹中的一条. 可见在迹中允许重复经过点,但是不存在重复的边.

定义 9.10　若在起点 v_0 和终点 v_k 之间存在一条不经过重复的点的通路,则称其为一条 v_0—v_k 路径. 具有 n 个顶点的路径记为 P_n. 起点和终点相同的路径称为圈. 圈的顶点数和边数相同,具有 n 个顶点的圈记为 C_n,n 为奇(偶)数称为奇(偶)圈.

定义 9.11　在图 $G=(V,E)$ 中,两点 v_i 与 v_j (v_i,$v_j \in V$)之间若存在至少一条以其中一点为起点,另外一点为终点的路径,则称这两点是连通的;否则称这两点非连通. 更一般地,若图中任意两点都是连通的,则称该图是连通图,否则就称为非连通图. 非连通图总是由一些连通的分支所组成.

定义 9.12　图 $G=(V,E)$ 是连通图,若 $G-u$ ($u \in E$)为非连通图,则称点 u 为图 G 的割点.

定义 9.13　图 $G=(V,E)$ 是连通图,若 $G-e$ ($e \in E$)为非连通图,则称边 e 为图 G 的桥.

图的连通性由连通度来刻画,可以分为点连通度和边连通度两个方面来度量,这两方面是不一样的.

定义 9.14　图 $G=(V,E)$ 是连通图,若 $G-V_1$ ($V_1 \subset V$)为非连通图,则称 V_1 为图 G 的割点集. 使得图 $G-V_1$ 非连通且包含点数最少的点集 V_1 称为图 G 的最小割点集. 图的点连通度(记为 $k(G)$)等于最小割点集的基数.

定义 9.15　图 $G=(V,E)$ 是连通图,若 $G-E_1$ ($E_1 \subset E$)为非连通图,则称 E_1 为图 G 的割边集(Edge Cut). 使得图 $G-E_1$ 非连通且包含边数最少的边集 E_1 称为图 G 的最小割边集. 图的边连通度(记为 $\lambda(G)$)等于最小割边集的基数.

注:割点集并不全由割点构成,一个非完全连通图可以不存在割点,但总存在割点集. 割边集同样如此,一个非平凡图不一定存在桥,但一定存在割边集.

显然一个图连通且存在割点,它的点连通度为 1. 同样,如果一个连通图包含桥，它的边连通度为 1. 考察一个图的连通性直观上可以通过观察它是否存在割点和桥来衡量（见图 9.7）. 图的最小度（记为 $\delta(G)$）、点连通度和边连通度之间满足

$$0 \leqslant k(G) \leqslant \lambda(G) \leqslant \delta(G).$$

当且仅当图 G 为非连通图时，点连通度和边连通度为 0.

图 9.7　割点与桥

在图 9.8 中，$k(G)=1, \lambda(G)=2, \delta(G)=3$ 可以很好地说明上述不等式关系.

定义 9.16　有向图 $D=(V,A)$ 中，$v_i, v_j \in V$. 若既存在 v_i 到 v_j 的有向路径，也存在 v_j 到 v_i 的有向路径，则称此有向图是强连通的.

定义 9.17　图 $G=(V,E)$ 中任意两点 v_i 与 v_j 之间最短路径的长度称为两点之间的距离，记为 $d(v_i, v_j)$ 或者 d_{ij}. 两点之间若不存在路径（对有向图是指不存在方向一致的路径），则距离为 ∞. 例如，两个顶点分别位于非连通图的两个分支.

一般情况下，两点若相邻，则两点之间的距离为 1，即一条边的长度为 1；对于赋权图，若两点相邻，则距离由权重确定.

思考一下图 9.9 中 s 与 t 之间的距离是多少？

图 9.8　连通度示意图　　　　　　　　图 9.9　两点距离示意图

9.1.5　特殊图

定义 9.18　$G=(V,E)$，若 $V = X \cup Y$，$X \cap Y = \varnothing$，同一点集 X 或 Y 中任意两个顶点都不相邻，即 X 中的点只能和 Y 中的点相邻，Y 中的点也只和 X 中的点相邻，称 G 为二部图；若 X 中任一顶点皆与 Y 中任一顶点相邻且 Y 中任一顶点皆与 X 中任一顶点也相邻，称 G 为完全二部图，记为 $K_{m,n}$，其中 m, n 分别为 X 与 Y 的基数.

任何路径均为二部图，所有长度为偶数的圈也是二部图（为什么长度为奇数的不是？）. 有时候某些图并不能直观地看出它们是二部图，以图 9.10 为例可以保持相邻关系不变的前提下改变形状使其一目了然.

图 9.10 二部图的演化

定理 9.2 一个图是二部图当且仅当它不存在奇圈.

定义 9.19 一个图中若存在一个到其余顶点距离都为 1 的顶点，则此图称为星形图. 此外还有车轮图、双星图等，如图 9.11 所示.

星形图   车轮图   双星图

图 9.11 几种特殊图

9.2 图的矩阵表示

图的表示方式除了直观的点与边的表示之外，为了借助计算机技术来解决更复杂的图的问题而通常采用的方法是矩阵方式.

9.2.1 邻接矩阵

邻接矩阵是图中点与点之间的相邻关系的一种矩阵表示形式.

对无向图 G，其邻接矩阵为一个方阵 $A=(a_{ij})_{|V|\times|V|}$，其行列数均等于图的顶点数，其每个元素按如下规则定义：

$$a_{ij}=\begin{cases} 1, & v_i \sim v_j \\ 0, & v_i \nsim v_j \end{cases}$$

其中，$v_i \sim v_j$ 表示两点相邻，$v_i \nsim v_j$ 表示两点不相邻. 也就是说，如果两顶点 v_i 与 v_j 之间有一条边相关联，则邻接矩阵中对应的元素为 1；否则为 0.

对赋权无向图 W，其邻接矩阵 $A=(a_{ij})_{|V|\times|V|}$，其中

$$a_{ij}=\begin{cases} w_{ij}, & v_i \sim v_j 且 w_{ij} 为其权 \\ 0, & i=j \\ \infty, & v_i \nsim v_j \end{cases}.$$

例 9.3 图 9.12 所示的图用邻接矩阵和赋权邻接矩阵表示.

图 9.12 所示的图用邻接矩阵和赋权邻接矩阵分别表示：

$$\begin{matrix} & v_1 & v_2 & v_3 & v_4 & v_5 \\ A= & \begin{pmatrix} 0 & 1 & 0 & 0 & 1 \\ 1 & 0 & 1 & 0 & 1 \\ 0 & 1 & 0 & 1 & 0 \\ 0 & 0 & 1 & 0 & 1 \\ 1 & 1 & 0 & 1 & 0 \end{pmatrix} & \begin{matrix} v_1 \\ v_2 \\ v_3 \\ v_4 \\ v_5 \end{matrix} \end{matrix}$$

$$\begin{matrix} & v_1 & v_2 & v_3 & v_4 & v_5 \\ & \begin{pmatrix} 0 & 5 & \infty & \infty & 4 \\ 5 & 0 & 8 & \infty & 2 \\ \infty & 8 & 0 & 4 & \infty \\ \infty & \infty & 4 & 0 & 3 \\ 4 & 2 & \infty & 3 & 0 \end{pmatrix} & \begin{matrix} v_1 \\ v_2 \\ v_3 \\ v_4 \\ v_5 \end{matrix} \end{matrix}$$

图 9.12　例 9.3 示意图

可见无向图的邻接矩阵为一个对角线全为 0 的 0-1 对称阵.

邻接矩阵的幂运算 $A^{(k)}(k=1, 2, \cdots)$ 中任意位置上的元素 $a_{ij}^{(k)}$（注意这里只是一种形式化的表示，其值由矩阵幂运算确定）表示点 i 到点 j 长度为 k 的通路的数量. 例如：

$$A^3 = \begin{pmatrix} 2 & 4 & 2 & 2 & 4 \\ 4 & 2 & 5 & 1 & 6 \\ 2 & 5 & 0 & 4 & 1 \\ 2 & 1 & 4 & 0 & 5 \\ 4 & 6 & 1 & 5 & 2 \end{pmatrix}$$

$A^3(3,4) = 4$ 表示从 v_3 到 v_4 长度为 3 的通路总共有 4 条，分别为 $v_3 v_2 v_5 v_4$，$v_3 v_4 v_3 v_4$，$v_3 v_4 v_5 v_4$，$v_3 v_2 v_3 v_4$.

9.2.2　关联矩阵

关联矩阵是图中点与边之间的关联关系的一种矩阵表示形式. 关联矩阵的行数等于图的点数 $|V|$，列数等于边数 $|E|$. 因此与邻接矩阵不同，关联矩阵未必是方阵.

对于无向图，其关联矩阵 $M = (m_{ij})_{|V| \times |E|}$，其中

$$m_{ij} = \begin{cases} 1, & v_i \sim e_j \\ 0, & v_i \nsim e_j \end{cases},$$

其中，$v_i \sim e_j$ 表示 v_i 与 e_j 关联，而 $v_i \nsim e_j$ 则表示 v_i 与 e_j 不关联.

例 9.4　图 9.13 用关联矩阵表示.

关联矩阵表示如下：

$$\begin{matrix} & e_1 & e_2 & e_3 & e_4 & e_5 & e_6 \\ & \begin{pmatrix} 1 & 0 & 1 & 0 & 0 & 0 \\ 1 & 1 & 0 & 1 & 0 & 0 \\ 0 & 1 & 0 & 0 & 1 & 0 \\ 0 & 0 & 0 & 1 & 1 & 1 \\ 0 & 0 & 1 & 0 & 0 & 1 \end{pmatrix} & \begin{matrix} v_1 \\ v_2 \\ v_3 \\ v_4 \\ v_5 \end{matrix} \end{matrix}$$

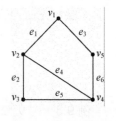

图 9.13　例 9.4 示意图

邻接矩阵和关联矩阵在表示图的时候直观简洁，但是不难看出，在这些矩阵中存在大量的 0. 例如，在邻接矩阵中，在 n^2 个元素中，仅有 $2m$ 个元素非 0（当 m 较小时），因此会浪费大量的存储空间.

9.3 图的方法建模

某一地区有若干个主要城市，现准备修建高速公路把这些城市连接起来，使得从其中任何一个城市都可以经高速公路直接或间接到达另一个城市（见图 9.14）. 假定已经知道了任意两个城市之间修建高速公路的成本（见表 9.1），那么应在哪些城市间修建高速公路，使得总成本最小？

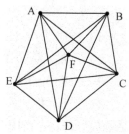

图 9.14 城市交通图

显然如果用图论的语言来描述这个问题：找到如图 9.14 所示的一个生成子图，使得该生成子图是连通的，并且任意两点之间仅存在唯一路径.

这个问题可以用图论中关于最小生成树的理论来解决. 最小生成树问题是图论中最基本的理论之一.

表 9.1 修路费用表

单位：万元

城市／费用／城市	F	E	D	C	B
E	55000				
D	54000	36000			
C	62000	106000	60000		
B	60000	130000	112000	49000	
A	48000	40000	97000	100000	45000

9.3.1 图的最小生成树及算法

1. 树及最小生成树

"树"是图论中一个非常重要的概念，什么是"树"呢？它与我们日常生活中简单的树有哪些不同呢？

定义 9.20 连通的无圈图称为树，记为 T. 树中度为 1 的点称为叶子节点.

图 9.15 是具有 5 个顶点的不同的树. 可以看出树的一般特征：

1）树的顶点数比边数多 1.

2）任意两点之间仅存在唯一路径.

3）除了叶子节点，每个点都是割点.

4）每条边都是桥.

树的判别可运用下面的定理.

定理 9.3　一个图 $G=(V, E)$ 若满足下列任意两个条件，则称图 G 为树.

图 9.15　树

1）连通.

2）点数＝边数＋1.

3）不存在任何的圈.

再进一步考察树的结构可以发现，去任意一条边，树都会变得不连通，而任意添加一条边，树中会出现圈.

定理 9.4　树是既具有最小连通性，也具有最大无圈性的连通图.

定义 9.21　若图 $G=(V, E)$ 及树 T 之间满足 $V(G)=V(T)$，$E(T) \subset E(G)$，则称 T 是 G 的生成树. 一个连通图的生成树的个数很多，用 $\tau(G)$ 表示 G 的生成树的个数.

计算一个 n 阶完全图的生成树的数目有如下公式：

$$\tau(K_n)=n^{n-2}.$$

这个公式被称为 Cayley 公式. 因此在引言的例子当中，如果不考虑修路的成本，总共有 $6^4=1296$ 种不同的方案. 对于一般连通图，其生成树数目的计算还没有一般性方法，连通图及其生成树如图 9.16 所示.

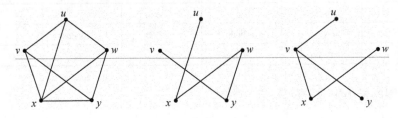

图 9.16　连通图及其生成树

定义 9.22　在一个赋权图中，所有边的权重之和最小的生成树称为该图的最小生成树. 找出赋权图的最小生成树的问题称为最小生成树问题.

将所有城市连接起来的总费用最小的修路方案如图 9.17 所示，其最小费用为

$W_{ED}+W_{AE}+W_{AF}+W_{AB}+W_{BC}=36+40+48+45+49=218$(千万元).

最小生成树问题的现实意义不言而喻. 例如, 在上面的例子当中, 找到最小生成树也就找到了费用最小的筑路方案. 除此之外, 最小生成树问题还在电路设计、运输网络等方面有很好的运用. 解决最小生成树问题的主要方法有 Kruskal 算法和 Prim 算法.

2. Kruskal 算法

Kruskal 是近代著名的数学和语言学家. 他一生积极从事研究工作, 曾在贝尔实验室工作多年. Kruskal 算法描述如下.

对于一个连通的赋权图 G, 按照如下步骤构造其最小生成树 T:

1) 找出 G 所有边中的权重最小的边 e_1 作为 T 的第一条边.

2) 在余下的 G 的边当中找出权重最小的边 e_2 作为 T 的第二条边.

3) 在前面选择剩余的 G 的边中找出权重最小的边 e_3 作为 T 的第三条边, 且不能和前面所选的边构成圈.

4) 重复步骤 3)（边的下标顺序增加）, 直到找出 $n-1$ 条边, 则得到 G 的最小生成树.

例 9.5　用 Kruskal 算法求图 9.18 所示的最小生成树.

图 9.17　最小费用树

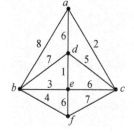

图 9.18　例 9.5 示意图

解　由于最小生成树必然包含所有顶点, 因此将图 9.18 的顶点集作为最小生成树的点集. 只需要按算法步骤找出符合条件的边即可. 该最小生成树有 6 个点, 5 条边. 图 9.19 给出了 Kruskal 算法求最小生成树的过程.

该最小生成树的权重之和 $w(T)=\sum_{i=1}^{5}w(e_i)=15$. 可见, 一条边 uv 在某一步被选中, 在以后的选取过程中它将不会被再次选中, 即可将这条边压缩为一点（两顶点重合）. 下面给出 Kruskal 算法的 MATLAB 程序, 以便解决复杂问题之用.

图 9.19   Kruskal 算法求最小生成树过程

MATLAB 程序实现：

```
clear all;clc;
%输入图的赋权邻接矩阵,按字母a,b,c,d,e,f依次替换为1,2,3,4,5,6作为矩阵
元素下标
A=zeros(6);
A(1,2)=8;A(1,3)=2;A(1,4)=6;
A(2,4)=7;(2,5)=3;A(2,6)=4;
A(3,4)=5;A(3,5)=6;A(3,6)=7;
A(4,5)=1;A(5,6)=6;
%找出权重非 0 的边并记录其下标
[i,j]=find(A~=0);
%将权重非 0 的值赋值给行向量 B
B=A(find((A~=0)));
%将非 0 权重的边的行列信息以及权重构造数据矩阵 D
D=[i';j';B'];
List=D(1:2,:);
%生成树的边树等于顶点数减 1
Branch=max(size(A))-1;
%将选出的边依次长入树
Result=[];
while length(Result)<Branch
%若生成树边数少于 n-1,则按升序依次取权重最小的边
    temp=min(D(3,:));
    flag=find(D(3,:)==temp);
```

```
    flag=flag(1);
    v1=D(1,flag);
v2=D(2,flag);
    if List(1,flag)~=List(2,flag)
        Result=[ Result,D(:,flag)];
    end
%将已选的边压缩为一个顶点,且用标号较小的顶点来代替
    if v1>v2
        List(find(List==v1))=v2;
    else
        List(find(List==v2))=v1;
    end
   D(:,flag)=[ ];
   List(:,flag)=[ ];
end
Result
Total_Weight=sum(Result (3,:))
```

输出结果:

```
Result=
    4    1    2    2    3
    5    3    5    6    4
    1    2    3    4    5
Total_Weight=
    15
```

第一、二行分别表示选中的边的顶点,第三行表示对应的权重,最小权重总和为 15.

3. Prim 算法

Prim 算法的思想是从所有 $p \in P$, $v \in V - P$ 的边中,选取具有最小权值的边 pv,将顶点 v 加入集合 P 中,将边 pv 加入集合 Q 中,如此不断重复,直到 $P = V$ 时,最小生成树构造完毕,这时集合 Q 中包含了最小生成树的所有边.

算法描述:对于连通的赋权图 $G=(V,E)$,设置两个集合 P 和 Q,其中 P 用于存放 G 的最小生成树中的顶点,集合 Q 存放 G 的最小生成树中的边.

1)初始化顶点集 $P=\{v_1\}$,$v_1 \in V$,边集 $Q=\varnothing$.

2)选中 G 的与顶点 v_1 相邻的距离最近的点 v_2,$P=\{v_1,v_2\}$,$Q=\{v_1v_2\}$.

3)重复步骤 2)直到 $P=V$,停止.

4）$T=(P,Q)$即为所求的最小生成树.

例 9.6　用 Prim 算法求图 9.18 的最小生成树.

解　不妨从 a 点开始，用 W 表示权重之和，初始化 $P=\{a\}$，$Q=\varnothing$，$W=0$.

① 找出与 a 点距离最近的相邻点 c，$P=\{a,c\}$，$Q=\{ac\}$，$W=2$.

② 将 ac 看作一点（即 a 与 c 重合），再取与 a 或 c 距离最近的点 d，注意此时是把与 a 相邻和与 c 相邻的点综合在一起考虑，最近距离也是与 d 相邻点的距离和与 c 相邻点的距离当中的最小值. $P=\{a,c,d\}$，$Q=\{ac,cd\}$，$W=7$.

③ 重复上述步骤，可以得到 $P=\{a,c,d,e,b,f\}$，$Q=\{ac,cd,de,eb,bf\}$，$W=15$. 即最小生成树 $T=(P,Q)$.

采用 Prim 算法如果选择的初始点不同，最小生成树的构造过程也是不一样的，如图 9.20 所示.

图 9.20　Prim 算法求最小生成树过程

MATLAB 程序代码：

```
clear all;clc;
A=zeros(6);
A(1,2)=8; A(1,3)=2; A(1,4)=6;
A(2,4)=7; A(2,5)=3; A(2,6)=4;
A(3,4)=5; A(3,5)=6; A(3,6)=7;
A(4,5)=1; A(5,6)=6;
A=A+A';
%将赋权邻接矩阵中为 0 的值用一个充分大的数值代替
A(find(A==0))=100;
```

```
%初始化,k 为计数器
Result =[];
row=1;k=0;
column=2:length(A);
%从第一行开始,分别找每一列的最小权重;储存在 temp 中
while length(Result)~=length(A)-1
    k=k+1;
    temp=A(row,column);
    temp=temp(:);
    weight(k)=min(temp);
    [ir,jc]=find(A(row,column)==weight(k));
    i=row(ir(1));j=column(jc(1));
    Result=[ Result,[i;j;weight(k)]];
row=[row,j];column(find(column==j))=[ ];
end
Result
Total_Weight=sum(weight)
```

输出结果:

```
Result=
    1    3    4    5    2
    3    4    5    2    6
    2    5    1    3    4
Total_Weight =
    15
```

比较上述两种算法,可以看出它们之间虽然构造最小生成树的过程不尽相同,但是结果却是一致的,可见两种方法都是有效的构造最小生成树的方法.

9.3.2 图的最短路问题及算法

一名卡车司机要在最短的时间内将一车货物从甲地运往乙地. 从甲地到乙地的公路网纵横交错,因此有多种行车路线,这名司机应选择哪条路线呢? 假设车的运行速度是恒定的,那么这一问题相当于需要找到一条从甲地到乙地的最短路.

将公路网络用一个图 G 来描述,显然甲、乙两地应该是其中两个顶点,连接不同城市的公路以及它的长度就构成了赋权边. 因此 G 为赋权图,而求从甲到乙的最短路线问题就转换为求赋权图中指定的两个顶点 u_0, v_0 间的具最小权重的路径的问题. 这条路径称为 u_0, v_0 间的最短路,它的权称为 u_0, v_0 间的距离,记作 $d(u_0, v_0)$.

根据不同情况，又可以将最短路问题分为固定起点（或终点）分别到其他顶点的最短路问题、固定起点和终点的最短路问题等.

求最短路径的有很多成熟的算法，如 Dijkstra 算法、Floyd 算法等.

1. Dijkstra 算法

Dijkstra 算法的基本思想是，按从近到远的顺序依次求得 u_0 到 G 的其余各顶点的最短路和距离，最终到达 v_0 时算法结束. 主要采用标号修正算法对每一步运算进行记录，可避免重复并且能保留每一步的计算信息.

Dijkstra 算法描述：用 $l(v)$ 表示 u_0 到 v 点的距离，S 表示路径顺次经过的点集.

1）令 $l(u_0)=0$，对 $v \neq u_0$，令 $l(v)=\infty$，$S_0=\{u_0\}$，$i=0$.

2）对每个 $v \in \overline{S}_i(\overline{S}=V-S_i)$，用 $\min_{u \in \overline{S}_i}\{l(v), l(u)+w(uv)\}$ 代替 $l(v)$. 计算 $\min_{v \in \overline{S}_i}\{l(v)\}$，把达到这个最小值的一个顶点记为 u_{i+1}，令 $S_{i+1}=S_i \bigcup \{u_{i+1}\}$.

3）若 $i=|V|-1$，停止；若 $i<|V|-1$，用 $i+1$ 代替 i，转 2）.

算法结束时，从 u_0 到各顶点 u_i 的距离由 v 的最后一次的标号 $l(u_i)$ 给出.

在 v 进入 S_i 之前的标号 $l(v)$ 称 T 标号，v 进入 S_i 时的标号 $l(v)$ 称 P 标号. 算法就是不断修改各顶点的 T 标号，直至获得 P 标号. 若在算法运行过程中，将每一顶点获得 P 标号时途经的边在图上标明，在算法结束时 u_0 到各顶点的最短路就在图上标示出来了.

例 9.7 求图 9.21 中 u_1 到各顶点 u_i 的最小距离 $d(u_1, u_i)$ 以及最短路 $l(u_i)$.

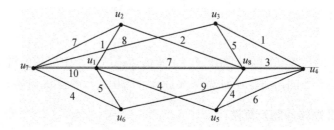

图 9.21 例 9.7 示意图

解 ① $S_0=\{u_1\}$，$\overline{S}_0=\{u_2, u_3, u_4, u_5, u_6, u_7, u_8\}$ 因为 u_1 仅与 u_2，u_5，u_6，u_7，u_8 相邻，与 u_3，u_4 不相邻，取最小权重（不相邻用 ∞ 表示）：

$$\min\{1, \infty, \infty, 4, 5, 10, 7\}=1,$$
$$d(u_1, u_2)=1，\quad l(u_2)=(u_1, u_2);$$

② $S_1=\{u_1, u_2\}$，$\overline{S}_1=\{u_3, u_4, u_5, u_6, u_7, u_8\}$，两个距离集合分别表示 u_1 到除 u_2 之外其余点的距离和 u_1 经过 $l(u_2)$ 到其余点的距离.

$\min\{\{\infty,\infty,4,5,10,7\}\bigcup\{1+\infty,1+\infty,1+\infty,1+\infty,1+7,1+2\}\}=3$ ，

$\quad d(u_1,u_8)=3$ ，　$l(u_8)=l(u_2)+\{u_8\}=(u_1,u_2,u_8)$ ；

③　$S_2=\{u_1,u_2,u_8\}$, $\overline{S_2}=\{u_3,u_4,u_5,u_6,u_7\}$ ，则

$\quad\min\{\{\infty,\infty,4,5,10\}\bigcup\{1+\infty,1+\infty,1+\infty,1+\infty,1+7\}$

$\qquad\bigcup\{3+5,3+3,3+4,3+\infty,3+\infty\}\}=4$

$\qquad\qquad d(u_1,u_5)=4$ ，　$l(u_5)=(u_1,u_5)$ ；

④　$S_3=\{u_1,u_2,u_5,u_8\}$, $\overline{S_3}=\{u_3,u_4,u_6,u_7\}$

$\min\{\{\infty,\infty,5,10\}\bigcup\{1+\infty,1+\infty,1+\infty,1+7\}\bigcup\{4+\infty,4+6,4+\infty,4+\infty\}$

$\quad\bigcup\{3+5,3+3,3+4,3+\infty\}\}=5$ ，

$\qquad\qquad d(u_1,u_6)=5$ ，　$l(u_6)=(u_1,u_6)$ ；

⑤　$S_4=\{u_1,u_2,u_5,u_6,u_8\}$, $\overline{S_4}=\{u_3,u_4,u_7\}$ ，则

$\min\{\{\infty,\ \infty,10\}\bigcup\{1+\infty,1+\infty,1+7\}\bigcup\{4+\infty,4+6,4+\infty\}\bigcup\{5+\infty,5+9,5+4\}$

$\bigcup\{3+5,3+3,3+\infty\}\}=6$ ，

$\qquad\qquad d(u_1,u_4)=6$ ，　$l(u_4)=l(u_8)+\{u_4\}=(u_1,u_2,u_8,u_4)$ ；

⑥　$S_5=\{u_1,u_2,u_4,u_5,u_6,u_8\}$, $\overline{S_5}=\{u_3,u_7\}$

$\min\{\{\infty,10\}\bigcup\{1+\infty,1+7\}\bigcup\{6+1,6+\infty\}\bigcup\{4+\infty,4+\infty\}\bigcup\{5+\infty,5+4\}$

$\quad\bigcup\{3+5,3+\infty\}\}=7$ ，

$\qquad\qquad d(u_1,u_3)=7$ ，　$l(u_3)=l(u_4)+\{u_3\}=(u_1,u_2,u_8,u_4,u_3)$ ；

⑦　$S_6=\{u_1,u_2,u_3,u_4,u_5,u_6,u_8\}$, $\overline{S_6}=\{u_7\}$ ，则

$\quad\min\{\{10\}\bigcup\{1+7\}\bigcup\{7+8\}\bigcup\{6+\infty\}\bigcup\{4+\infty\}\bigcup\{5+4\}\bigcup\{3+\infty\}\}=8$ ，

$\qquad d(u_1,\ u_7)=8$ ，　$l(u_7)=l(u_6)+\{u_7\}=(u_1,u_6,u_7)$.

故从 u_0 到其余各点的最短距离分别为 $l(u_2)=(u_1,u_2)$ ，　$l(u_3)=(u_1,u_2,u_8,u_4,u_3)$ ，

$l(u_4)=(u_1,u_2,u_8,u_4)$ ，　$l(u_5)=(u_1,u_5)$ ，　$l(u_6)=(u_1,u_6)$ ，　$l(u_7)=(u_1,u_6,u_7)$ ，$l(u_8)=(u_1,$

$u_2,u_8)$.

根据该算法思想可以写出 MATLAB 程序：

```
clc;clear all;close all;
%输入赋权邻接矩阵,Inf 表示不相邻,有时也用一个足够大的正数来替代
A=[ 0  1  Inf Inf 4   5   10  7;
    0  0  Inf Inf Inf Inf 7   2;
    0  0  0   1   Inf Inf 8   5;
    0  0  0   0   6   9   Inf 3;
    0  0  0   0   0   Inf Inf 4;
    0  0  0   0   0   0   4   Inf;
    0  0  0   0   0   0   0   Inf
```

```
        0 0 0 0 0 0 0 0];
W=A+A';
%D 的第一行是最短路径的值,第二行是每次求出的最短路径的终点,S
用于存放路径终点和长度
D=[];T=[];S=[];
%初始化
i=1;m=length(W);
S(1,1)=i;V=1:m;V(i)=[];D=[0;i];
n=2;[mD,nD]=size(D);
while ~isempty(V)                    %程序中的 ti 为临时变量
    [td,j]=min(W(i,V));
    tj=V(j);
    for k=2:nD
       [t1,jj]=min(D(1,k)+W(D(2,k),V));
       t2=V(jj);T(k-1,:)=[t1,t2,jj];
    end
       t=[td,tj,j;T];[t3,t4]=min(t(:,1));
    if t3==td
       S(1:2,n)=[i;t(t4,2)];
    else
       t5=find(S(:,t4)~=0);
       t6=length(t5);
      if   D(2,t4)==S(t6,t4)
         S(1:t6+1,n)=[S(t5,t4);t(t4,2)];
        else
          S(1:3,n)=[i;D(2,t4);t(t4,2)];
       end;
    end
    D=[D,[t3;t(t4,2)]];V(t(t4,3))=[];
    [mD,nD]=size(D);n=n+1;
end;
S,D
```

输出结果:

```
S=
    1  1  1  1  1  1  1  1
    0  2  2  5  6  2  2  2
    0  0  8  0  0  8  8  7
    0  0  0  0  0  4  4  0
```

$$D = \begin{matrix} 0 & 0 & 0 & 0 & 0 & 0 & 3 & 0 \\ \\ 0 & 1 & 3 & 4 & 5 & 6 & 7 & 8 \\ 1 & 2 & 8 & 5 & 6 & 4 & 3 & 7 \end{matrix}$$

2. Floyd 算法

如果要计算赋权图中各对顶点两两之间的最短路径，这个问题等价于将每一个顶点分别作为起点来计算它到其他点的最短路径，最后可以确定出所有顶点间相互距离最短的路径. 解决这个问题的方法之一是反复调用 Dijkstra 算法，由于总共需要执行 n 次这样的操作，因此这种算法的时间复杂度为 $O(n^3)$.

任意两点间最短距离的另一种方法是由 Floyd 提出的，称之为 Floyd 算法. 这种算法可以有效地减少运算，提高效率.

假设用图 G 的赋权邻接矩阵

$$\boldsymbol{A}_0 = \begin{pmatrix} a_{11} & a_{12} & \cdots & a_{1n} \\ a_{21} & a_{22} & \cdots & a_{2n} \\ \vdots & \vdots & & \vdots \\ a_{n1} & a_{n2} & \cdots & a_{nn} \end{pmatrix}$$

来存放各边长度. 其中，$a_{ii}=0, i=1,2,\cdots,n$；$a_{ij}=\infty$，i,j 之间没有边（程序中可以用充分大的数来代替）；$a_{ij}=w_{ij}$，w_{ij} 是 i,j 之间边的长度，$i,j=1,2,\cdots,n$.

对于无向图，$\boldsymbol{A}_0$ 是对称矩阵，$a_{ij}=a_{ji}$.

Floyd 算法的基本思想：递推产生一个矩阵序列 $\boldsymbol{A}_0, \boldsymbol{A}_1, \cdots, \boldsymbol{A}_k, \cdots, \boldsymbol{A}_n$，其中 $\boldsymbol{A}_k(i,j)$ 表示从顶点 v_i 到顶点 v_j 的路径上所经过的顶点序号不大于 k 的最短路径长度.

计算时用迭代公式：
$$\boldsymbol{A}_k(i,j) = \min(\boldsymbol{A}_{k-1}(i,j),\ \boldsymbol{A}_{k-1}(i,k)+\boldsymbol{A}_{k-1}(k,j))$$
其中，k 是迭代次数，$i,j,k=1,2,\cdots,n$.

最后，当 $k=n$ 时，$\boldsymbol{A}_n$ 即是各顶点之间的最短路径的值.

例 9.8　图 9.22 是 6 个城市 c_1，c_2，$\cdots$，c_6 公路交通图：每条边权表示从 c_i 到 c_j 的直达的路程，若无直达（两城市不相邻）则用 ∞ 表示，试求出任意两城市间的最短路线.

解　根据图写出其赋权邻接矩阵为

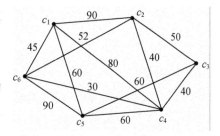

图 9.22　6 个城市的公路交通示意图

$$A = \begin{pmatrix} 0 & 90 & \infty & 80 & 60 & 45 \\ 90 & 0 & 50 & 40 & \infty & 52 \\ \infty & 50 & 0 & 40 & 60 & \infty \\ 80 & 40 & 40 & 0 & 60 & 30 \\ 60 & \infty & 60 & 60 & 0 & 90 \\ 45 & 52 & \infty & 30 & 90 & 0 \end{pmatrix}$$

根据 Floyd 算法，可写出其 MATLAB 程序，其中矩阵 A 最初表示赋权邻接矩阵，输出的时候表示的是最短距离矩阵. Path 用于存放两点达到最小距离所经过的顶点序号.

```
clear all;close all;
clc;
B=[0 90 Inf 80 60 45
   zeros(1,2) 50 40 Inf 52
   zeros(1,3) 40 60 Inf
   zeros(1,4) 60 30
   zeros(1,5),90
   zeros(1,6)];
A=B+B';
m=length(A);
Path=zeros(m);
for k=1:m
  for i=1:m
    for j=1:m
      if A(i,j)>A(i,k)+A(k,j)
        A(i,j)=A(i,k)+A(k,j);
        Path(i,j)=k;
      end
    end
  end
end
A, Path
```

输出结果：

```
A=
      0     90    115     75     60     45
     90      0     50     40    100     52
    115     50      0     40     60     70
     75     40     40      0     60     30
```

60	100	60	60	0	90
45	52	70	30	90	0

Path=

0	0	6	6	0	0
0	0	0	0	4	0
6	0	0	0	0	4
6	0	0	0	0	0
0	4	0	0	0	0
0	0	4	0	0	0

例如，$A(2,5)=100$，Path$(2,5)=4$ 表示 c_2，c_5 之间的最短距离为 100，且路径为 c_2，c_4，c_5；$A(5,3)=60$，Path$(5,3)=0$ 表示 c_5，c_3 之间的最短距离为 60，两城市相邻所以不经过别的点.

9.3.3 图的匹配及应用

在实际生活和工作中，总会涉及一些将两类不同的对象进行匹配的问题. 例如，将不同任务分配给不同的人来完成，以期达到最优的效率；舞会中尽可能多的让男士和女士结成舞伴从而避免冷场等. 这些问题可以用图来刻画并用图论的相关理论进行研究.

1. 图的匹配

定义 9.23 若 $M \subset E(G)$，$\forall e_i$，$e_j \in M$，e_i 与 e_j 相互独立（$i \neq j$），则称 M 为图 G 的一个匹配；M 中的一条边的两个顶点称为在对集 M 中相配；M 中的顶点称为被 M 匹配；G 中每个顶点皆被 M 匹配时，M 称为完美匹配；对于图 G 的任意匹配 M'，若匹配 M 满足$|M|>|M'|$，则称 M 为最大匹配. 显然完美匹配必定是最大匹配，反之则不是最大匹配.

从一定意义上来讲，图的匹配就是它的一个相互独立的边的集合. 下面给出一个生活中匹配的例子.

7 名大学生 Ben（B），Don（D），Felix（F），June（J），Kim（K），Lilly（L），Maria（M）即将大学毕业面临找工作的问题，学校的就业中心提供了会计（a），咨询师（c），编辑（e），程序员（p），记者（r），秘书（s）和教师（t）7 个职位供他们选择，每个学生根据自己的喜好分别对这些职位提出了申请：

B: c, e;　　　　D: a, c, p, s, t;　　　F: c, r;　　J: c, e, r;
K: a, e, p, s;　　L: e, r;　　　　　　　M: p, r, s, t.

在一人一职的前提下，就业中心能否给每个学生都安排到他们所申请的职位呢？在这个例子中，很自然地可以将学生和工作分别看作两个点的集合：

$$U=\{B, D, F, J, K, L, M\}, \quad W=\{a, c, e, p, r, s, t\}$$

用学生对工作的申请情况表示集合间点的相邻关系，则可以得到一个二部图，如图 9.23 所示.

图 9.23 工作申请的二部图

看起来好像 7 个学生，7 份工作，恰好每个人都可以安排一个，但是仔细考虑这个问题可以知道 B，F，J，L 4 个人申请的是 3 份工作，所以至少对他们 4 人来说，至少有一个人不能得到他们申请的工作，从而 7 个学生不是每个人都能得到自己申请的工作.

定义 9.24 若二部图的两个点集为 U 和 W（不妨令$|U|<|W|$），非空集合 X（$X\subseteq U$）中与元素 x 相邻的点的集合称为 x 的邻集，记为 $N(x)$；X 中所有元素的相邻点构成的集合称为 X 的邻集，记为 $N(x)$，显然有 $N(x)\subseteq W$.

若邻集满足$|N(x)|>|X|$，则称集合 X 是可邻的. 对于 U 的每个非空子集 X 如果都可邻，则称集合 U 是可邻的. 例如，在上面的例子中 $N(B)=\{c,e\}$. 若记 $X=\{B,F,J,L\}$，$N(X)=\{c,e,r\}$，由于$|N(x)|=3$，$|X|=4$ 不满足$|N(x)|>|X|$，因此$|X|$是不可邻的. 引入邻集的意义在于对二部图的匹配情况进行判定.

定理 9.5 二部图 G 的两个点集分别为 U，W 且满足 $r=|U|<|W|$. G 包含一个匹配$|M|=r$ 的充要条件是 U 可邻.

推论 9.3 若 G 是 $k(k>0)$正则二部图，则 G 有完美匹配.

由定理 9.5 以及推论 9.3 可以得到图论中著名的婚姻定理.

定理 9.6 在 r 个姑娘和 s 个小伙子构成的群体中（$1\leq r\leq s$），在相识的男女之间总共能发生 r 个婚姻的充要条件是对任意 $1\leq k\leq r$，每 k 位姑娘所构成的群体都至少要认识 k 个小伙子.

定义 9.25 若 G 中有一路径 P，其边交替地在匹配 M 内外出现，则称 P 为 M 的交错路径；交错路径的起止顶点都未被匹配时，此交错路径称为可增广路径.

若把可增广路径上在 M 外的边纳入匹配，把 M 内的边从匹配中删除，则被匹配的顶点数增加 2，匹配中的边数增加 1.

图的极大匹配就是按照当前的匹配方法，不可能再添加更多边数的匹配；而最大匹配是指在所有的匹配中包含边数最多的匹配，当然也是所有极大匹配中边数最多的匹配. 图的极大匹配和最大匹配如图 9.24 所示.

极大匹配　　　　　　最大匹配

图 9.24　极大匹配与最大匹配

下面介绍两个与匹配关系紧密联系的重要概念.

（1）独立边数

图 G 的最大独立边集，也就是包含图 G 中互不相邻的边最多的集合的阶称为 G 的独立边数，记为 $\beta_1(G)$．显然如果 M 是 G 的最大匹配，则 $\beta_1(G) = |M|$．

一个阶为 n 的图 G 存在完美匹配的充要条件是 n 为偶数且 $\beta_1(G) = \dfrac{n}{2}$．

对于圈 C_n、完全图 K_n 和完全二部图 $K_{r,s}$（$1 < r < s$）分别为

$$\beta_1(C_n) = \beta_1(K_n) = \left\lfloor \frac{n}{2} \right\rfloor, \quad G \ \beta_1(K_{r,s}) = r.$$

（2）边覆盖数

图的一个顶点和与之相关联的边称为相互覆盖．一个没有孤立点的图的边覆盖是一个覆盖了所有顶点的边集．最小边覆盖是覆盖所有顶点且包含边数最少的边集．

图 G 的最小边覆盖的阶称为图的边覆盖数，记为 $\alpha_1(G)$，不包含孤立点的图才具有边覆盖数．

对于圈 C_n、完全图 K_n 和完全二部图 $K_{r,s}$（$1 < r < s$），分别有

$$\alpha_1(C_n) = \alpha_1(K_n) = \left\lceil \frac{n}{2} \right\rceil, \quad \alpha_1(K_{r,s}) = s.$$

因此 $\alpha_1(C_n) + \beta_1(C_n) = n$，　$\alpha_1(K_n) + \beta_1(K_n) = n$，　$\alpha_1(K_{r,s}) + \beta_1(K_{r,s}) = r + s$．

记号 $\lfloor x \rfloor$ 和 $\lceil x \rceil$ 分别表示不超过 x 的最大整数和不小于 x 的最小整数．如 $\lfloor 2.5 \rfloor = 2$，$\lceil 2.5 \rceil = 3$．

可见图的独立边数和边覆盖数满足如下定理.

定理9.7　对于每个阶为 n 且不含有孤立点的图 G，总满足：

$$\alpha_1(G) + \beta_1(G) = n.$$

例9.9　确定图 9.25 中图 G 的独立边数和边覆盖数.

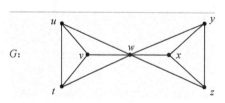

图 9.25　例 9.9 示意图

解 因为图 G 的阶为 7，因此 $\beta_1(G)=\left\lfloor\dfrac{7}{2}\right\rfloor=3$．其一个最大独立边集为 $\{tu, wx, yz\}$．根据定理 9.7，有 $\alpha_1(G)=n-\beta_1(G)=7-3=4$．其一个边覆盖集为 $\{tu, vw, wx, yz\}$．

2．指派问题

人员指派问题是用匹配来解决实际问题的典型例子．

问题描述：m 个工作人员 $x_1, x_2, \cdots, x_m$ 去做 n 件工作 $y_1, y_2, \cdots, y_n$，每人适合做其中一件或几件，问能否每人都有一份适合的工作？如果不能，最多几人可以有适合的工作？

数学模型：G 是二部图，顶点集划分为 $V(G)=X\cup Y$，$X=\{x_1, x_2, \cdots, x_m\}$，$Y=\{y_1, y_2, \cdots, y_n\}$，当且仅当 x_i 适合做工作 y_i 时，$x_iy_i\in E(G)$，求 G 中的最大匹配．

最大匹配可以用定理 9.7 来判别，但是要给出具体的图的最大匹配，必须借助一些算法实现，1965 年 Edmunds 提出的匈牙利算法是解决这个问题的一个经典算法．

算法的基本思想：从 G 的任意匹配 M 开始，对 X 中所有 M 的非饱和点，寻找 M 的可增广路径．若不存在可增广路径，则 M 为最大匹配；若存在增广路径 P，则将 P 中 M 与非 M 的边互换得到比 M 多一条边的匹配 M_1，再对 M_1 重复上述过程．

算法步骤：设 $G=(X, Y, E)$ 为二部图，其中 $X=\{x_1, x_2, \cdots, x_m\}$，$Y=\{y_1, y_2, \cdots, y_n\}$．

1）从 G 中任意取定一个初始匹配 M．

2）若 M 饱和 $X-S$ 的所有点，则 M 是二部图 G 的最大匹配．否则取 X 中未被 M 匹配的任意顶点 u，记 $S=\{u\}$，$T=\varnothing$．

3）记 $N(S)=\{v|u\in S,\ uv\in E\}$，若 $N(S)=T$，转向 2）；否则取 $y\in N(S)-T$．

4）若 y 是被 M 匹配的，设 $yz\in M$，$S=S\cup\{z\}$，$T=T\cup\{y\}$，转 3）；否则，取可增广路径 $P(u, y)$，令 $M=(M-E(P))\cup(E(P)-M)$，转 2）．

5）M 即图 G 的最大匹配．

例 9.10 求图 9.26 中的一个最大匹配．

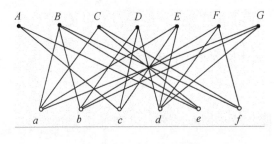

图 9.26 例 9.10 示意图

解　这是一个二部图，两个点集分别为 $X=\{A,B,C,D,E,F,G\}$，$Y=\{a,b,c,d,e,f\}$. 把图的两个点集分别表示为行和列，可以得到一个 7 行 6 列的矩阵，这个矩阵不同于一般图的邻接矩阵. 若按照一般图的邻接矩阵描述显然应该得到一个 13 阶的方阵，这个矩阵中的元素为 1 或 0 代表二部图的两个点集中某两点是否相邻. 例如，下面矩阵中 $L(1,3)=1$ 表示点集 X 中的点 A 与点集 Y 中的点 c 相邻；$L(2,4)=0$ 表示 X 中的点 B 与 Y 中的点 d 不相邻.

$$L=\begin{matrix}&a&b&c&d&e&f\\A\\B\\C\\D\\E\\F\\G\end{matrix}\begin{pmatrix}0&0&1&0&1&0\\1&1&0&0&1&1\\1&0&0&0&1&1\\0&1&1&1&0&0\\1&0&1&1&0&0\\0&1&0&1&0&1\\1&1&0&1&0&0\end{pmatrix}.$$

该问题匈牙利算法的 MATLAB 程序如下：

```
clc;clear all;close all;
L=[ 0 0 1 0 1 0
    1 1 0 0 1 1
    1 0 0 0 1 1
    0 1 1 1 0 0
    1 0 1 1 0 0
    0 1 0 1 0 1
    1 1 0 1 0 0];
[m,n]=size(L);
M=zeros(m,n);
%找一个初始匹配 M
for i=1:m
for j=1:n
if  L(i,j)~=0
M(i,j)=1;
L(i,:)=0;
L(:,j)=0;
end
end
end
while(1)
```

```
%记录 X 中点的标号和标记*
    for i=1:m
        x(i)=0;
    end
    for i=1:n
        y(i)=0;
    end
    for i=1:m
        p=1;
%寻找 X 中 M 的所有非饱和点
        for j=1:n
            if M(i,j)==1
                p=0;
            end;
        end
        if (p)
            x(i)=-n-1;
        end;
    end
%将 X 中 M 的所有非饱和点都给以标号 0 和标记*,程序中用 n+1 表示 0 标号
%标号为负数时表示标记*
    p=0;
while(1)
    xi=0;
    for i=1:m
        if x(i)<0
            xi=i;
            break;
        end;
    end
%若 X 中存在一个既有标号又有标记*的点,则任取 X 中既有标号又有标记*的点 xi
    if xi==0
        p=1;
        break;
    end
%若 X 中所有有标号的点都已去掉了标记*, 终止算法
    x(xi)=x(xi)*(-1);            %去掉 xi 的标记*
    k=1;
    for j=1:n
```

```
        if L(xi,j)&y(j)==0
           y(j)=xi;
           yy(k)=j;
           k=k+1;
        end;
    end
%对与xi邻接且尚未给标号的yj都给以标号i
if k>1
    k=k-1;
for j=1:k
    p1=1;
   for i=1:m
     if M(i,yy(j))==1
        x(i)=-yy(j);
        p1=0;
     break;
     end;
end
%将yj在M中与之邻接的点xk(即xk,yj∈M)给以标号j和标记*
if p1==1
    break;
    end;
end
if p1==1
    k=1;
    j=yy(j);
%yj不是M的饱和点
while(1)
    P(k,2)=j;
    P(k,1)=y(j);
    j=abs(x(y(j)));
%任取M的一个非饱和点yj,逆向返回
    if(j==n+1)
     break;
    end
%找到X中标号为0的点时结束,获得M增广路径P
    k=k+1;
```

```
    end
    for i=1:k
        if M(P(i,1),P(i,2))==1
            M(P(i,1),P(i,2))=0;
```
%将匹配 M 在增广路径 P 中出现的边去掉
```
        else
          M(P(i,1),P(i,2))=1;
        end;
        end
```
%将增广路径 P 中没有在匹配 M 中出现的边加入到匹配 M 中
```
      break;
      end;
     end;
    end
      if p==1
          break;
      end;
    end
```
%假如 X 中所有有标号的点都已去掉了标记*,算法终止,输出最大匹配 M

输出结果:

```
M=
    0    0    1    0    0    0
    1    0    0    0    0    0
    0    0    0    0    1    0
    0    1    0    0    0    0
    0    0    0    1    0    0
    0    0    0    0    0    1
    0    0    0    0    0    0
```

  易见在其中每一行、每一列仅有最多一个非 0 元素,表示 X 中每个点仅能和 Y 中不多于一个点相匹配. 如 $M(2,1)=1$ 表示 X 中标号为 2 的点和 Y 中标号为 1 的点是匹配 M 中的一条边. 将上述结果用图表示如图 9.27 所示.

  由于 $|Y|=|M|=6$,因此上述匹配就是一个最大匹配.

  该结果仅是所有最大匹配中的一个,要想得到不同的结果,可以改变 X 以及 Y 标号顺序得到不同的矩阵进行重新运算.

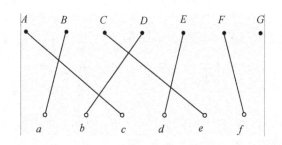

图 9.27 结果表示

9.3.4 图的覆盖及应用

在某城区为监控和指挥交通，需要设置交通岗亭．如何设置尽可能少的交通岗亭，以监控该城区所有街道？

首先假设在该城区不存在孤岛，即所有街道均连通，可以将街道交叉口看作顶点，街道看作边，街区图如图 9.28 所示，因此可以用一个连通图来进行模拟，其模拟图如图 9.29 所示．岗亭显然应该设置在道路交叉口的位置才能监控尽可能多的路口．

图 9.28 街区图

图 9.29 模拟图

该问题的数学模型：在一个连通图 $G=(V,E)$ 中，如何选择顶点集 X（ $X \subseteq V$ ），使得 X 包含顶点数量最少并且这些顶点可以和 E 中所有的边相关联．

定义 9.26 一个图 $G=(V,E)$ 的顶点集 $X(X \subseteq V)$ 中如果任意两个顶点都不相邻，则称该顶点集是**独立的**．

定义 9.27 图 $G=(V,E)$ 的**独立点数**为包含点数最多的独立点集的势，记为 $\beta(G)$．包含 $\beta(G)$ 个顶点的独立点集称为**最大独立点集**．

对于圈 C_n、完全图 K_n 和完全二部图 $K_{r,s}(1<r<s)$ 分别有

$$\beta(C_n) = \left\lfloor \frac{n}{2} \right\rfloor, \quad \beta(K_n)=1, \quad \beta(K_{r,s})=s .$$

定义 9.28 设 $G=(V,E)$ 为连通图，$X \subseteq V$，若 $\forall e \in E$，e 都与 X 中某个顶点关联，则称 X 是 G 的一个**点覆盖**，或者直接称为**覆盖**．若 X 是一个覆盖，但 X 的子集都不是覆盖，则称它是一个极小覆盖．包含顶点数最少的覆盖称为**最小覆盖**．最小覆盖的势称为图 G 的**点覆盖数**，记为 $\alpha(G)$．有时候也把最小点覆盖称

为最小控制集.

对于圈 C_n、完全图 K_n 和完全二部图 $K_{r,s}(1<r<s)$，分别有

$$\alpha(C_n)=\left\lceil\frac{n}{2}\right\rceil,\quad \alpha(K_n)=n-1,\quad \alpha(K_{r,s})=r.$$

观察可得

$$\alpha(C_n)+\beta(C_n)=n,\quad \alpha(K_n)+\beta(K_n)=n,\quad \alpha(K_{r,s})+\beta(K_{r,s})=r+s.$$

可见图的独立点数和点覆盖数满足如下定理.

定理 9.8　对于每个阶为 n 且不含有孤立点的图 G，总满足：

$$\alpha(G)+\beta(G)=n.$$

例 9.11　确定例 9.9 中图的独立点数和点覆盖数.

解　图 G 的阶为 7，由于 w 点与所有顶点均相邻，因此 $G-w$ 得到两个 K_3 分别为 $\langle\{u,v,t\}\rangle$ 和 $\langle\{x,y,z\}\rangle$，所以图 G 的独立点数为 $\beta(G)=2$，即在两个 K_3 中分别取一点所构成的点集都是最大独立点集. 根据定理 9.8 有 $\alpha(G)=5$，如 $\{t,u,w,y,z\}$ 就是一个最小点覆盖.

求解图的最小点覆盖常用的算法有逻辑算法和启发式算法，有时只能得到近似解.

1. 逻辑算法

逻辑算法是一种代数方法，首先定义逻辑代数运算的"和"与"乘".

逻辑"和"称为"或"运算，运算相当于集合中的并集运算 $\cup$，常采用"$+$"号来表示. 例如 $\{a\}+\{a,b\}=\{a,b\}$.

逻辑"乘"运算相当于集合中的交集运算 $\cap$，通常用"$\cdot$"来表示. 例如，$\{a\}\cdot\{a,b\}=\{a\}$.

用逻辑算法求最小覆盖是基于极小覆盖的性质：对于覆盖 K 中的顶点 v，当且仅当 $v\in K$，$N(v)\not\subset K$ 或者 $v\notin K$，$N(v)\subset K$ 时，K 为极小覆盖，找出所有极小覆盖中包含顶点最少的就是最小覆盖.

逻辑算法的步骤如下：

1）将每个顶点 v_i 与其邻集 $N(v_i)$ 表示为逻辑和运算 $v_i+N(v_i)$.

2）将所有顶点与其对应的逻辑运算求乘积建立逻辑运算式，记为 $\prod\limits_i(v_i+N(v_i))$.

3）由逻辑运算法则化简 2）中的逻辑运算式，并给出所有极小覆盖.

例 9.12　求图 9.30 中的最小点覆盖.

解　列出逻辑运算式并进行逻辑运算：

$$(\{u\}+\{w,v,t\})(\{v\}+\{w,u,t\})(\{t\}+\{u,v,w\})$$

$$=(\{u, v\}+\{w, u, t\}+\{w, v, t\}+\{w, u, v, t\})$$
$$(\{t\}+\{u, v, w\})$$
$$=(\{u, v\}+\{w, u, t\}+\{w, v, t\})(\{t\}+\{u, v, w\})$$
$$=\{u, v, t\}+\{u, v, w\}+\{w, u, t\}+\{w, u, v, t\}$$
$$+\{w, v, t\}+\{w, u, v, t\}$$
$$=\{u, v, t\}+\{u, v, w\}+\{w, u, t\}+\{w, v, t\}$$

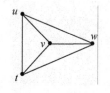

图 9.30 例 9.12 示意图

注：这个图是一个 K_4，其点覆盖数为 3，即最小点覆盖应有 3 个顶点．根据逻辑运算的结果可知图中任意 3 点构成的集合都是一个最小点覆盖．通常应用逻辑算法求出极小覆盖后可在其中比较找出含点数最少的覆盖，即最小覆盖．

2. 启发式算法

逻辑算法的计算复杂度随着顶点数量的增加呈指数级增长，但是在实际问题中往往顶点数量都比较庞大，用逻辑算法将非常困难．对于这种情况一般采用启发式的近似算法．

按照经验来讲，一般是把度比较大的顶点作为覆盖的首选点，因为它能覆盖更多的边．启发式算法过程如下．

设 G 为连通图，用 K 表示所求的最小覆盖，初始 $K=\varnothing$．

1）若 $V(G)=\varnothing$，则无最小覆盖，算法终止．否则取 $u \in V(G)$，使
$$\deg(u)=\max\{\deg(v)|v \in V(G)\}.$$

2）令 $K=K \cup \{u\}$，$V(G)=V(G)-\{u, N(u)\}$，转 1）．

例 9.13 求图 9.31 中的一个极小点覆盖．

解 按照启发式算法，依次取度最大的顶点，并去掉和该点相关联的所有边，以及由于去掉相应的边产生的孤立点，直到所有边都被去掉为止．记初始覆盖集 $K=\varnothing$．

首先找度最大的点，不妨取 v_1，$K=\{v_1\}$ 去掉 v_1 和与 v_1 关联的边，得到如图 9.32 所示的图．

图 9.31 例 9.13 示意图

图 9.32 去掉 v_1 和与 v_1 关联的边

在余下的点中再取度最大的点，这里取 v_5，$K=\{v_1, v_5\}$，去掉和 v_5 以及与 v_5 关

联的边得到如图 9.33 所示的图.

再取 v_2，$K=\{v_1, v_5, v_2\}$，去掉 v_2 和与 v_2 关联的边得到如图 9.34 所示的图，注意由于去掉 v_2 产生了孤立点 v_4 也一并去掉.

图 9.33　去掉 v_5 和与 v_5 关联的边　　　　图 9.34　去掉 v_2 和与 v_2 关联的边

最后取 v_6，$K=\{v_1, v_5, v_2, v_6\}$，去掉 v_6 和与 v_6 关联的边，所有边均被去掉，说明 K 即为原图的一个极小点覆盖，K 中的顶点可以覆盖所有的边.

MATLAB 程序如下：

```
clc;clear;
A= [0 1 1 0 1 1
    1 0 1 1 0 0
    1 1 0 0 1 1
    0 1 0 0 1 0
    1 0 1 1 0 1
    1 0 1 0 1 0];
[m,n]=size(A);
k=zeros(1,m);
sum1=[];h=[];
for o=1:m
  sum1=[];
  for p=1:m
    t=sum(A(p,:));
    sum1=[sum1,t];
  end
%从小到大排序点的度,k1 为排序后的结果,index 表示 k1 中元素在原序列中的位置
[k1,index]=sort(sum1);
  %将点按照度从大到小排序,b 为排序后的索引
  l=length(index);
  for ii=1:l
    b(ii)=index(l-ii+1);
  end
```

```
%依次选取度最大的点,并删除其相邻的边
    A(b(1),:)=0;
    A(:,b(1))=0;
    h=[h,b(1)];
    A;
    if A==zeros(m)
    break
    end
end
fprintf('A maximal cover is');
h
```

输出结果:

```
A maximal cover is
h =
     5    3    2    6
```

需要说明的是，这个程序的运行结果和行的位置有关，换句话说，只要我们将这个矩阵按照所有行号的排列方式构造出 6! 个不同的矩阵，就可以计算出这个图的所有最小点覆盖，毋庸置疑，这些覆盖中点可以不同，但是点的个数必须是一样的.

3. 利用关联矩阵求极小覆盖

由于关联矩阵描述了点与边的关系，因此可以利用关联矩阵来求出图 9.35 的极小点覆盖，这里以上面的例子来进行说明.

图 9.35　关联矩阵求覆盖示意图

根据图首先写出相应的关联矩阵 $\boldsymbol{R}$，初始化覆盖 $K=\varnothing$.

$$\boldsymbol{R}=\begin{pmatrix} 1 & 1 & 0 & 1 & 1 & 0 & 0 & 0 & 0 & 0 \\ 1 & 0 & 1 & 0 & 0 & 1 & 0 & 0 & 0 & 0 \\ 0 & 1 & 1 & 0 & 0 & 0 & 1 & 1 & 0 & 0 \\ 0 & 0 & 0 & 0 & 0 & 1 & 0 & 0 & 1 & 0 \\ 0 & 0 & 0 & 1 & 0 & 0 & 1 & 0 & 1 & 1 \\ 0 & 0 & 0 & 0 & 1 & 0 & 0 & 1 & 0 & 1 \end{pmatrix}\begin{matrix} v_1 \\ v_2 \\ v_3 \\ v_4 \\ v_5 \\ v_6 \end{matrix} \tag{9.1}$$

1）在式（9.1）中取包含数字 1 最多的行，这里 v_1 行和 v_5 行都有 4 个 1，因此都可选，但是每一步只能选其中一行. 不妨选 v_1 行，令 $v_1 \in K$. 划去 v_1 行及 v_1 行

中元素 1 所在的各列，得到

$$\begin{pmatrix} 1 & 1 & 0 & 0 & 0 & 0 \\ 1 & 0 & 1 & 1 & 0 & 0 \\ 0 & 1 & 0 & 0 & 1 & 0 \\ 0 & 0 & 1 & 0 & 1 & 1 \\ 0 & 0 & 0 & 1 & 0 & 1 \end{pmatrix} \begin{matrix} v_2 \\ v_3 \\ v_4 \\ v_5 \\ v_6 \end{matrix} . \tag{9.2}$$

2）在式（9.2）取包含数字 1 最多的行，此处同样可以选 v_3 或者 v_5 行，不妨选 v_3 行，令 $v_3 \in K$．划去 v_3 行及 v_3 行中元素 1 所在的各列，得到

$$\begin{pmatrix} 1 & 0 & 0 \\ 1 & 1 & 0 \\ 0 & 1 & 1 \\ 0 & 0 & 1 \end{pmatrix} \begin{matrix} v_2 \\ v_4 \\ v_5 \\ v_6 \end{matrix} . \tag{9.3}$$

3）在式（9.3）中选 v_4 行，令 $v_4 \in K$．划去 v_4 行及 v_4 行中元素 1 所在的各列，得到

$$\begin{pmatrix} 0 \\ 1 \\ 1 \end{pmatrix} \begin{matrix} v_2 \\ v_5 \\ v_6 \end{matrix} . \tag{9.4}$$

4）最后，任选 v_5 或 v_6 行，划去该行以及该行中元素 1 所在的列，矩阵变为空矩阵，过程结束．得到一个最小覆盖为集合 $K=\{v_1, v_3, v_4, v_6\}$．这种方法适合对阶数不太复杂的图用手工计算最小点覆盖．

细心的同学可能会发现，上面的两种方法在解决例 9.13 这个问题的时候得到的结果不相同，但是得到的最小点覆盖的阶数却是一样的，想一想这是什么原因造成的呢？

9.3.5　图的遍历问题

1. 边的遍历——中国邮递员问题

一名邮递员负责投递某个街区的邮件．如何为他设计一条最短的投递路线，从邮局出发，经过投递区内每条街道至少一次，最后返回邮局？这一问题是由我国管梅谷教授首先提出的，所以称为中国邮递员问题．

若街区的街道用边表示，街道长度用边的权重表示，邮局与街道交叉口用点表示，可以将这个问题描述为：在一个赋权无向连通图中，寻找一个回路，并且使得该回路的边权之和最小，这样的回路称为最佳回路．

为解决这个问题，先来看下相关的图论知识．

（1）相关定义

定义 9.29　连通图$G=(V, E)$中，一条恰好遍历所有边一次的迹T称为欧拉迹. 相同地，一条恰好遍历所有边一次的回路C称为欧拉回路. 包含欧拉回路的图称为欧拉图.

直观地讲，欧拉图就是从一顶点出发每边恰通过一次能回到出发点的图，即不重复地行遍所有的边再回到出发点.

欧拉回路可以看作是欧拉迹起点和终点相同的情形. 而欧拉迹可以看作欧拉回路去掉一条边以后得到.

图 9.36 为欧拉图与非欧拉图.

（a）欧拉图　　　　　　（b）非欧拉图

图 9.36　欧拉图与非欧拉图

关于欧拉回路和欧拉迹有如下定理.

定理 9.9　1）G是欧拉图的充分必要条件是G连通且每顶点皆偶次.

2）G是欧拉图的充分必要条件是G连通且$G=\bigcup_{i=1}^{d} C_i$，C_i是圈，$E(C_i)\bigcap E(C_j)=\varnothing (i\neq j)$.

3）G中有欧拉迹的充要条件是G连通且恰好有两个奇顶点，欧拉迹以其中一个奇点开始，到另一奇点结束.

一个有趣的现象：凡是可以"一笔画"的图形或包含欧拉回路，或包含欧拉迹.

（2）Fleury 算法

1921 年，Fleury 给出求欧拉回路的算法，基本思想是，从任一点出发，每当访问一条边时，先进行检查可供选择的边，如果可供选择的边不止一条，则不选桥作为访问边，直到没有可选择的边为止.

算法描述.

1）$\forall v_0 \in V(G)$，令$T_0=v_0$.

2）假设迹$T_i=v_0 e_1 v_1 \cdots e_i v_i$已经选定，那么按下述方法从$E-\{e_1,\cdots,e_i\}$中选取边$e_{i+1}$：① e_{i+1}和v_i相关联；②除非没有别的边可选择，否则e_{i+1}不能是$G_i=G-\{e_1,\cdots,e_i\}$的桥.

3）当第 2）步不能再执行时，算法停止.

（3）邮递员问题的求解

中国邮递员问题的数学模型已经可以完全用图的模型来概括，因此也可以用图的相关知识来求解. 一般分以下 3 种情形处理.

若此问题对应的连通赋权图 G 是欧拉图，则可用 Fleury 算法求欧拉回路. 对于非欧拉图，则其任何一个回路必然经过某些边多于一次. 解决这类问题的一般方法是在一些点对之间引入重边（重边与它的平行边具有相同的权），使得原图成为欧拉图，但要求添加的重复边的权之和最小.

若 G 正好有两个奇顶点，则可用 Edmunds 和 Johnson 给出的算法来解决，该算法描述如下：

设 G 是连通赋权图，$u,\ v \in V$ 为仅有的两个奇顶点.

1）用 Fleury 算法求出 u 与 v 的最短距离 $d(u,v)$ 以及最短路径 P.

2）在 P 的各相邻点之间依次添加平行边得到 $G' = G \cup P$.

3）用 Fleury 算法求 G' 的欧拉回路即为中国邮递员问题的解.

若 G 的奇顶点有 $2n\ (n \geq 2)$ 个，则采用 Edmunds 最小匹配算法，该算法的基本思想是，先将奇点进行最佳匹配，再沿点对之间的最短路径添加重边可得到 G^* 为欧拉图，G^* 的最佳回路即为原图的最佳回路.

算法步骤：

1）求出 G 中所有奇点之间的最短路径和距离.

2）以 G 的所有奇点为顶点集，构造一完全图，边上的权为两端点在原图 G 中的最短距离，将此图记为 G'.

3）求出 G' 中的最小理想匹配 M，得到奇顶点的最佳匹配.

4）在 G 中沿配对顶点之间的最短路径添加重边得到欧拉图 G^*.

5）用 Fleury 算法求出 G^* 的欧拉回路，这就是 G 的最佳回路.

例 9.14 若某街区示意图如图 9.37 所示，求一条最佳邮递员回路.

解 首先观察该图中有 4 个奇点分别为 $\deg(v_2) = \deg(v_4) = \deg(v_6) = 5$，$\deg(v_5) = 3$. 分别求出这 4 个点之间的最短距离和最短路径（可用 Floyd 算法求解）：

$$d(v_2,v_4)=4\ ,\quad P:\ v_2 v_1 v_4\ ; \qquad\qquad d(v_2,v_5)=4\ ,\quad P:\ v_2 v_5\ ;$$
$$d(v_2,v_6)=4\ ,\quad P:\ v_2 v_3 v_6\ ; \qquad\qquad d(v_4,v_5)=5\ ,\quad P:\ v_4 v_5\ ;$$
$$d(v_4,v_6)=6\ ,\quad P:\ v_4 v_8 v_9 v_6\ ; \qquad\quad d(v_5,v_6)=8\ ,\quad P:\ v_5 v_6\ .$$

以 $v_2,\ v_4,\ v_5,\ v_6$ 为顶点，以它们之间的距离为权重构造完全图 G'，如图 9.38 所示.

图 9.37　某街区示意图　　　　　　　　　图 9.38　完全图 G'

求出 G' 中的权重之和最小的完美匹配 $M=\{v_2v_6, v_4v_5\}$（可用匈牙利算法）.

在 G 中沿着 v_2 到 v_6 的最短路径 $v_2v_3v_6$ 顺次添加重边，沿着 v_4 到 v_5 的最短路径 v_4v_5 添加重边可得到 G^*，如图 9.39 所示.

G^* 显然为欧拉图，可用 Fleury 方法求出其欧拉回路即为所求的最佳邮递员回路.

若邮局有 $k(k\geq2)$ 位邮差，同时投递信件，全城街道都要投递，完成任务返回邮局，如何分配投递路线，使得完成投递任务的时间最早？我们把这一问题称为多邮差问题.

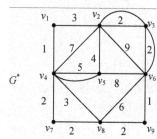

图 9.39　添加重边后的图

多邮差问题的数学模型：

$G=(V, E)$ 是连通图，$v_0 \in V(G)$，求 G 的回路 $C_1, \cdots, C_k$，使得

1）$v_0 \in V(C_i)$，$i=1, 2, \cdots, k$.

2）$\max\limits_{1\leq i\leq k} \sum\limits_{e\in E(C_i)} w(e)=\min$.

3）$\bigcup\limits_{i=1}^{k}(C_i)=E(G)$.

显然必须尽量均匀地分配任务给每个邮差，即每个邮差所走的路线尽量要均等才能使总任务完成的时间最早.

2. 点的遍历——旅行商问题

一名推销员准备前往若干城市推销产品．如何为他设计一条最短的旅行路线使得他从驻地出发，经过每个城市恰好一次，最后返回驻地？这个问题就是著名的旅行商问题（Traveling Salesman Problem，TSP）.

（1）相关定义

定义 9.30　图 $G=(V, E)$ 中，一条恰好遍历所有顶点一次的路径被称为哈密顿路径. 同样地,一条恰好遍历所有顶点一次的圈 C 称为哈密顿圈. 包含哈密顿圈的图称为哈密顿图.

图 9.40 为哈密顿图与非哈密顿图.

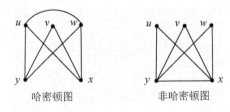

哈密顿图　　　　　　　　非哈密顿图

图 9.40　哈密顿图与非哈密顿图

对哈密顿图的判别不如欧拉图那样容易,因此只能根据定义判别. 同时也只有一些充分或者必要的条件,还未找到有效的充要条件,也就是说只能近似求解.

(2) 旅行商问题的求解

假设每个城市都可以直达其他城市,将每个城市用点表示,将城市之间的交通里程用带权的边表示,则旅行商问题可以用图来建立模型. 其描述为:在一个赋权完全图中,找出一个有最小权的哈密顿圈. 这种圈称为最优圈.

由于哈密顿图的判别缺少有效的方法,因此旅行商问题也没有一个确切的方法来求解,也就是说还没有求解旅行商问题的有效算法. 所以希望有一个方法以获得相当好的解,但未必是最优解.

一个可行的办法是首先求一个哈密顿圈 C,然后适当修改 C 以得到具有较小权的另一个哈密顿圈. 这种修改的方法称为**改良圈算法**. 由于每次一般是用两条较小权的边替换权较大的两条边,因此称为**二边逐次修正法**.

算法描述:设初始圈 $C=v_1v_2\cdots v_nv_1$.

1)对于 $1<i+1<j<n$,构造新的哈密顿圈:

$$C_{ij}=v_1v_2\cdots v_iv_jv_{j-1}v_{j-2}\cdots v_{i+1}v_{j+1}v_{j+2}\cdots v_nv_1.$$

它是由 C 中删去边 v_iv_{i+1} 和 v_jv_{j+1},添加边 v_iv_j 和 $v_{i+1}v_{j+1}$ 而得到的. 若 $w(v_iv_j)+w(v_{i+1}v_{j+1})<w(v_iv_{i+1})+w(v_jv_{j+1})$,则以 C_{ij} 代替 C,C_{ij} 称为 C 的改良圈.

2)转 1),直至无法改进,停止.

用二边逐次修正算法得到的结果几乎可以肯定不是最优的. 为了得到更高的精确度,可以选择不同的初始圈,重复进行几次计算,以求得较精确的结果.

这个算法的优劣程度有时能用 Kruskal 算法加以说明. 假设 C 是 G 中的最优圈,则对于任何顶点 v,$C-\{v\}$ 是在 $G-\{v\}$ 中的哈密顿路径,因而也是 $G-\{v\}$ 的生成树. 由此推知:若 T 是 $G-\{v\}$ 中的最优树,同时 e 和 f 是和 v 关联的两条边,并使得 $w(e)+w(f)$ 尽可能小,则 $w(T)+w(e)+w(f)$ 将是 $w(C)$ 的一个下界.

二边逐次修正法现在已被进一步发展, 圈的修改过程一次替换三条边比一次仅替换两条边更有效. 但是并不是一次替换的边越多越好.

例 9.15 某公司派推销员从北京 (B) 乘飞机到上海 (S)、拉萨 (L)、成都 (C)、大连 (D)、武汉 (W) 5 个城市做产品推销, 每城市恰去一次再回北京, 应如何安排飞行路线, 使旅程最短? 各城市之间的航线距离见表 9.2.

表 9.2 各城市之间的航线距离

单位: 10^3km

距离\城市 城市	B	S	L	C	D	W
B	0	1.49	3.89	2.16	0.90	1.23
S	1.49	0	4.30	2.41	2.27	0.92
L	3.89	4.30	0	2.17	4.80	3.64
C	2.16	2.41	2.17	0	3.06	1.49
D	0.90	2.27	4.80	3.06	0	2.08
W	1.23	0.92	3.64	1.49	2.08	0

解 假设每个城市之间都有直飞的航线, 则可以将该问题转换为在一个 6 阶完全图中如何找到一个最优 H 圈的问题. 用点表示城市, 赋权边表示航线距离, 如图 9.41 所示.

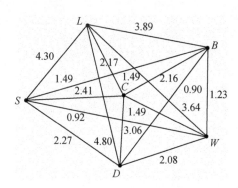

图 9.41 城市航线和距离图

由于完全图中任意两点都是相邻的, 因此以任意一个顶点作为起点以及终点且遍历所有顶点都可以得到一个圈. 不妨令初始圈为 C_0: $LSDCWBL$, 权重之和 W_0=16.24.

下面对该圈进行修正: 找初始圈 C_0 中两条不相邻的边 DC 和 WB, 有

$W_{DC}+W_{WB}>W_{DB}+W_{CW}$，故用 CW 和 DB 替换 CD 与 BW，得到新圈 C_1：$LSCWDBL$，
权重之和 $W_1=15.07$；重复上述步骤，直到找到比较满意的圈为止.

由于该算法简单，仅需要进行重复操作，因此可以借助计算机来完成. 下面
的 MATLAB 程序可以帮助我们进行运算.

```
%注意该程序需要多次运行,每次可以给出一个不同的 C0,最后算出最小权重的圈即
为最优 H 圈
clc;
clear all;
close all;
a=[0 1.49 3.89 2.16 0.90 1.23
    0 0 4.30 2.41 2.27 0.92
    zeros(1,3)2.17 4.80 3.64
    zeros(1,4)3.06 1.49
    zeros(1,5)2.08
    zeros(1,6)];
a=a+a';
c0=[5 1:4 6];
L=length(c0);
flag=1;
while flag>0
    flag=0;
    for m=1:L-3
      for n=m+2:L-1
        if
a(c0(m),c0(n))+a(c0(m+1),c0(n+1))<a(c0(m),c0(m+1))+a(c0(n),c0(n+1))
            flag=1;
          c0(m+1:n)=c0(n:-1:m+1);
        end
      end
    end
end
sum=0;
for i=1:L-1
   sum=sum+a(c0(i),c0(i+1));
end
sum
```

经过多次运算可以记录下每个不同圈的权重之和，最后将最小的一个作为近

似最优圈. 但是当顶点数量比较多的时候, 这种方法的计算将是非常困难的: 顶点数量为 n 时, 所有可能构成圈的组合数有 $n!$ 种. $n=6$ 时, 需要进行 720 次运算, $n=20$ 时, 运算次数将达到惊人的 2432902008176640000 次. 显然需要找到一种更科学有效的方法.

求解旅行商问题的另一个有效的方法称为模拟退火算法.

模拟退火算法来源于固体退火原理, 将固体加温至充分高, 再让其慢慢冷却. 加温时, 固体内部粒子随温升变为无序状, 内能增大, 而慢慢冷却时粒子渐趋有序, 在每个温度都达到平衡态, 最后在常温时达到基态, 内能减为最小.

模拟退火算法的基本思想由 Metropolis 在 1953 年提出, Kirkpatrick 在 1983 年成功地将其应用在组合最优化问题中. 用固体退火模拟组合优化问题, 将内能 E 模拟为目标函数值 f, 温度 T 演化成控制参数 t, 即得到解组合优化问题的模拟退火算法, 算法思想如下:

1) 初始化: 初始温度 T (充分大), 初始解状态 S (算法迭代的起点), 每个 T 值的迭代次数 L.

2) 对 $k=1, 2, \cdots, L$, 进行下面的 3) ~ 6) 步.

3) 产生新 S'.

4) 计算增量 $\Delta t' = C(S') - C(S)$, 其中 $C(S)$ 为评价函数.

5) 若 $\Delta t' < 0$ 则接受 S' 作为新的当前解, 否则以概率 $\exp\left(\dfrac{-\Delta t'}{T}\right)$ 接受 S' 作为新的当前解.

6) 如果满足终止条件则输出当前解作为最优解, 结束程序. 终止条件通常取为连续若干个新解都没有被接受时终止算法.

7) T 逐步减少并趋于 0, 然后转第 2) 步.

模拟退火算法与初始值无关, 算法求得的解与初始解状态 S (是算法迭代的起点) 无关; 模拟退火算法具有渐近收敛性, 已在理论上被证明是一种以概率 1 收敛于全局最优解的全局优化算法; 模拟退火算法具有并行性.

根据模拟退火算法可以写出如下的 MATLAB 程序.

```
clc;clear all;close all;
A= [0 1.49 3.89 2.16 0.90 1.23
    0 0 4.30 2.41 2.27 0.92
    zeros(1,3)2.17 4.80 3.64
    zeros(1,4)3.06 1.49
    zeros(1,5)2.08
    zeros(1,6)];
A=A+A';
```

```
for i=1:6
    A(i,i)=inf;
end
TSP(A,6,4.80)
% maxpop 给定群体规模;
% pop 群体;
% newpop 种群
%v0 起点,也就是终点;t0 为初始值
```

主函数 TSP.m:

```
function [codmin,finmin]=TSP(cc,v0,t0)
N=length(cc(1,:));
%定群体规模
if N>50
    maxpop=2*N-20;
end
if N<=40
    maxpop=2*N;
end
%产生初始群体
pop=zeros(maxpop,N);
pop(:,1)=v0;
finmin=inf;
codmin=0;
for i=1:maxpop
    Ra=randperm(N);
    Ra(find(Ra==v0))=Ra(1);
    Ra(1)=v0;
    pop(i,:)=Ra;
end
t=t0;
while t>0
%用模拟退火产生新的群体
    pop=fc1(maxpop,pop,N,cc,v0,t);
%转轮赌选择种群
    f=zeros(1,maxpop);
    for i=1:maxpop
        for j=1:N-1
            x=pop(i,j);
```

```
                y=pop(i,j+1);
                fo1=cc(pop(i,j),pop(i,j+1));
                f(i)=f(i)+fo1;
            end
            f(i)=f(i)+cc(pop(i,1),pop(i,N));
        end
fmin=min(f);
for i=1:maxpop
    if fmin==inf&f(i)==inf
        dd=inf;
    end
    if fmin~=inf|f(i)~=inf
    dd=fmin-f(i);
    end
    ftk(i)=exp(dd/t);
end
[fin1,cod]=sort(-ftk);
fin=abs(fin1);
%f(cod(1))
if f(cod(1))<finmin              %记录当代最优解
    finmin=f(cod(1));
    codmin=pop(cod(1),:);
end
for i=1:maxpop
    RR=rand(1);
    cod2=find(fin>=RR);
    newpop(i,:)=pop(cod(cod2(end)),:);
end
%单亲繁殖
if N>32
    jmax=round(N/9);
end
if N<=32
    jmax=2;
end
if mod(jmax,2)
    jmax=jmax-1;
end
```

```
for i=1:maxpop
    for j=1:2:jmax
        nn=randperm(N);
        x=nn(j);
        y=nn(j+1);
        if newpop(i,x)==v0|newpop(i,y)==v0
        continue;
        end
        box1=newpop(i,x);
        newpop(i,x)=newpop(i,y);
        newpop(i,y)=box1;
    end
end
%变异 Pc
Pc=0.02;
for i=1:maxpop
    R1=rand(1);
    if Pc>R1
    for j=1:2:jmax+2
        nn=randperm(N);
        x=nn(j);
        y=nn(j+1);
        if newpop(i,x)==v0|newpop(i,y)==v0
          pop(i,:)=newpop(i,:);
          continue;
        end
        box1=newpop(i,x);
        newpop(i,x)=newpop(i,y);
        newpop(i,y)=box1;
        pop(i,:)=newpop(i,:);
    end
end
end
%温度下降
t=t-0.1;
end
%内函数
function pop=fc1(maxpop,pop,N,cc,v0,t)
```

```
ff(N-1)=0;
f=0;
pop1=zeros(maxpop,N);
for i=1:maxpop
    for j=1:N-1
        x=pop(i,j);
        y=pop(i,j+1);
        ff(j)=cc(pop(i,j),pop(i,j+1));
        pop1(i,:)=pop(i,:);
        nn=randperm(N);
        x=nn(1);
        y=nn(2);
        pop1=pop;
        if pop(i,x)==v0|pop(i,x)==v0
            continue
            box1=pop(i,x);
            pop1(i,x)=pop1(i,y);
            pop1(i,y)=box1;
        end
      ff1(j)=cc(pop1(i,j),pop1(i,j+1));
    end
    f=sum(ff);
    f1=sum(ff1);
    if f==inf&f1==inf
      dd=inf;
    end
    if f~=inf|f1~=inf
      dd=f-f1;
    end
    Aij=min(1,exp(dd/t));
    Pacept=rand(1);
    if Aij>Pacept
       pop(i,:)=pop1(i,:);
    end
end
```

输出结果：

```
ans=
```

$$6 \quad 3 \quad 4 \quad 5 \quad 1 \quad 2$$

即圈 *WLCDBSW* 为一个最优圈，因此结合例 9.15，从北京出发，依次途经上海、武汉、拉萨、成都、大连最后回到北京是飞行路线最短的.

模拟退火算法的应用很广泛，可以较高的效率求解最大截问题、0-1 背包问题、图着色问题、调度问题等. 但其参数难以控制，主要存在以下 3 个问题.

1）温度 T 的初始值设置问题. 温度 T 的初始值设置是影响模拟退火算法全局搜索性能的重要因素之一、初始温度高，则搜索到全局最优解的可能性大，但因此要花费大量的计算时间；反之，则可节约计算时间，但全局搜索性能可能受到影响. 实际应用过程中，初始温度一般需要依据实验结果进行若干次调整.

2）退火速度问题. 模拟退火算法的全局搜索性能也与退火速度密切相关. 一般来说，同一温度下的"充分"搜索（退火）是相当必要的，但需要计算时间. 实际应用中，要针对具体问题的性质和特征设置合理的退火平衡条件.

3）温度管理问题. 温度管理问题也是模拟退火算法难以处理的问题之一. 实际应用中，由于必须考虑计算复杂度以及可行性等问题，通常会根据实际问题采取不同的降温方式.

经常采用的一种降温方式：

$$T(t+1)=k \cdot T(t) .$$

其中，k 为正且略小于 1 的常数，t 为降温的次数.

9.3.6 竞赛图问题

1. 竞赛图的定义

竞赛有很多种形式，有一对一形式，如围棋、象棋等形式；有多对多，如拔河、足球等. 从竞赛的性质来划分，有淘汰赛、循环赛、挑战赛等. 这里我们所研究的竞赛图以单循环赛为主要研究对象.

n 支队伍参加比赛，每支队伍必须和其他队伍比赛一场，总的比赛场次应该有 $\dfrac{n(n-1)}{2}$ 场，这种情况恰好满足完全图的点与边的关系. 因此比赛情况可以用一个完全图来表示：用顶点表示队伍，用有向边表示两支队伍之间的比赛以及胜负关系. 各支队伍的胜负情况可以用其出度和入度分别表示.

定义 9.31 严格有向的完全图称为**竞赛图**.

例如，有 5 支队伍参加比赛，根据比赛结果（见表 9.3，其中胜负表示行的队伍对列的队伍的胜负），竞赛图表示为如图 9.42 所示，有向边的头尾分别表示胜者和负者.

表 9.3　5 支队伍比赛结果

	A	B	C	D	E
A	—	胜	胜	胜	胜
B	负	—	负	胜	胜
C	负	胜	—	胜	负
D	负	负	负	—	胜
E	负	负	胜	负	—

　　根据比赛的常识，获胜越多的队伍排名越靠前，但是从图 9.42 中我们只能知道 A 获胜场次最多，有 3 场，E 获胜场次最少，只有 1 场，其余 3 支队伍都各胜 2 场，那如何决定这次比赛的名次呢？

　　定义 9.32　有向图中若存在一条遍历所有顶点的有向路径，则该路径被称为有向图的**完全路径**.

　　在只有胜负没有平局的循环比赛中，关于比赛排名的问题可以用图论的知识加以解决. 下面先看一些简单情形.

　　1）当比赛只有两支队伍参加时显然很容易确定排名.

　　2）当比赛有 3 支队伍参加，则比赛结果有 2 种（不考虑哪支队伍得第几名，只考虑是否可排名），如图 9.43 所示. 第一种情况 A 胜 2 场，B 胜 1 场，C 完败，显然排名为 $\{A, B, C\}$. 第二种情况三支队伍各胜一场，排名为并列.

图 9.42　5 支队伍的竞赛图

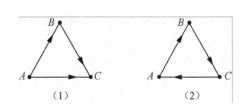

图 9.43　3 支队伍竞赛图

其中，（1）中有唯一一条完全路径 $A \rightarrow B \rightarrow C$，而（2）中以任意一个顶点作为起点都是完全路径，因此不存唯一的排名.

　　3）当比赛有 4 支队伍参加，则比赛结果可能有 4 种情况，如图 9.44 所示.

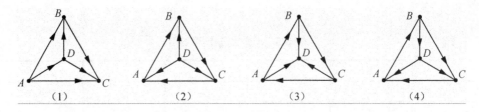

图 9.44　4 支队伍竞赛图

（1）中存在完全路径为 $A \to D \to B \to C$，因此排名为 $\{A, D, B, C\}$，4 支队伍的得分分别是 $\{3, 2, 1, 0\}$，与排名是一致的．而其余 3 种情况都存在不止一条完全路径，因此不存在唯一的排名．

推广到更一般的情况，当参赛队伍超过 4 支，情况会更复杂，但是当仅存在唯一完全路径时总是可以排名，而完全路径不唯一的排名是比较复杂的．

竞赛图的性质：

1）竞赛图必存在完全路径．

2）若存在唯一完全路径，则名次排序与该完全路径完全一致．

定理 9.10　若竞赛图存在唯一的完全路径，则比赛名次可以唯一确定．

2.　循环比赛排名

如果竞赛图中完全路径不唯一，那又该如何排名呢？一种方法是设并列，或者增加额外的比赛．但是能不能有更好的方法在不额外增加比赛的情况下尽量决出名次呢？

首先定义竞赛图的邻接矩阵 $A = (a_{ij})_{n \times n}$．

$$a_{ij} = \begin{cases} 1, & \text{若存在从点 } i \text{ 到 } j \text{ 的有向边;} \\ 0, & \text{否则.} \end{cases}$$

因此图 9.42 的邻接矩阵为

$$A = \begin{pmatrix} 0 & 1 & 1 & 1 & 1 \\ 0 & 0 & 0 & 1 & 1 \\ 0 & 1 & 0 & 1 & 0 \\ 0 & 0 & 0 & 0 & 1 \\ 0 & 0 & 1 & 0 & 0 \end{pmatrix}.$$

记第 i 个顶点的得分为 d_i，$i = 1, 2, \cdots, 5$，则可以得到一个得分向量 $s = (d_i)_{n \times 1} = (4, 2, 2, 1, 1)^{\mathrm{T}}$，$A$ 为冠军是毫无疑问的．根据矩阵运算可知 $s = Ae$，其中 $e = (1, 1, \cdots, 1)^{\mathrm{T}}$ 为同阶单位向量．

显然根据得分向量无法确定第 2，3 名和第 4，5 名的名次．对得分向量 s 作如下运算得到向量 s_1：

$$s_1 = As.$$

计算可得 $s_1 = (6,2,3,1,2)$，称为 2 级得分向量，每支队伍的 2 级得分向量为其战胜的其他队伍的得分之和，可以作为其排名的依据并确定出亚军．但是依据 s_1 也不能完全确定 3，4 名的名次，因此再进行上面的操作

$$s_2 = As_1 = A^2 s,$$

可得 $s_2 = (8,3,3,2,3)$．仍然不能严格排名，再计算

$$s_3 = As_2 = A^3 s.$$

可得 $s_3 = (11,5,5,3,3)$ 以此逐次计算下去，直到可以完全确定 s_i 中各分量的大小关系．本例中需要计算到 $s_4 = (16,6,8,3,5)$，并以此作为排名依据可完全确定 5 支队伍的名次从高到低依次为 {A, C, B, E, D}．

来分析一下这种排名的合理性，虽然 DE 两队的得分相同，但是由于 E 战胜了排名更靠前的 C，而 D 战胜的是排名靠后的 E，经两相比较，E 排名应该在 D 之前．

如果不能完全确定排名，再一直重复计算 $k(k=1,2,\cdots)$ 级得分向量

$$s_k = As_{k-1} = A^k s,$$

直到可以完全确定出其中的元素大小排序为止．

当 $k \to \infty$ 的时候，s_k 的归一化向量是否收敛于某个极限分量呢？如果收敛，那以其作为排名的依据就是合理的．

9.4 实战篇——天然气管道的铺设

问题描述：某地区共有 19 个村庄，各村庄之间的距离（单位为 km）如图 9.45 所示，图中每条连线表示有公路相连．现要沿公路铺设天然气管道，铺设管道的人工和其他动力费用为 1 万元/km，材料费用为 2 万元/km．

1）如果每个村庄均通天然气，应如何铺设管道，才使总的铺设费用最少？

2）天然气公司决定在铺设管道前，派人先查看所有公路的状况，以便决定该公路是否可用．他们从村庄 1 出发，最后又回到村庄 1．问他们应如何走，才使走的总路程最少？

通过分析可知，如果将村庄抽象为点，连接村庄的公路看作边，公路的长度作为边的权重，则可以得到一个具有 19 个顶点的赋权连通图．问题 1）就是在该连通图中找到一个最小生成树，问题 2）则是找到图中的一个最佳邮递员回路．下面分别给出两个问题的简要解答．

图 9.45 各村庄之间的距离表示

模型建立与求解：

1. 问题 1）的解答

首先写出抽象所得的赋权图的邻接矩阵（为了数据更简洁，这里将单位改为"百千米"），并利用 Prim 算法计算得到一个最小生成树如图 9.46 所示，其最小权重之和为 5100 km.

图 9.46 最小生成树

MATLAB 程序代码：

```
A=zeros(19,19);
```

```
A(1,2)=300,A(1,3)=600;
A(2,3)=300,A(2,8)=200;
A(3,5)=250,A(3,9)=500,A(3,10)=100;
A(4,5)=200,A(4,7)=950;
A(5,6)=250;A(5,10)=250;
A(6,7)=500,A(6,11)=250;
A(7,19)=1150;
A(8,9)=200,A(8,13)=750;
A(9,10)=450,A(9,16)=600;
A(10,11)=250,A(10,12)=200;
A(11,12)=500;
A(12,16)=250;
A(13,14)=200;
A(14,15)=200;
A(15,17)=600;
A(16,18)=300;
A(17,18)=200;
A(18,19)=600;
A=A+A';                    %A 为对称阵
%将赋权邻接矩阵中为 0 的值用一个大于所有权重的数值代替
A(find(A==0))=inf;
%初始化,k 为计数器
T=[];
row=1;k=0;
column=2:length(A);
%从第一行开始,分别找每一列的最小权重;用 temp 储存
while length(T)~=length(A)-1
   k=k+1;
temp=A(row,column);
temp=temp(:);
   weight(k)=min(temp);
   [ir,jc]=find(A(row,column)==weight(k));
   i=row(ir(1));j=column(jc(1));
  T=[T,[i;j;weight(k)]];row=[row,j];column(find(column==j))=[ ];
end
T
W=sum(weight)
```

得到的最小生成树和最小权重分别为

```
T =1  2  8  2  3  10  3  5  5  10  12  16  18  6  17  15  14  18
```

```
   2  8  9  3  10  12  5  4  6  11  16  18  17  7  15  14  13  19
W=5100
```

因此按照上面最小生成树铺设管道费用最省，最小费用为 15300 万元.

2. 问题 2）的解答

要查看所有公路是否可用，即所有公路都至少巡视一次且回到出发点（地点 1）. 如果图为欧拉图，则该问题存在唯一解，可以确保每条公路只经过一次且能回到出发点，但显然这并非一个欧拉图，且共有 12 个度为奇数的顶点.

首先采用 Floyd 算法求出 12 个奇顶点之间的最短距离和最短路径，总共有 $12 \times 11/2 = 66$（个）最短距离（见表 9.4）.

表 9.4　奇顶点最短距离表

距离顶点 \ 顶点	2	3	6	7	8	10	11	12	16	17	18	19
2	0	300	800	1300	200	400	650	600	850	1350	1150	1750
3	300	0	500	1000	500	100	350	300	550	1050	850	1450
6	800	500		500	1000	500	250	700	950	1450	1250	1650
7	1300	1000	500	0	1500	1000	750	1200	1450	1950	1750	1150
8	200	500	1000	1500	0	600	850	800	800	1300	1100	1700
10	400	100	500	1000	600	0	250	200	450	950	750	1350
11	650	350	250	750	850	250	0	450	700	1200	1000	1600
12	600	300	700	1200	800	200	450	0	250	750	550	1150
16	850	550	950	1450	800	450	700	250	0	500	300	900
17	1350	1050	1450	1950	1300	950	1200	750	500		200	800
18	1150	850	1250	1750	1100	750	1000	550	300	200		600
19	1750	1450	1650	1150	1700	1350	1600	1150	900	800	600	0

以这 12 个顶点的最短距离为权重边构造一个 12 阶完全图（由于图形过于复杂，此处略去）并利用匈牙利算法在其中找到一个距离之和最小的完美匹配 M，显然 12 个点的完全图恰好存在一个完美匹配，并根据完美匹配中的点之间的最短路径在原图中添加重边可以得到一个欧拉图，问题 2）也得到了解决.

习　题

1. 把图的 n 个顶点的度按非递增顺序表示为一个序列，称为顶点的度的序列，试问如下序列是否能和某个图相对应，说明理由.

(1) $\{3, 3, 3, 1\}$.

(2) $\{6, 4, 4, 3, 2, 1\}$.

(3) $\{4, 4, 3, 2, 1\}$.

(4) $\{3, 2, 2, 2, 1\}$.

2. 用图表示 Fibonacci 数列中 6 项 $\{2, 3, 5, 8, 13, 21\}$ 的关系（提示：每一项表示一个顶点，若一项 z 可以表示为其他两项的和 $x+y$，则 z 和 x，y 均相邻）.

3. 一座监狱的几间牢房由道路相连，如图 9.47 所示. 监狱看守要在通过道路连接的路口直接监视所有牢房的地方，如果看守不得走动，那么他们应呆在某些牢房（路口）所在地. 至少需要几名看守才能完成监视任务？

4. 某乡镇 6 个村庄分布如图 9.48 所示，6 个村庄分别用 A、B、C、D、E、F 表示，每条边的权重表示两村之间的距离. 现在计划在本乡实现村村通公路，则如何设计路线才能使得总花费最小（假设费用只与距离有关）？

5. 求出图 9.48 中的一个最优哈密顿圈.

图 9.47　牢房道路相连情况

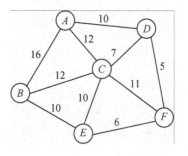

图 9.48　6 个村庄分布情况

6. 某连锁超市准备在 7 个小区中设置一个分销点，路线与距离如图 9.49 所示，应该设在哪个点才能使得到各小区的最大距离最小？

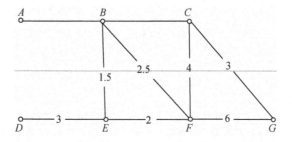

图 9.49　7 个小区的分布与距离

7. 现有张、王、李、赵 4 名教师要担任数学、语文、美术和音乐的教学工作. 已知张老师能教数学和音乐，王老师能教美术和音乐，李老师能教数学、语文和美术，赵老师只能教音乐. 如何安排才能使 4 位教师都能教课，并且每门课都有人教，共有几种方案？

8. 某街区示意图如图 9.50 所示，标记星号的位置是派出所所在地，请为巡警设计一条最佳巡逻路线.

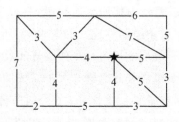

图 9.50　某街区示意图

第 10 章　数据处理及应用

在人们的生活中每天都面对大量的数据，如科学研究、工程技术中的测量数据，国民经济数据，股票信息，彩票数据，考试成绩，经济开销，时间，身高、体重等各种社会统计数据．怎样从纷繁复杂的数据当中挖掘出有用的信息，是人们面临的一大问题．因此研究数据的处理方法是非常必要的．数据的处理方法很多，常见的有插值与拟合、回归分析、聚类与分类等．本章着重介绍数据的插值、拟合与多元回归分析，并利用 MATLAB 相应工具结合具体案例进行分析．

我们知道现实世界中很多事物都是有联系的，具有一定的因果关系，因此描述事物运动变化的变量间也是有关系的．它们之间的关系有确定的定量关系，即事物之间关系是确定的、已知的，或者机理明确，如球体的体积与球的半径关系、自由落体的位移跟时间的关系，等等．还有一种是变量之间的关系并不确定，而是表现为具有随机性的一种"趋势"，即对自变量 x 的同一值，在不同的观测中，因变量 y 可以取不同的值，而且取值是随机的．但对应 x 在一定范围的不同值，对 y 进行观测时，可以观察到 y 随 x 的变化而呈现一定趋势的变化．这就是变量之间的相关关系，当然多数时候这种关系只是定性关系，如动物的身长与体重关系．经验告诉我们这两者有着一定的正相关性，但机理是不明确的．当然定性与定量是可以很好结合的，往往在定性分析基础上我们可以给出适当的定量关系．这正是数据拟合与回归分析的基础．回归分析是研究两个或两个以上变量相关关系的一种重要的统计方法．下面逐一简要介绍这些方法的原理及其在 MATLAB 中如何实现．

10.1　数据插值与拟合

在工程和科学实验中，当研究对象的机理不清楚的时候，经常需要从一组实验观测数据 (x_i, y_i) （$i=1, 2, \cdots, n$）中寻找自变量 x 与因变量 y 之间的某种函数关系 $y=f(x)$．例如，测量了人的身高和体重的一些数据，要确定两者的函数关系，但身高与体重的机理不清楚，所以寻找尽量吻合这组测量数据的近似函数模型就很重要．函数 $f(x)$ 的产生办法因观测数据与要求的不同而异，通常可采用数据插值与数据拟合的方法．

10.1.1　数据插值

1. 插值问题的描述

对于给定的一组测量数据，要确定通过所有这些数据点的曲线或曲面的问题就是插值问题. 一维插值问题可以这样描述: 设 $f(x)$ 在区间 $[a, b]$ 上连续, x_0, x_1, $\cdots$, x_n 为 $[a, b]$ 上 $n+1$ 个互不相同的点, 且已知 $f(x)$ 的一组实验观测数据 $(x_i, y_i)(i=1, 2, \cdots, n)$, 要求一个性质优良、便于计算的近似函数 $\varphi(x)$, 使得

$$\varphi(x_i) = y_i, i = 0, 1, \cdots, n \tag{10.1}$$

成立, 这就是一维插值问题. 其中 $[a,b]$ 为插值区间, 点 x_0, x_1, $\cdots$, x_n 为插值节点, 函数 $\varphi(x)$ 为插值函数, $f(x)$ 为被插值函数, 式 (10.1) 为插值条件. 求插值函数 $\varphi(x)$ 的方法称为插值法.

关于高维插值可类似定义, 本节只介绍一维和二维插值.

2. 基本插值方法简介

插值函数的取法很多, 可以是代数多项式, 也可以是三角多项式或有理函数; 可以是 $[a, b]$ 上任意光滑函数, 也可以是分段光滑函数. 对于一维插值, 最常用最基本的插值方法有分段多项式插值与三次样条插值; 二维插值根据数据分布规律, 可分为网格节点插值和散乱数据插值, 相应的方法有双三次样条插值方法和改进的 Shepard 方法. 具体的方法原理请参阅计算方法的专业书籍, 这里不再详细介绍. 下面着重介绍在 MATLAB 中如何实现数据插值.

3. 用 MATLAB 实现插值方法

(1) 一维数据插值

MATLAB 中用函数 interp1( ) 来处理一维数据插值, 它提供了 4 种插值方法供选择: 线性插值、三次样条插值、三次插值和最临近插值.

interp1( ) 函数的调用格式为

```
yi=interp1(x,y,xi,'method')     %对被插值节点 xi, 用 method 方法进行插值
```

说明 1) 输入参数说明: x, y 为插值节点, 均为向量; x_i 为任取的被插值点, 可以是一个数值, 也可以是一个向量; y_i 为被插值点 x_i 处的插值结果.

2) method 是选用的插值方法, 具体有:

'nearest'——最临近插值;

'linear'——线性插值, 默认;

'cubic'——三次插值;

'spline'——三次样条函数插值.

注意上述 method 中所有的插值方法都要求 x 是单调的, 并且 x_i 不能超过 x 的取值范围, 其中最后一种插值的曲线比较平滑.

3) 三次样条插值函数的调用格式有两种等价格式:

```
yi=interp1(x,y,xi,'spline'),
```

```
yi=spline(x,y,xi).
```

例 10.1　表 10.1 给出了 13 名成年女性的身高与腿长的测量数据.

表 10.1　身高与腿长的测量数据

单位：cm

身高	145	146	148	150	152	154	156	157	158	159	161	162	165
腿长	85	87	90	91	92	94	98	98	96	99	100	101	103

试研究身高与腿长的关系，并给出身高为 149 cm，155 cm，163 cm 时，腿长的预测值.

解　在 MATLAB 中输入代码：

```
x=[145 146 148 150 152 154 156 157 158 159 161 162 165];
%插值节点
y=[85 87 90 91 92 94 98 98 96 99 100 101 103];
x1=145:0.2:165;                    %被插值节点,用于确定插值函数
plot(x,y,'o');hold on              %原始测量数据散点图
y1=interp1(x,y,x1,'spline');       %求被插值节点处的函数值
yp=interp1(x,y,[149 155 163],'spline')  %求身高为 149cm,155cm,163cm 时
腿长
plot(x1,y1,x,y,'r:')               %画出插值函数图形及测量数据的折线图
xlabel('身高'),ylabel('腿长')       %加坐标轴标签
```

输出结果：

```
yp = 90.6400   96.1007  102.6974   %对应身高的腿长
```

输出插值效果图如图 10.1 所示.

图 10.1　身高与腿长插值效果图

注：1）MATLAB 只会给出被插值节点处的函数值，而不会给出具体的函数解析表达式，这有点类似于我们求微分方程的数值解. 需要求点对应的插值（未知的），可以将被插值节点放在 x_i 中.

2）图 10.1 中有 3 条曲线，其中圆圈点是原始测量数据点（横坐标为插值节点），实线是插值函数图形，虚线是插值节点间的连接折线段.

（2）二维数据插值

针对二维插值中的插值节点为网格节点和散乱节点，MATLAB 中分别提供了函数 interp2( )和函数 griddata( )来进行二维插值. 先介绍规则区域上给定数据有规律分布的二维插值.

interp2( )函数的调用格式为

```
zi=interp2(x,y,z,xi,yi,'method')          %针对网格节点的二维插值
```

说明 1）输入参数说明：x, y, z 为插值节点，其中 x 和 y 是自变量，x 是 m 维向量，指明数据网格的横坐标，y 是 n 维向量，指明数据网格的纵坐标，z 是 $m \times n$ 阶矩阵，表示相应于网格点的函数值；z_i 为被插值点 (x_i, y_i) 处的插值结果.

2）method 是选用的插值方法，具体有：

'nearest'——最临近插值；

'linear'——双线性插值，默认；

'cubic'——双三次插值；

'spline'——双三次样条函数插值.

注意上述 method 中所有的插值方法都要求 x 和 y 是单调的网格，x 和 y 可以是等距的也可以是不等距的. x_i 和 y_i 应是方向不同的向量，即一个是行向量，另一个是列向量. 几种方法中最后一种插值的曲面比较平滑.

例 10.2 已知在某丘陵地区测得一些地点的高程（见表 10.2）. 其平面区域为 $1000 \leqslant x \leqslant 3400$，$1000 \leqslant y \leqslant 3100$，试用不同的插值方法作出该地区的地貌图.

表 10.2 某山区的地点高程

单位：cm

x y	1000	1300	1600	1900	2200	2500	2800	3100	3400
1000	1150	1250	1260	1180	1060	930	640	700	750
1300	1320	1650	1390	1400	1300	700	900	850	720
1600	1380	1500	1500	1450	900	1100	1060	950	910
1900	1520	1230	1100	1380	1450	1320	1200	1010	960

x＼y	1000	1300	1600	1900	2200	2500	2800	3100	3400
2200	1480	1200	1120	1550	1600	1550	1380	1070	1010
2500	1500	1550	1600	1650	1600	1600	1580	1550	1250
2800	1500	1500	1550	1510	1430	1300	1200	980	880
3100	1580	1380	1260	1480	1360	1280	1050	960	780

解　输入程序代码如下：

```
x=1000:300:3400;
y=1000:300:3100;
z=[1150 1250 1260 1180 1060  930  640  700  750
   1320 1650 1390 1400 1300  700  900  850  720
   1380 1500 1500 1450  900 1100 1060  950  910
   1520 1230 1100 1380 1450 1320 1200 1010  960
   1480 1200 1120 1550 1600 1550 1380 1070 1010
   1500 1550 1600 1650 1600 1600 1580 1550 1250
   1500 1500 1550 1510 1430 1300 1200  980  880
   1580 1380 1260 1480 1360 1280 1050  960  780];
figure(1)                              %原始数据的山区地貌图
meshz(x,y,z)
xlabel('X'),ylabel('Y'),zlabel('Z')
title('原始数据地貌图')
%为平滑曲面,加密网格
x1=1000:30:3400;
y1=1000:30:3100;
figure(2)                              %最临近插值
zn=interp2(x,y,z,x1,y1','nearest');
surfc(x1,y1,zn)
xlabel('X'),ylabel('Y'),zlabel('Z')
title('最临近插值地貌图')
figure(3)                              %双线性插值
zl=interp2(x,y,z,x1,y1','linear');
surfc(x1,y1,zl)
xlabel('X'),ylabel('Y'),zlabel('Z')
title('双线性插值地貌图')
figure(4)                              %双三次插值
zc=interp2(x,y,z,x1,y1','cubic');
```

```
surfc(x1,y1,zc)
xlabel('X'),ylabel('Y'),zlabel('Z')
title('双三次插值地貌图')
figure(5)                                            %双三次样条函数插值
zs=interp2(x,y,z,x1,y1','spline');
surfc(x1,y1,zs)
xlabel('X'),ylabel('Y'),zlabel('Z')
title('双三次样条函数插值地貌图')
```

输出可视化图形分别如图 10.2～图 10.6 所示.

图 10.2   可视化图形 1

图 10.3   可视化图形 2

图 10.4　可视化图形 3

图 10.5　可视化图形 4

图 10.6　可视化图形 5

从图形可以看出，原始数据地貌图是很粗糙的，因为测量点比较少．几种插值方法中最临近插值和双线性插值效果较差，而最后一种插值的曲面比较平滑，效果较好．

如果给定的数据是在规则区域上的散乱数据或随机分布的数据，即数据不是在网格上取的，则可用 griddata( )函数来解决二维插值问题．

griddata( )函数的调用格式为

```
zi=griddata(x,y,z,xi,yi,'method')          %针对散乱数据的二维插值
```

说明　1）输入参数说明：x, y, z 都是 n 维向量，分别指明所给插值节点的横坐标、纵坐标和 z 坐标；z_i 为被插值点(x_i, y_i)处的插值结果；x_i 和 y_i 应是方向不同的向量，即一个是行向量，另一个是列向量．

2）method 是选用的插值方法，具体有：

'nearest'——最临近插值；

'linear'——双线性插值，默认；

'cubic'——双三次插值；

'v4'——MATLAB 提供的插值方法．

其中，'v4'方法比较好．

针对二维散乱插值问题，在 MATLAB 中还提供了两个插值函数：e01sef( )和 e01sff( )．通常两者要配合使用，其调用格式为

```
[fnodes,a,rnw,b,c]=e01sef(x,y,z)
[sz(i,j),ifail] =e01sff(x,y,z,rnw,fnodes,sx(i),sy(j))
```

其中，x, y, z——插值节点，均为 n 维向量；

　　　sx(i), sy(j)——被插值节点；

　　　sz(i, j)——被插值点(sx(i),sy(j))处的插值结果．

其他输出参数涉及插值算法．两个函数中 e01sef 输出 fnodes 和 rnw 为确定插值的参数，它们是 e01sff 需要的输入参数，因此两函数需配合使用．

例 10.3　在某海域测得一些点(x, y)处的水深 z（单位：ft），见表 10.3，水深数据是在低潮时测得的．船的吃水深度为 5ft，问在矩形区域(75, 200)×(−50, 150)内的哪些地方船要避免进入．

表 10.3　某海域点(x,y)处的水深

单位：ft

x	129.0	140.0	103.5	88.0	185.5	195.0	105.5

y	7.5	141.5	23.0	147.0	22.5	137.5	85.5
z	4	8	6	8	6	8	8
x	157.5	107.5	77.0	81.0	162.0	162.0	117.5
y	−6.5	−81.0	3.0	56.5	−66.5	84.0	−33.5
z	9	9	8	8	9	4	9

1.　基本假设

除了一些散乱的测量数据外，题目没有给出其他信息. 为了简化问题，首先给出以下合理假设：

1）所给测量数据是精确可用的.

2）该海域海底是平滑的，不存在珊瑚礁、水底峡谷、山脊等突变地形.

2.　问题分析

在假设基础上，可以考虑用某种光滑的曲面去拟合逼近已知的数据点或以已知的数据点为基础，利用二维插值方法补充一些点的水深，然后作出海底曲面图和等高线图，并求出水深小于 5 的海域范围.

3.　问题求解

（1）作出测量点的分布散点图

输入程序代码：

```
x=[129.0 140.0 103.5 88.0 185.5 195.0 105.5 157.5 107.5 77.0 81.0
 162.0 162.0 117.5];
y=[7.5 141.5 23.0 147.0 22.5 137.5 85.5 -6.5 -81.0 3.0 56.5 -66.5
 84.0 -33.5];
z=-[4 8 6 8 6 8 8 9 9 8 8 9 4 9];            %相当于以海平面作为 xy 平面
plot(x,y,'o')
title('测量数据 xy 平面分布图')
```

从图 10.7 可以直观看出在矩形区域(75, 200)×(−50, 150)内测量点是散乱分布的，所以用 MATLAB 中的 griddata( )函数实现海底二维插值.

图 10.7 测量点的分布散点图

（2）海底地貌图的绘制

在（1）的代码基础上添加如下代码：

```
xi=75:1:200;
yi=-50:1:150;
zi=griddata(x,y,z,xi,yi','v4');   %用 v4 方法做散乱数据的二维插值
figure(2)
mesh(xi,yi,zi)
xlabel('X');ylabel('Y');zlabel('Z');
title('海底地貌图')
rotate3d                          %产生可旋转的 3D 图形
```

输出效果如图 10.8 所示.

图 10.8 海底地貌图

图 10.8 给出了在矩形海域$(75,200) \times (-50,150)$内海底的地貌图. 其中明显有些区域海水深度较浅, 不适合船只通过, 为了更准确确定吃水深度为 5 ft 的船只不能进入的海域, 下面我们绘出该区域的危险区域的海底地貌图, 如图 10.9 所示.

（3）海底危险区域地貌图的绘制

危险区域, 即水深小于 5 ft 的海底地貌图, 在（1），（2）的代码基础上添加如下代码:

```
[u,v]=find(zi>-5);
%在 zi 矩阵中找出值大于-5 的元素并将坐标存入向量 u,v,也就是找出水深小于 5 英尺
  的插值点
zzi=zeros(size(zi))-5;          %产生一个与 zi 同型的,元素均为-5 的矩阵
for i=1:length(u)
zzi(u(i),v(i))=zi(u(i),v(i)); %将 zi 中值大于-5 的元素替换 zzi 中对应元素
end
figure(3)
mesh(xi,yi,zzi)                 %绘出以 z 坐标等于-5 为基底面的危险区域地貌图
rotate3d
xlabel('X');ylabel('Y');zlabel('Z');
title('海底危险区域地貌图')
```

图 10.9 给出了水深小于 5 ft 的海底区域的地貌图, 它可以理解成用 $z = -5$ 的平面去截图 10.8 所得上半部分的图形.

（4）危险区域平面图

危险区域平面图, 即绘制 $z=5$ 的等高线, 代码和等值线图如下:

```
figure(4)
contour(xi,yi,zi,[-5,-5],'r')    %绘出深度为 5 的海底等值线图
xlabel('X');ylabel('Y')
title('危险区域平面图')
```

图 10.9　海底危险区域地貌图

代码输出效果如图 10.10 所示.

图 10.10   危险区域平面图

图 10.10 给出了平面矩形区域(75, 200)×(−50, 150)内的危险区域，其中线条内部区域是船只要避免进入的区域.

10.1.2   数据拟合

1.   拟合问题的描述

对给定的一组测量数据(x_i, y_i)（$i=1, 2, \cdots, n$），如果要寻找变量 x 与 y 的函数关系的近似表达式，前面提到的插值方法在一定程度上可以较好地解决问题，但它有明显的缺陷．一是测量数据常带有测试误差，而插值多项式又经过所有这些点，保留了误差；二是如果实验测量数据较多，则必然出现高次插值多项式，这样近似效果并不理想．而数据拟合却能较好地避免这些问题．

数据拟合就是从给定的一组数据出发，寻找函数的一个近似表达式 $y=\varphi(x)$，要求该函数在某种准则下能尽量反应数据的整体变化趋势，而不一定经过所有数据点(x_i, y_i)．数据拟合问题也称为曲线拟合问题，其中 $y=\varphi(x)$ 称为拟合曲线.

求解曲线拟合问题要求我们先要给出拟合的函数类型，然后利用测量数据按照一定的方法求出参数，其中最常用的解法是最小二乘法．

2.   曲线拟合的最小二乘原理

对给定的一组测量数据(x_i, y_i)（$i=1, 2, \cdots, n$），拟合的函数为 $y=\varphi(x, a_1, a_2, \cdots, a_m)$，其中 $a_1, a_2, \cdots, a_m$ 为待定系数．为使函数在整体上尽可能与给定数据点接

近，我们常采用 n 个已知点(x_i, y_i)与曲线的距离（偏差）$\delta = y_i - \varphi(x_i)$ 的平方和最小，即

$$\min \phi(x, a_1, a_2, \cdots, a_m) = \sum_{i=1}^{n} (y_i - \varphi(x_i))^2$$

来保证每个偏差的绝对值$|\delta_i|$都很小，这一原则称为最小二乘原则，根据最小二乘原则确定拟合函数的方法称为最小二乘法，满足上述要求的参数取值称为该问题的最小二乘解.

确定最小二乘解的问题涉及多元函数的极值问题，在后面回归分析中我们还会有所接触，这里不再详细介绍，有兴趣的同学可以参考数学分析或计算方法类教科书. 本书的重点是掌握应用 MATLAB 工具进行最小二乘估计，即进行曲线拟合. 事实上在 MATLAB 中已有现成的求最小二乘问题的函数 polyfit( )，称为多项式拟合函数，并且这个函数允许多项式的次数可以是任意次的. 同学们即使没有这方面的数学基础，只要熟悉软件工具，一样可以做得很好.

曲线拟合分为线性最小二乘拟合和非线性最小二乘拟合. 如果拟合函数的待定系数 a_0, a_1, a_2, $\cdots$, a_m 全部以线性形式出现，称之为线性最小二乘拟合；如果拟合函数的待定参数 a_1, a_2, $\cdots$, a_m 不能全部以线性形式出现，如指数拟合函数

$$\varphi(x) = a_0 + a_1 e^{a_2 x}$$

等，这就是非线性最小二乘拟合问题.

注：最小二乘原理中的偏差也可以是点到直线的垂直线段的长度（点到直线的距离），也可以是点沿（平行）x 轴方向到直线的距离（横向距离）或点沿（平行）y 轴方向到直线的距离（纵向距离）. 其中最常用是纵向距离.

3. 拟合函数的确定

最小二乘法中，确定拟合函数类型是很关键的，常用的有以下两种方式.

1）通过机理分析建立数学模型来确定$\varphi(x)$，如前面提到的人口增长的 Logistic 模型就是机理分析法推导出来的，但参数的确定需要用到统计数据进行曲线拟合.

2）如果无现成的规则或事物机理不清楚，可以通过散点图，结合曲线的形状变化趋势进行分析，建立经验模型.

例如，图 10.11 中数据点基本分布在一条带型区域上，所以可以考虑用直线模型作为经验模型；图 10.12 中图形可以看作二次曲线，也可以用反指数函数作为经验模型.

图 10.11   带型数据点

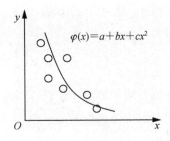

图 10.12   二次曲线形数据点

当然这具有一定的主观性，因此要求我们多观察分析，找出最适合的拟合函数．一种好的处理方法是对同一问题，分别选择不同的函数进行最小二乘拟合，比较各自误差的大小，从中选出误差较小的作为拟合函数．

4. 用 MATLAB 进行曲线拟合

（1）线性最小二乘拟合

MATLAB 中线性最小二乘拟合其实就是做多项式 $f(x)=a_1x^m+\cdots+a_mx+a_{m+1}$ 拟合，它可以看作函数 $x^m, \cdots, x, 1$ 的线性组合．常用的线性最小二乘拟合函数有 ployfit( )，ployval( )．

polyfit( )，polyval( )函数的调用格式为

```
a=polyfit(x,y,m)        %对给定数据做m次多项式拟合
y=polyval(a,x)          %调用拟合出来的多项式计算在x处的值,即求预测值
```

说明 x, y——同长度的数组，需要拟合的实验数据；

a——输出拟合多项式系数 $a=[a_1, a_2, \cdots, a_{m+1}]$（数组），从高次到低次；

m——拟合多项式次数．

例 10.4   对本节例 10.1 中数据做多项式拟合．

解   从图 10.1 可以看出身高和腿长大致满足线性关系，所以考虑线性拟合，程序代码如下：

```
x=[145  146 148 150  152 154  156 157  158 159  161 162 165];
y=[85    87  90  91   92  94   98  98   96  99   100 101 103];
plot(x,y,'o');                  %绘制散点图
a=polyfit(x,y,1);               %做1次多项式拟合
z=polyval(a,x)                  %求预测值
plot(x,y,'o',x,z,'r-')          %拟合效果对比图
xlabel('身高'),ylabel('腿长')
```

拟合效果对比图如图 10.13 所示.

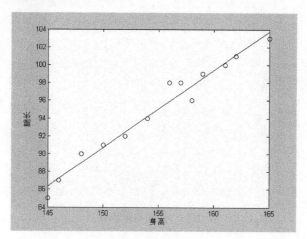

图 10.13 身高腿长拟合效果对比图

拟合系数分别为 0.8690，-39.6361.

例 10.5 对一室模型进行快速静脉注射实验，测得不同时间点的血药浓度数据（$t=0$ 注射 300 mg）见表 10.4.

表 10.4 血药浓度数据

t/h	0.15	0.5	1	1.5	2	2.5	3	3.5	4	5	6
c/(μg/mL)	20.6	18.15	15.36	14.10	12.89	11.09	9.32	8.17	7.45	6.29	5.24

试求血药浓度随时间的变化规律 $c(t)$.

解 1）绘制出散点图，观察规律，代码和图形如下：

```
t=[0.15 0.5 1 1.5 2 2.5 3 3.5 4 5 6];
c=[20.6 18.15 15.36 14.10 12.89 11.09 9.32 8.17 7.45
   6.29 5.24];
figure(1)
plot(t,c,'+');  %绘制散点图
xlabel('时间'),ylabel('药物浓度')
```

代码输出效果如图 10.14 所示.

图 10.14 显示血药浓度随时间的变化规律是时间越长，浓度越低，而且开始时下降速度快，逐渐减弱，两者关系大致呈现类抛物线规律，因此考虑用多项式作拟合.

图 10.14   药物浓度散点图

2）做线性拟合，代码和图形如下：

```
a=polyfit(t,c,2)              %二次多项式拟合
z=polyval(a,t)
figure(2)
plot(t,c,'+',t,z,'r-')        %二次多项式拟合效果对比图
```

代码输出效果如图 10.15 所示.

拟合多项式系数分别为 0.3989，−4.9387，20.7222.

故所求的二次拟合多项式为 $y=0.3989x^2-4.9387x+20.7222$. 从图 10.15 可以看出模型拟合效果良好，除个别点存在较大偏差外，基本反映了实验数据的变化趋势. 为了寻求更好的拟合函数，下面考虑用三次多项式进行拟合，对比效果如图 10.16 所示，程序略.

图 10.15   二次多项式拟合效果对比图

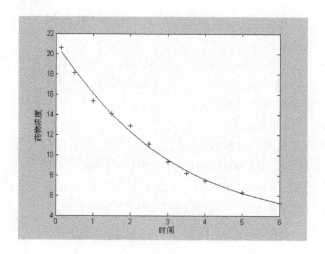

图 10.16　三次多项式拟合效果对比图

（2）非线性最小二乘拟合

MATLAB 中提供了两个求非线性最小二乘拟合的函数：lsqcurvefit( )和 lsqnonlin( ). 它们所采用的算法是一样的. 两个命令都要先建立 M 文件 fun.m，在其中定义函数 $f(x)$，但两者定义 $f(x)$ 的方式是不同的. 这里主要介绍函数 lsqcurvefit( )的应用.

lsqcurvefit( )函数的调用格式为

```
x=lsqcurvefit('fun',x0,xdata,ydata)
%用 xdata,ydata 拟合 fun 中的参数并返回 x
x=lsqcurvefit('fun',x0,xdata,ydata,lb,ub)
x=lsqcurvefit('fun',x0,xdata,ydata,lb,ub,options)
[x,resnorm]=lsqcurvefit(…)
[x,resnorm,residual]=lsqcurvefit(…)
[x,resnorm,residual,exitflag]=lsqcurvefit(…)
[x,resnorm,residual,exitflag,output]=lsqcurvefit(…)
[x,resnorm,residual,exitflag,output,lambda]=lsqcurvefit(…)
[x,resnorm,residual,exitflag,output,lambda,jacobian]=lsqcurve
fit(…)
```

说明　1）xdata＝$(xdata_1, xdata_2, \cdots, xdata_n)$，ydata＝$(ydata_1, ydata_2, \cdots, ydata_n)$ 是满足关系 ydata＝$F(x, xdata)$ 的已知数据点；$x＝(a_1, a_2, \cdots, a_m)$ 为参数向量；x_0 为迭代初值；lb、ub 为解向量的下界和上界，若没有指定界，则 lb=[ ]，ub=[ ]；options 是选项.

2）fun 是一个事先建立的定义拟合函数 $f(x, \text{xdata})$ 的 M 文件，自变量为 x 和 xdata．

3）resnorm＝sum((fun(x, xdata)－ydata).^2)，即在 x 处残差的平方和；

residual＝fun(x, xdata)－ydata，即在 x 处的残差；

exitflag 为终止迭代的条件；

output 为输出的优化信息；

lambda 为解 x 处的 Lagrange 乘子；

jacobian 为解 x 处拟合函数 fun( )的 jacobian 矩阵．

例 10.6 已知美国两百多年的人口统计数据，见表 10.5 第 2 列，试建立描述人口增长变化的数学模型，并用所给数据拟合出相应参数．

表 10.5   美国人口数据和预测值

年份	实际值/百万	传统模型预测值	误差/%	改进模型预测值	误差/%
1790	3.9	3.90	0.00	3.90	0.00
1800	5.3	5.08	4.11	5.58	5.26
1810	7.2	6.62	8.11	7.81	8.41
1820	9.6	8.60	10.39	10.70	11.42
1830	12.9	11.17	13.43	14.38	11.44
1840	17.1	14.47	15.40	18.97	10.94
1850	23.2	18.69	19.44	24.61	6.06
1860	31.4	24.06	23.37	31.41	0.03
1870	38.6	30.84	20.09	39.49	2.31
1880	50.2	39.32	21.67	48.95	2.48
1890	62.9	49.79	20.84	59.89	4.79
1900	76.0	62.52	17.73	72.35	4.80
1910	92.0	77.73	15.51	86.39	6.10
1920	106.5	95.49	10.34	102.03	4.20
1930	123.2	115.71	6.08	119.27	3.19
1940	131.7	138.09	4.85	138.08	4.84
1950	150.7	162.05	7.53	158.42	5.12
1960	179.3	186.86	4.22	180.21	0.51
1970	204.0	211.64	3.75	203.37	0.31
1980	226.5	235.53	3.99	227.80	0.58
1990	251.4	257.80	2.54	253.39	0.79
2000	281.4	277.89	1.25	279.99	0.50
2010	310.2	295.50	4.74	307.49	0.88

解　(1) 数学模型描述

在第 7 章，我们已经介绍了人口增长的经典数学模型，即 Logistic 模型

$$x(t)=\frac{x_m}{1+(\frac{x_m}{x_0}-1)e^{-rt}},$$

同时给出了一个改进的对数 Logistic 模型如下：

$$x(t)=x_m\cdot\left(\frac{x_0}{x_m}\right)^{e^{-\frac{rt}{\ln x_m}}}.$$

其中，参数 x_0 为人口初始数据，x_m 为最大人口容量，r 为固定增长率，$x(t)$ 为第 t 年人口数量. 只要估计出模型的参数，就可以进行预测. 这里 x_0 可以用第一年的统计数据代替，另两个参数需要用曲线拟合的方法进行估计.

(2) 对参数做非线性拟合

1) 针对两个数学模型定义两个外部函数，分别为 usa_renkou1.m 和 usa_renkou2.m，程序代码如下：

```
function f=usa_renkou1(x,year)
f=x(1)./(1+(x(1)/3.9-1).*exp(-x(2).*year));
%x(1)=xm;x(2)=r; x0=3.9
function f=usa_renkou2(y,year)
f=y(1).*(3.9/y(1)).^exp(-y(2).*year./log(y(1)));
```

2) 输入主程序：

```
year=0:1:22;      %将年份用 0~22 替换,即 0 表示 1790 年,22 对应 2010 年
usp=[3.900 5.300 7.200 9.600 12.90 17.10 23.20 31.40 38.60 50.20
    62.90 76 92 106.5 123.2 131.7 150.7 179.3 204.0 226.5 251.4
    281.4 310.2];
x0=[100 1.8];
x=lsqcurvefit('usa_renkou1',x0,year,usp)
%利用传统 Logistic 模型进行非线性拟合
z1=usa_renkou1(x,year)
%传统 Logistic 模型人口预测值
y=lsqcurvefit('usa_renkou2',x0,year,usp)
%利用改进 Logistic 模型进行非线性拟合
z2=usa_renkou2(y,year)
%改进 Logistic 模型人口预测值
plot(year,usp,'o',year,z1,'r',year,z2,'K:','linewidth',1.5)
%对比效果图
```

```
xlabel('年份');ylabel('人口数量');
title('1790-2010年美国人口数量拟合效果图')
legend('原始数据','逻辑斯蒂模型','改进的逻辑斯蒂模型 ')
%加注说明
```

3）运行结果:

```
x =
   372.2988    0.2680
y =
   1273.1      0.5
```

即传统模型所求参数为 $x_m = 372.2988$，$r = 0.2680$；改进模型所求参数为 $x_m = 1273.1$，$r = 0.5$. 两个模型的预测值和误差分别见表 10.5 的 3～6 列. 对比效果如图 10.17 所示.

4）预测与误差.

这里我们仅用拟合出来的函数预测 2020 年的美国人口数据，只需执行 usa_renkou1(x, 23)和 usa_renkou2(x, 23)后便可得 2020 年预测人口值分别为 310.5641 百万，335.7287 百万. 注意这里一个时间点是 10 年，若要预测其他年份的数值，可以取时间值为小数形式，如 2012 年对应 $t = 22.2$，改进模型预测值为 313.0786 百万，与实际值 3.13 亿非常接近，这也说明传统模型预测效果不够理想. 从预测数据、误差和拟合效果图 10.17 来看，改进的 Logistic 模型效果明显好于传统模型.

图 10.17   年份与人口数量对比效果

例 10.7　NPK 施肥问题（1992 年全国大学生数学建模竞赛 A 题）.

某地区作物生长所需的营养素主要是氮（N）、钾（K）、磷（P）. 某作物研究所在某地区对土豆与生菜做了一定数量的实验，其中土豆的实验数据见表 10.6，其中 ha 表示公顷，t 表示吨，kg 表示千克. 当一个营养素的施肥量变化时，总将另两个营养素的施肥量保持在第七个水平上，例如，对土豆产量关于 N 的施肥量做实验时，P 与 K 的施肥量分别取为 196 kg/ha 与 372 kg/ha.

试分析施肥量与产量之间的关系，并对所得结果从应用价值与如何改进等方面做出估价.

表 10.6　土豆和生菜产量与施肥量

数据＼营养素＼作物	N		P		K	
	施肥量/(kg/ha)	产量/(t/ha)	施肥量/(kg/ha)	产量/(t/ha)	施肥量/(kg/ha)	产量/(t/ha)
土豆	0	15.18	0	33.46	0	18.98
	34	21.36	24	32.47	47	27.35
	67	25.72	49	36.06	93	34.86
	101	32.29	73	37.96	140	39.52
	135	34.03	98	41.04	186	38.44
	202	39.45	147	40.09	279	37.73
	259	43.15	196	41.26	372	38.43
	336	43.46	245	42.17	465	43.87
	404	40.83	294	40.36	558	42.77
	471	30.75	342	42.73	651	46.22
生菜	0	11.02	0	6.39	0	15.75
	28	12.70	49	9.48	47	16.76
	56	14.56	98	12.46	93	16.89
	84	16.27	147	14.33	140	16.24
	112	17.75	196	17.10	186	17.56
	168	22.59	294	21.94	279	19.20
	224	21.63	391	22.64	372	17.97
	280	19.34	489	21.34	465	15.84
	336	16.12	587	22.07	558	20.11
	392	14.11	685	24.53	651	19.40

解 为考察氮、磷、钾 3 种肥料对作物的施肥效果，下面以 N，K，P 的施肥量为自变量，以土豆产量为因变量描点作图，先观察数据的分布特点和变化规律.

1）输入数据，绘制施肥量与土豆产量的散点图.

```
nshi=[0 34 67 101 135 202 259 336 404 471];  %N 的施肥量
nchan=[15.18 21.36 25.72 32.29 34.03 39.45 43.15 43.46 40.83
       30.75];
pshi=[0 24 49 73 98 147 196 245 294 342];    %P 的施肥量
pchan=[33.46 32.47 36.06 37.96 41.04 40.09 41.26 42.17 40.36
       42.73];
kshi=[0 47 93 140 186 279 372 465 558 651];  %K 的施肥量
kchan=[18.98 27.35 34.86 39.52 38.44 37.73 38.43 43.87 42.77
       46.22];
figure(1)
plot(nshi,nchan,'*')                         %N 施肥量与产量关系图
figure(2)
plot(pshi,pchan,'ro')                        %P 施肥量与产量关系图
figure(3)
plot(kshi,kchan,'b+')                        %K 施肥量与产量关系图
```

2）运行后，输出结果如图 10.18～图 10.20 所示.

图 10.18 N 施肥量与产量关系图

图 10.19　P 施肥量与产量关系图

图 10.20　K 施肥量与产量关系图

3）分析与建模.

从图 10.18～图 10.20 可以看出，土豆产量随着 N 的施肥量的增加而增加，到达一定程度以后，反而随施肥量增加而减少；在一定范围内的 P 的施肥量和 K 的施肥量可以促使土豆产量增长，过多的施磷肥或施钾肥对土豆产量没有明显作用. 这些结论和查阅农业资料得到的结果是一致的. 为了便于下面描述，用 x 表示肥料的施肥量，y 表示土豆产量，则根据数据特点，可分别用下面 3 个经验模型来描述肥料的施肥量对土豆产量的影响：

氮肥（N）：二次多项式模型 $y = b_0 + b_1 x + b_2 x^2$；

磷肥（P）：分段线性拟合或威布尔函数模型 $y = A(1 - e^{-Bx+C})$；

钾肥（K）：分式有理函数模型 $y = \dfrac{x}{ax+b}$.

　　这些模型是我们基于经验上的一种判断，事实上农学专家根据专业知识建立的作物产量模型与上面这些经验模型是非常接近的．当然也可以尝试用其他模型来拟合．不管哪种模型，必须确定公式中的各个参数，才可以加以应用．

　　4）模型参数的估计．

　　① 对氮肥产量模型，拟合程序段如下：

```
a=polyfit(nshi,nchan,2)
z=polyval(a,nshi)
figure(4)
plot(nshi,nchan,'*',nshi,z,'r-')
```

参数估计值如下，拟合效果如图 10.21 所示．

```
a=-0.0003   0.1971  14.7416
z =14.74 16 21.05 22 26.42 65 31.1902 35.1688 40.7116 43.0272
    42.6520 38.9729 32.2769
```

即所求模型为 $y=14.7416+0.1971x-0.0003x^2$．

　　注：如果直接用这个模型拟合，效果会比图 10.21 差，特别是 x 较大时．这是因为 MATLAB 默认输出小数点后 4 位数字，而事实上用 vpa( )函数可得二次项系数应为-0.0003395．

　　② 对磷肥产量模型，用威布尔模型进行拟合，先定义外部函数如下：

```
function f=weib_function(x,pshi)
f=43.*(1-exp(-x(1).*pshi+x(2)));%威布尔函数,A=43;x(1)=B;x(2)=C
```

主程序段如下：

```
x0=[0.2,0.5];
x=lsqcurvefit('weib_function',x0,pshi,pchan)
%调用定义的威布尔函数进行拟合
pchan_theory=weib_function(x,pshi)
%基于磷施肥量的土豆产量预测值
figure(5)
plot(pshi,pchan,'o',pshi,pchan_theory,'r')
```

执行程序后输出效果如图 10.22 所示，参数估计值如下：

```
x=0.0079   -1.4669
```

即所求模型为 $y=43(1-e^{-0.0079x-1.4669})$．

图 10.21　N 施肥量与产量拟合效果图

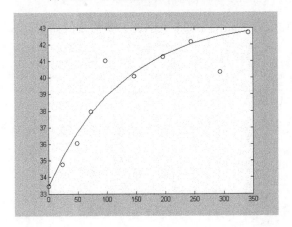

图 10.22　P 施肥量与产量拟合效果图

注：从原始数据中可以看出，随着 P 的施肥量增加，土豆产量始终在 43 t/ha 以下，于是 43 可认为是产量的极限值，又因 $B > 0$ 时，

$$\lim_{x \to \infty} A(1 - \mathrm{e}^{-Bx+C}) = A,$$

因此在模型中可令参数 $A = 43$，这样可以简化计算. 而且如果直接对 3 个参数进行非线性拟合，效果会很差. 大家可以试一下并分析其原因.

在磷肥产量模型的实验数据中有 $y(0) > y(24)$，但是在施肥量较少时，产量应该随施肥量增加而增加，故可以认为 $y(0)$，$y(24)$ 是病态数据，并可取 $y(0)$ 与 $y(49)$ 的一次线性插值 $\frac{1}{2}[y(0) + y(49)]$ 来取代 $y(24)$.

在磷肥产量模型的实验数据中还可以发现，开始一段呈快速线性增长趋势，当施肥量到达 98 kg/ha 左右时开始呈平缓趋势，线性关系不如开始，所以可以考虑做分段线性拟合．有兴趣的同学可以自己试一下．

③ 对钾肥产量模型，用分式有理函数模型进行拟合，先定义外部函数如下：

```
function f=npk_function(x,kshi)
    f=kshi./(x(1).*kshi+x(2));                          %分式有理函数
```

主程序段如下：

```
x0=[0.0,0.05];
x=lsqcurvefit('npk_function',x0,kshi,kchan)
kchan_theory=npk_function(x,kshi)
figure(6)
plot(kshi,kchan,'+',kshi,kchan_theory,'r')
```

执行程序后输出效果如图 10.23 所示，参数估计值如下：

```
x=0.0222    0.6537
```

即所求模型为 $y = \dfrac{x}{0.0222x + 0.6537}$．

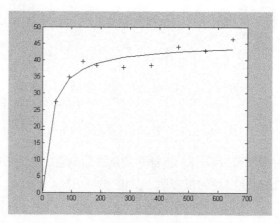

图 10.23　K 施肥量与产量拟合效果图

在分式有理函数中由于 $x=0$，即施肥量为 0 的时候，预测产量为 0，这与实际是有较大偏差的，如补充定义 $x=0$ 时分式函数值为对应实际产量值，则效果要好些；当 $x \to \infty$ 时，y 的极限值为 45.045，与实际数据的极限产量比较接近，可见模型基本反映了数据的整体变化趋势，是可行的．

对生菜产量与施肥量的关系可以类似讨论，大家可以根据对数据的分析，选择合理的经验模型进行拟合，这里不再详细介绍．

最后指出，本题解决过程中是将每组实验看成单因素实验，建立的是一元模型，事实上，作物产量不仅跟这些肥料有关，还与它们的交叉作用、配比有关，因此孤立地看待它们的关系是不完整的．在农业科学中，可以用三元二次多项式来描述氮、磷、钾三种肥料的综合施肥效果，所用方法可以考虑本章第三节，即将介绍的多元回归分析来处理，但实验方式也要改进，如引进正交试验．有兴趣的同学可以查阅第三节或其他相关资料．

5. 非线性拟合的线性化

部分非线性拟合函数经变量代换可化为线性函数，利用线性估计来间接估计非线性模型的参数，如对前面的分式有理函数

$$y=\frac{x}{ax+b},$$

可令 $y'=\frac{1}{y}$，$x'=\frac{1}{x}$，则模型线性化为 $y'=a+bx'$．

又如 S 形曲线

$$y=\frac{1}{a+be^{-x}},$$

令 $y'=\frac{1}{y}$，$x'=e^{-x}$，模型线性化为 $y'=a+bx'$．应用当中只需对数据进行相应变换（倒数、对数变换等）便可利用线性拟合估计出新参数，然后还原非线性参数．更详细地可参阅 10.4 节．

6. 实际应用中插值与拟合方法的选择

由于插值与拟合方法面对的问题具有很大的相似性，最终目的都是对给定一组测量数据，找出尽量反应数据变化趋势的近似函数，并进行预测．所不同的是插值要经过所有数据点，而拟合却不需要，这决定了两者在方法和原理上有本质区别．那么在实际应用中，究竟选择哪种方法比较恰当？大致可从以下 3 方面来考虑．

1）如果给定的数据是少量的且被认为是严格精确的，那么宜选择插值方法．因为采用插值方法可以保证插值函数与被插函数在插值节点处完全相等．

2）如果给定的数据是大量的测试或统计的结果，并不是严格精确的，那么宜选用数据拟合的方法．这是因为，一方面测试或统计数据本身往往带有测量误差，如果要求所得的函数与所给数据完全吻合，就会使所求函数保留着原有的测量误

差；另一方面，测试或统计数据通常很多，如果采用插值方法，不仅计算麻烦，而且逼近效果往往较差.

3）如果研究对象机理清楚，其数学模型可以确定，则应用数据拟合对参数加以估计.

10.2 一元回归分析

一元线性回归（Linear Regression）是描述两个变量之间相互关系的最简单的回归模型. 它和前面讲到的一元线性拟合是一致的. 本节将简要介绍一元线性回归的基本模型、参数估计的最小二乘原理、回归方程的相关检验、预测和控制的理论及应用.

10.2.1 一元线性回归的基本概念

为了便于引入回归分析的相关概念，我们先看一个引例.

引例 著名的英国生物学家、统计学家、回归分析的鼻祖弗朗西斯·高尔顿（F. Galton）和 K·皮尔逊（K. Pearson）收集了上千个家庭的身高、臂长和腿长的记录，试图寻找出儿子们身高与父亲们身高之间的关系. 表 10.7 给出了其中 10 对父子的身高数据（单位：cm）. 请给出两者的定量关系.

表 10.7 父子的身高数据

单位：cm

父亲身高	152	158	163	165	168	170	173	178	183	188
儿子身高	162	166	168	166	170	170	171	174	178	178

在许多实际问题的研究中，经常需要研究某一现象与影响它的某一最主要因素之间的关系. 如上面这个问题中，我们知道影响人的身高的因素很多，而遗传因素可能是其中非常重要的一个，所以重点考虑父亲与儿子的身高指标. 首先以父亲身高为 x 轴，儿子身高为 y 轴，画出散点图如图 10.24 所示.

从图 10.24 中可以看出，这些点大致分布在一个带型区域或一条直线附近，可以粗略把两者关系看作直线关系. 但数据点又并非在直线上，所以父子身高之间不是确定性关系，但有着密切的相关关系. 为便于探讨 y 与 x 之间的统计规律性，通常用下面的数学模型来描述它：

$$\begin{cases} y = \beta_0 + \beta_1 x + \varepsilon \\ E\varepsilon = 0, \quad D\varepsilon = \sigma \end{cases} \tag{10.2}$$

式（10.2）称为变量 y 对 x 的**一元线性回归模型**．一般称 y 为被解释变量，或因变量（Dependent Variable）；x 为解释变量，或自变量（Independent Variable）．式中 β_0，β_1 和 σ^2 是未知参数，β_0，β_1 称为回归系数，ε 是一个随机变量，通常假定它服从期望为零、方差为 σ^2 的正态分布．

由式（10.2），只要估计出回归系数 β_0 和 β_1 就可以算出当 x 已知时 $E(Y)=\beta_0+\beta_1 x$ 的值．通常

$$E(y|x)=\beta_0+\beta_1 x . \tag{10.3}$$

称为**一元线性回归方程**，其图形是一条截距为 β_0、斜率为 β_1 的直线，这条直线称为**一元线性回归直线**．一般用 $\hat{\beta}_0$，$\hat{\beta}_1$ 和 $\hat{\sigma}^2$ 分别表示 β_0，β_1 和 σ^2 的估计值，称

$$\hat{y}=\hat{\beta}_0+\hat{\beta}_1 x . \tag{10.4}$$

为 y 关于 x 的**一元线性经验回归方程**．

图 10.24　父子身高关系图

10.2.2　回归系数 β_0，β_1 和方差 σ^2 的估计

利用样本数据得到回归参数 β_0，β_1 的估计值，通常使用的是普通最小二乘估计（Ordinary Least Square Estimation，OLSE），这和 10.1 节数据拟合所使用的最小二乘原理是一致的．即对每一个样本观测值 (x_i, y_i)，最小二乘法的基本思想就是尽量使线性回归直线与所有样本数据点都比较靠近，即要观测值 y_i 与其期望值 $E(Y_i|x=x_i)=\beta_0+\beta_1 x_i$ 的差越小越好，也就是偏差最小（图 10.25 直观反映了一元线性回归中各点的偏差），为防止差值正负抵消，考虑这 n 个差值的平方和达到最小，即求满足

$$\min Q(\beta_0, \beta_1)=\sum_{i=1}^{n}(y_i-\beta_0-\beta_1 x_i)^2 \tag{10.5}$$

的参数估计值 $\hat{\beta}_0$, $\hat{\beta}_1$.

图 10.25   一元线性回归示意图

求出满足式（10.5）中的 $\hat{\beta}_0$ 和 $\hat{\beta}_1$ 是一个多元函数求极值点的问题. 由于 Q 是关于 β_0 和 β_1 的非负二次函数，因而它的最小值总是存在的. 根据微积分中求极值的原理，对 $Q(\beta_0, \beta_1)$ 分别关于 β_0 和 β_1 求偏导，并令它们等于 0，得

$$\begin{cases} \dfrac{\partial Q}{\partial \beta_0} = -2\sum_{i=1}^{n}[y_i-(\beta_0+\beta_1 x_i)]=0 \\ \dfrac{\partial Q}{\partial \beta_1} = -2\sum_{i=1}^{n}[y_i-(\beta_0+\beta_1 x_i)]x_i=0 \end{cases},$$

整理后，得正规方程组

$$\begin{cases} n\beta_0+\beta_1\sum_{i=1}^{n}x_i=\sum_{i=1}^{n}y_i \\ \beta_0\sum_{i=1}^{n}x_i+\beta_1\sum_{i=1}^{n}x_i^2=\sum_{i=1}^{n}x_i y_i \end{cases},$$

求解正规方程组，得

$$\hat{\beta}_1=\frac{n\sum_{i=1}^{n}x_i y_i-\sum_{i=1}^{n}x_i\sum_{i=1}^{n}y_i}{n\sum_{i=1}^{n}x_i^2-\left(\sum_{i=1}^{n}x_i\right)^2}=\frac{\sum_{i=1}^{n}(x_i-\overline{x})(y_i-\overline{y})}{\sum_{i=1}^{n}(x_i-\overline{x})^2};$$

$$\hat{\beta}=\frac{\sum_{i=1}^{n}y_i}{n}-\hat{\beta}_1\frac{\sum_{i=1}^{n}x_i}{n}=\overline{y}-\hat{\beta}_1\overline{x} \tag{10.6}$$

式（10.6）中的 $\hat{\beta}_0$, $\hat{\beta}_1$ 称为 β_0, β_1 的普通最小二乘估计. 可以证明，$\hat{\beta}_0$, $\hat{\beta}_1$ 是 β_0, β_1 的最小二乘无偏估计，即 $E(\hat{\beta}_0)=\beta_0$, $E(\hat{\beta}_1)=\beta_1$. 记 e_i 为实际观测值 y_i 与其估计值 $\hat{y}_i=\hat{\beta}_0+\hat{\beta}_1 x_i$ 的偏差，称为残差，即 $e_i=y_i-\hat{y}_i$，$\sum_{i=1}^{n}e_i^2$ 称为残差平方和

（Residual Sum of Square）.

随机误差项的方差 σ^2 的无偏估计：对误差项的方差 σ^2，可以证明其无偏估计量为

$$\hat{\sigma}^2=\frac{\sum\limits_{i=1}^{n}(y_i-\hat{y}_i)^2}{n-2}=\frac{\sum\limits_{i=1}^{n}e_i^2}{n-2},$$

其平方根 $\hat{\sigma}$ 称为估计标准误差，有时也记作 S_{yx}，展开可得

$$S_{yx}=\hat{\sigma}=\sqrt{\frac{\sum\limits_{i=1}^{n}y_i^2-\hat{\beta}_0\sum\limits_{i=1}^{n}y_i-\hat{\beta}_1\sum\limits_{i=1}^{n}x_iy_i}{n-2}}.$$

10.2.3　一元线性回归方程的检验

获得经验回归方程 $\hat{y}=\hat{\beta}_0+\hat{\beta}_1x$ 后，还不能用它去做分析和预测，因为 $\hat{y}=\hat{\beta}_0+\hat{\beta}_1x$ 是否真正能够反映这些点之间的关系，对这些点之间的关系或趋势反映到了何种程度，都还不清楚. 事实上对任意两变量的一组观测数据，都可以用线性回归的方法求出经验回归直线方程，如果两变量之间有较好的线性相关性，则回归模型能较好描述两者关系，否则就没有多大价值. 因此，在求回归直线方程前，检验变量之间是否存在线性相关性就很有必要，虽然散点图可以作为一种简单直观的检验方法，但还必须通过统计检验. 下面介绍假设检验法.

一元线性回归模型的评价检验分为拟合优度检验和方程的显著性检验，它是利用统计学中的抽样理论来检验回归方程的可靠性.

1. 一元线性回归模型的拟合优度检验（R 检验）

拟合优度检验是指对样本回归直线与样本观测值之间拟合程度的检验，也就是对样本观测值聚集在样本回归线周围紧密程度的检验. 度量回归模型拟合程度的好坏最常用的指标是可决系数 R^2，又称判定系数，它是建立在对总离差平方和进行分解的基础之上的.

我们把 y 的 n 个观测值之间的差异，用观测值 y_i 与其平均值 $\overline{y}$ 的偏差平方和来表示，称为**总离差平方和**（Total Deviation Sum of Squares，SST），即

$$Q_T=\sum_{i=1}^{n}(y_i-\overline{y})^2,$$

它反映了变量 y 的 n 个观测值的总的离散程度.

将总离差平方和 Q_T 分解为

$$Q_T=Q_E+Q_R \tag{10.7}$$

其中，$Q_R = \sum_{i=1}^{n} (\hat{y}_i - \overline{y}_i)^2$ 称为**回归平方和**（Regression Sum of Squares，SSR），

$Q_R = \sum_{i=1}^{n} (y_i - \hat{y}_i)^2$ 称为**残差平方和**（Residual Sum of Squares，SSE）.

式（10.7）中若两边同除以 Q_T 得

$$\frac{Q_E}{Q_T} + \frac{Q_R}{Q_T} = 1 \qquad\qquad (10.8)$$

由式（10.8）可以明显看出，如果实际观测点离样本回归线越近，则在总的离差平方和中回归平方和 Q_R 所占的比例越大，回归效果就越好；如果残差平方和 Q_E 所占的比例大，则回归直线与样本观测值拟合得不理想. 因此把回归平方和与总离差平方和之比定义为可决系数（Coefficient of Determination），又称判定系数，即

$$R^2 = \frac{Q_R}{Q_T} = \frac{\sum_{i=1}^{n} (\hat{y}_i - \overline{y})^2}{\sum_{i=1}^{n} (y_i - \overline{y})^2}.$$

可决系数是对回归模型拟合程度的综合度量，可决系数越大，回归模型拟合程度越高. 可决系数 R^2 的取值范围为 $0 \sim 1$，它是样本的函数，是一个统计量. R^2 越接近 1，说明实际观测点离样本线越近，拟合优度越高.

2. 一元线性回归模型的显著性检验

对线性回归模型的显著性检验包括两个方面的内容：一是对整个回归方程的显著性检验（F 检验），另一个是对各回归系数的显著性检验（t 检验）. 就一元线性回归模型而言，只有一个回归变量，所以上述两个检验是等价的.

1）整个回归方程的显著性检验（F 检验）的步骤：

① 提出假设：H_0：$\beta_1 = 0$；H_1：$\beta_1 \neq 0$.

② 当 H_0 成立时，由 F 分布的定义知

$$F = \frac{Q_R}{Q_E/(n-2)} \sim F(1, n-2).$$

③ 给定显著性水平 α，确定临界值 $F_\alpha(1, n-2)$.

④ 若 $F \geq F_\alpha(1, n-2)$，则拒绝 H_0，说明总体回归系数 $\beta_1 \neq 0$，即回归方程是显著的，而且一般情况下 F 值越大说明回归效果越显著.

2）回归系数的显著性检验的步骤：

① 提出假设：H_0：$\beta_1 = 0$；$\beta_1 \neq 0$.

② 当 H_0 成立时，由 T 分布的定义知，检验统计量是自由度为 $n-2$ 的 t 统计量

$$t=\frac{\hat{\beta}_1}{S_1}\sim t(n-2) ,$$

其中，S_1 是回归系数估计量 $\hat{\beta}_1$ 的标准差

$$S_1=\sqrt{\mathrm{Var}(\hat{\beta}_1)}=\frac{S_{yx}}{\sqrt{\sum\limits_{i=1}^{n}(x_i-\overline{x})^2}} .$$

③ 给定显著性水平 α，确定临界值 $t_{\alpha/2}(n-2)$.

④ 若 $|t|\geqslant t_{\alpha/2}(n-2)$，则拒绝 H_0，接受备择假设 H_1，即总体回归系数 $\beta_1\neq 0$；否则不能拒绝 H_0.

注：若出现回归效果不显著的情况，则原因可能有以下几种.

1）y 与 x 不存在关系.

2）$E(y)$ 与 x 的关系不是线性关系，而是非线性关系.

3）影响 y 取值的，除了 x，还有其他不可忽略的因素，应考虑多元回归分析.

10.2.4　一元线性回归系数的置信区间

当回归效果显著时，需要对回归系数做置信区间估计.

在变量的显著性检验中已知

$$\frac{\hat{\beta}_i-\beta_i}{S_{\hat{\beta}_i}}\sim t(n-2) ,$$

其中，$S_{\hat{\beta}_i}$ 是回归系数估计量 $\hat{\beta}_i$ 的标准差. 所以参数 β_i 的置信水平为 $1-\alpha$ 的置信区间为 $(\hat{\beta}_i\pm t_{\alpha/2}(n-2)\times S_{\hat{\beta}_i})$.

由于置信区间在一定程度反映了样本参数估计值与总体参数真值的"接近"程度，因此置信区间越小越好. 缩小置信区间，可以增大样本容量 n 或提高模型的拟合优度.

10.2.5　一元线性回归方程的预测区间

建立的回归模型如果经过检验后具有明显线性相关性，则可以用它进行预测，即对确定的 x 值预测相应的 y 值. 当自变量取值为 x_0 时，将其代入式（10.4）得 $\hat{y}_0$，$\hat{y}_0$ 是对应于 x_0 的点估计值，但我们更希望能给出 y_0 的一个预测区间. 回归分析的预测区间（Prediction Interval）是指对于给定的 x 值，求出 y 的平均值的置信区间或 y 的个别值的预测区间.

1. y 的平均值 $E(y_0)$ 的置信区间估计

由统计学知识，$E(y_0)$ 的 $1-\alpha$ 的置信区间为

$$\hat{y}_0 \pm t_{\alpha/2}(n-2)s_{yx}\sqrt{\frac{1}{n}+\frac{(x_0-\overline{x})^2}{\sum\limits_{i=1}^{n}(x_i-\overline{x})^2}}\,.$$

2. y 的个别值 y_0 的置信区间估计

y_0 的 $1-\alpha$ 的置信区间为

$$\hat{y}_0 \pm t_{\alpha/2}(n-2)s_{yx}\sqrt{1+\frac{1}{n}+\frac{(x_0-\overline{x})^2}{\sum\limits_{i=1}^{n}(x_i-\overline{x})^2}}\,.$$

以上简要介绍了一元线性回归的基本理论，这是下一节学习多元线性回归和非线性回归的基础. 由于回归分析涉及的计算多，繁杂，一般都是借助计算机软件进行分析. 下面仅以本节开始的一个简单的例子来说明一元回归分析中各相关计算的实现以及如何做显著性分析. 更复杂的应用将放在后面的建模应用当中.

例 10.8　对本节开始提及的父子身高的例子，完成如下工作：

1）画出散点图.

2）求一元线性回归的参数估计.

3）检验回归系数是否为零（取 $\alpha=0.05$）.

4）求回归系数 β_1 的 95% 置信区间.

5）求在 $x=190$ 点，回归函数的点估计和置信水平为 95% 的置信区间.

6）求在 $x=190$ 点，y 的点预测和置信水平为 95% 区间预测.

解　1）散点图如图 10.24 所示.

2）计算得 $\sum\limits_{i=1}^{10}x_i=1698$，$\sum\limits_{i=1}^{10}y_i=1703$，$\sum\limits_{i=1}^{10}x_i^2=289432$，$\sum\limits_{i=1}^{10}y_i^2=290265$，

$\sum\limits_{i=1}^{10}x_iy_i=289679$，$\sum\limits_{i=1}^{10}(x_i-\overline{x})^2=\sum\limits_{i=1}^{10}x_i^2-10\times\overline{x}^2=1111.6$.

回归参数的最小二乘估计为 $\hat{\beta}_0=92.4572$，$\hat{\beta}_1=0.45484$. 回归方程为 $\hat{y}=92.4572+0.4584x$，其回归效果图如图 10.26 所示.

σ^2 的无偏估计：

$$\hat{\sigma}^2=\frac{\sum\limits_{i=1}^{10}(y_i-\hat{y}_i)^2}{10-2}=1.31\,.$$

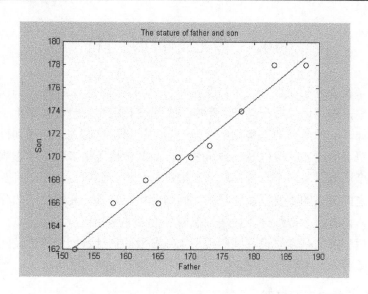

图 10.26　回归直线图

3）检验假设：H_0：$\beta_1 = 0$；H_1：$\beta_1 \neq 0$；

$$|t| = \frac{\hat{\beta}_1}{S_1} = \frac{\hat{\beta}_1}{\hat{\sigma}}\sqrt{\sum_{i=1}^{n}(x_i - \overline{x})^2} = \frac{0.4584}{\sqrt{1.31}}\sqrt{1111.6} \approx 13.3531 \geqslant t_{0.025}(8) = 2.306 \;.$$

由 t 检验知，拒绝原假设 H_0，即认为父亲与儿子身高回归效果显著，模型是可用的.

4）回归系数 β_1 的 95% 置信区间为 $(\hat{\beta}_1 \pm t_{\alpha/2}(n-2) \times S_{\hat{\beta}_1}) = (0.3793, 0.5376)$，即回归系数有 95% 的可能性落入该区间.

5）在 $x_0 = 190$ 点，回归函数的点估计值为 $\hat{y}_0 = \hat{\beta}_0 + \hat{\beta}_1 x_0 = 180$，又

$$t_{\alpha/2}(n-2)s_{yx}\sqrt{\frac{1}{n} + \frac{(x_0 - \overline{x})^2}{\sum_{i=1}^{n}(x_i - \overline{x})^2}} = 2.306 \times \sqrt{1.31} \times \sqrt{\frac{1}{10} + \frac{(190 - 169.8)^2}{1111.6}} \approx 1.8038,$$

所以回归函数的置信水平为 95% 的置信区间为 $(178.2, 181.8)$.

6）在 $x_0 = 190$ 时，因为

$$t_{\alpha/2}(n-2)s_{yx}\sqrt{1 + \frac{1}{n} + \frac{(x_0 - \overline{x})^2}{\sum_{i=1}^{n}(x_i - \overline{x})^2}} = 2.306 \times \sqrt{1.31} \times \sqrt{\frac{11}{10} + \frac{(190 - 169.8)^2}{1111.6}} \approx 3.1968,$$

所以 y_0 的置信水平为 95% 的预测区间为 $(176.8, 183.2)$.

10.3　多元线性回归分析

10.2 节简要介绍了涉及一个自变量和一个因变量的一元线性回归模型. 但在实际生活中，客观现象非常复杂，影响因变量变化的自变量往往不止一个，而是多个. 例如，一种产品的销售额不仅与产品的销售价格有关、还受到投入的广告费用、消费者的收入状况以及其他可替代产品的价格等诸多因素的影响，因此有必要对一个因变量与多个自变量联系起来进行分析，而研究一个随机变量同其他多个变量之间关系的主要方法就是多元回归分析，它是一元线性回归分析的自然推广形式，两者在参数估计、显著性检验等方面非常相似. 本节将重点介绍多元线性回归模型及其基本假设、回归模型未知参数的估计、回归方程及回归系数的显著性检验等.

10.3.1　多元线性回归模型

多元线性回归（Multiple Liner Regression）模型的一般形式为

$$Y=\beta_0+\beta_1 x_1+\beta_2 x_2+\cdots \beta_p x_p+\varepsilon, \quad \varepsilon \sim N(0, \sigma^2) \tag{10.9}$$

其中，$\beta_0, \beta_1, \beta_2, \cdots, \beta_p$ 是 $p+1$ 个与 $x_1, x_2, \cdots, x_p$ 无关的未知参数，称为回归系数，ε 是随机误差，一般服从期望值为零、方差为 σ^2 的正态分布 $N(0, \sigma^2)$. Y 称为被解释变量或因变量，而 $x_1, x_2, \cdots, x_p$ 是 p 个可以精确测量并可控制的一般变量，称为解释变量或自变量. 当 $p=1$ 时，式（10.9）即为一元线性回归模型，当 $p \geq 2$ 时，即称式（10.9）为多元线性回归模型，这里所谓多元线性模型是指这些自变量对 Y 的影响是线性的.

对式（10.9）取期望，有

$$Y=\beta_0+\beta_1 x_1+\beta_2 x_2+\cdots+\beta_p x_p \tag{10.10}$$

称为回归平面方程.

对一个实际问题，如果 n 组样本分别是 $(x_{i1}, x_{i2}, \cdots, x_{ip}, y_i)$ $(i=1, 2, \cdots, n)$，把这些样本值代入式（10.9）得到样本形式的多元线性回归模型如下：

$$\begin{cases} y_1=\beta_0+\beta_1 x_{11}+\beta_2 x_{12}+\cdots+\beta_p x_{1p}+\varepsilon_1 \\ y_2=\beta_0+\beta_1 x_{21}+\beta_2 x_{22}+\cdots+\beta_p x_{2p}+\varepsilon_2 \\ \quad\quad\quad\quad\cdots\cdots \\ y_n=\beta_0+\beta_1 x_{n1}+\beta_2 x_{n2}+\cdots+\beta_p x_{np}+\varepsilon_n \end{cases} \tag{10.11}$$

其中，$\varepsilon_1, \varepsilon_2, \cdots, \varepsilon_n$ 相互独立，且 $\varepsilon_i \sim N(0, \sigma^2)$，$i=1, 2, \cdots, n$. 令

$$Y=\begin{pmatrix} y_1 \\ y_2 \\ \vdots \\ y_n \end{pmatrix}, \quad X=\begin{pmatrix} 1 & x_{11} & x_{12} & \cdots & x_{1p} \\ 1 & x_{21} & x_{22} & \cdots & x_{2p} \\ \vdots & \vdots & \vdots & & \vdots \\ 1 & x_{n1} & x_{n2} & \cdots & x_{3p} \end{pmatrix}, \quad \beta=\begin{pmatrix} \beta_0 \\ \beta_1 \\ \vdots \\ \beta_p \end{pmatrix}, \quad \varepsilon=\begin{pmatrix} \varepsilon_1 \\ \varepsilon_2 \\ \vdots \\ \varepsilon_n \end{pmatrix}$$

则式（10.11）可用矩阵形式表示为

$$Y=X\beta+\varepsilon \tag{10.12}$$

其中，X 称为回归设计矩阵或数量矩阵，ε 是 n 维随机向量，它的分量相互独立. 式（10.12）即为线性回归模型的矩阵型式.

10.3.2　多元线性回归模型的基本假设

为了对模型参数进行估计，需要对回归模型式（10.9）作如下基本假设：

1）$E(\varepsilon_i)=0$，$i=1,2,\cdots,n$，即随机误差项对被解释变量的影响平均结果为零，此为零均值假设.

2）$\mathrm{cov}(\varepsilon_i,\varepsilon_j)=\sigma^2 I_n$，$i,j=1,2,\cdots,n$，$I_n$ 是 n 阶单位矩阵，即随机误差项具有同方差，此为不相关假设和同方差假设.

3）所有的解释变量 $x_1,x_2,\cdots,x_p$ 是确定性的，不是随机变量，它和随机误差项 ε 不相关.

4）数量矩阵 X 中的自变量列之间不相关，样本容量的个数应大于解释变量的个数.

5）$\varepsilon \sim N(0,\delta^2)$，$i=1,2,\cdots,n$，即所有的随机误差项服从正态分布，此为正态分布假设.

以上假设也称为线性回归模型的经典假设或高斯假设，满足该假设的线性回归模型，也称为经典线性回归模型.

10.3.3　多元回归模型的参数估计

多元线性回归方程未知参数 $\beta_0,\beta_1,\cdots,\beta_p$ 的估计与一元线性回归方程的参数估计原理一样，都是最小二乘法. 考虑偏差平方和

$$Q(\beta_0,\beta_1,\cdots,\beta_p)=\sum_{i=1}^{n}(y_i-\beta_0-\beta_1 x_{i1}-\beta_2 x_{i2}-\cdots-\beta_p x_{ip})^2 .$$

最小二乘估计就是求 $\hat{\beta}=(\hat{\beta}_0,\hat{\beta}_1,\cdots,\hat{\beta}_p)^\mathrm{T}$，使得

$$Q(\hat{\beta}_0,\hat{\beta}_1,\cdots,\hat{\beta}_p)=\min_{\beta} Q(\hat{\beta}_0,\hat{\beta}_1,\cdots,\hat{\beta}_p)$$

因 $Q(\beta_0,\beta_1,\cdots,\beta_p)$ 是 $\beta_0,\beta_1,\cdots,\beta_p$ 的非负二次型，故其最小值一定存在. 根据多元微积分求最小值的方法，令

$$\frac{\partial Q}{\partial \beta_j}=0, \quad j=0,1,2,\cdots,p.$$

上述方程组称为正规方程组，可用矩阵表示为

$$X^{\mathrm{T}}X\boldsymbol{\beta}=X^{\mathrm{T}}Y,$$

在系数矩阵 $X^{\mathrm{T}}X$ 可逆的条件下，可解得

$$\hat{\beta}=(X^{\mathrm{T}}X)^{-1}X^{\mathrm{T}}Y.$$

$\hat{\beta}$ 就是 β 的最小二乘估计，代入回归平面方程式（10.10）得

$$\hat{y}=\hat{\beta}_0+\hat{\beta}_1x_1+\cdots+\hat{\beta}_px_p,$$

称为**经验回归平面方程**.

注：实际应用中，由于多元线性回归所涉及的数据量一般都很大，相关计算比较复杂，所以通常都采用 MATLAB、Excel、SPSS 或 SAS 等统计分析软件进行计算分析.

另外，随机误差项的方差 σ^2 的无偏估计量是

$$\hat{\sigma}^2=\frac{\sum\limits_{i=1}^{n}e_i^2}{n-(p+1)}.$$

实际上它是残差均方和. 这是因为在估计 $\beta_0,\beta_1,\cdots,\beta_p$ 的过程中，失去了 $p+1$ 个自由度.

10.3.4　多元线性回归模型的统计检验

多元线性回归模型的统计检验包括两个方面，一方面检验回归方程对样本数据的拟合程度，通过可决系数（R 检验）来分析；另一方面检验回归方程的显著性，包括对回归方程线性关系的检验（F 检验）和对回归系数显著性的检验（t 检验）.

1. 多元回归的拟合优度检验（R 检验）

在多元线性回归分析中，总离差平方和的分解公式依然成立（见式 10.7），即总离差平方和（SST）＝回归平方和（SSR）＋残差平方和（SSE）. 所以与一元线性回归一样，定义可决系数（判定系数）$R^2=$ SSR / SST. 用它来评价多元线性回归模型的拟合程度，显然其取值是在 0 与 1 之间. 可决系数越大，说明列入模型的解释变量对因变量联合影响程度越大，而并非说明模型中各个解释变量对因变量的影响程度显著.

因 R^2 是自变量个数的非递减函数，因此增加解释变量的个数，会增加回归平方和，所以 R^2 就会变大，这样容易引起误导，把不显著的解释变量也留在回归方

程中，因此需要对该指标加以调整．在多元线性回归分析中，通常采用"修正自由度判定系数"来判定现行多元回归方程的拟合优度：

$$\bar{R}^2=1-(1-R^2)\times\frac{n-1}{n-p-1}\qquad(10.13)$$

该指标考虑到加入解释变量对自由度的影响，因而是合理的．其中 p 是解释变量的个数，n 为样本容量．可决系数 R^2 必定非负，但修正的可决系数 $\bar{R}^2$ 可能为负值，这时规定 $\bar{R}^2=0$．随着解释变量的增加，$\bar{R}^2$ 越来越小于 R^2．

2. 回归方程的显著性检验（F 检验）

在多元回归中有多个解释变量，需要说明所有解释变量联合起来对因变量影响的总显著性，或整个方程总的联合显著性．对方程总显著性检验需要在方差分析的基础上进行 F 检验．对整个回归模型的显著性检验步骤如下：

1）提出假设：$H_0: \beta_1=\beta_2=\cdots=\beta_p=0$；$H_1: \beta_i$ 不全为 0，$i=1,2,\cdots,p$．

2）构建如下 F 统计量：由线性回归模型的假设及 10.1 节描述，当 H_0 成立时，有

$$F=\frac{Q_R/p}{Q_E/(n-p-1)}\sim F(p,n-p-1)$$

3）给定显著性水平 α，查 F 分布表，得临界值 $F_\alpha(p,n-p-1)$．

4）比较统计量值 F 和临界值 $F_\alpha(p,n-p-1)$，做出判断．若 $F\geqslant F_\alpha(p,n-p-1)$，或由 F 得到的概率值 p 足够小，则拒绝 H_0，接受备择假设，说明总体回归系数 β_i 不全为零，回归模型有显著意义，即所有解释变量联合起来对 Y 有显著影响；反之，则认为回归方程不显著，即所有解释变量联合起来对 Y 没有显著影响．

大家可能注意到上面的拟合优度检验与方程显著性检验在判定结论上有些相似，但拟合优度检验和方程显著性检验是从不同原理出发的两类检验，前者是从已经得到估计的模型出发，检验它对样本观测值的拟合程度，后者是从样本观测值出发检验模型总体线性关系的显著性．事实上，经过简单推理，得到决定系数和 F 统计量的关系如下：

$$F=\frac{R^2/p}{(1-R^2)/(n-p-1)}$$

可见，F 与 R^2 同向变化，当 $R^2=0$ 时，$F=0$，R^2 越大，F 值也越大，当 $R^2=1$ 时，F 为无穷大．所以 F 检验和可决系数具有一致性．但是，F 检验比可决系数具有更强的适用性．

3. 各回归系数的显著性检验（t 检验）

方程的总体线性关系显著不等于每个解释变量对被解释变量的影响都是显著

的. 因此, 必须对每个解释变量进行显著性检验, 以决定是否作为解释变量被保留在模型中. 这一检验是由对变量的 t 检验完成的. 步骤如下.

1) 提出假设: $H_0: \beta_i=0$; $H_0: \beta_i \neq 0 (i=1, 2, \cdots, p)$.

2) 检验统计量是自由度为 $n-p-1$ 的 t 统计量, 在原假设成立的条件下有

$$t_{\beta_i}=\frac{\hat{\beta}_i}{\sqrt{\mathrm{Var}(\hat{\beta}_i)}} \sim t(n-p-1).$$

其中, $\sqrt{\mathrm{Var}(\hat{\beta}_i)}=\sqrt{c_{ii}}\hat{\sigma}$ 是回归系数标准差, c_{ii} 是 $(\boldsymbol{X}^T\boldsymbol{X})^{-1}$ 中主对角线上第 $i+1$ 个元素. 对每一个 $i=1, 2, \cdots, p$ 可以计算一个 t 值.

注: 若是模型 $\boldsymbol{Y}=\beta_1+\beta_2 x_2+\beta_3 x_3+\cdots+\beta_p x_p+\varepsilon$, 则应是对角线第 i 个元素.

3) 给定显著性水平 α, 确定临界值 $t_{\alpha/2}(n-p-1)$.

4) 若 $|t_{\beta_i}| \geqslant t_{\alpha/2}(n-p-1)$, 则拒绝 H_0, 接受备择假设, 即总体回归系数 $\beta_i \neq 0$.

由于是对各个解释变量做显著性检验, 所以有多少个回归系数, 就要做多少次 t 检验.

注: 在一元线性回归中, t 检验与 F 检验是等价的, 但在多元线性回归模型的检验时两者却不同.

10.3.5 参数的置信区间与模型的预测

与一元回归一样, 当检验效果显著时, 需要对各个回归系数作置信区间估计. 参数的置信区间用来考察在一次抽样中所估计的参数值离参数的真实值有多接近.

类似由显著性检验中检验统计量是自由度为 $n-p-1$ 的 t 统计量容易推出, 在 $1-\alpha$ 的置信水平下参数 β_i 的置信区间为 $(\beta_i \pm t_{\alpha/2}(n-p-1) \times s_{\hat{\beta}_i})$. 其中, $t_{\alpha/2}(n-p-1)$ 为显著性水平为 α、自由度为 $n-k-1$ 的临界值, $s_{\hat{\beta}_i}=\sqrt{c_{ii}}\hat{\sigma}$ 是回归系数估计量 $\hat{\beta}_i$ 的标准差. 当 $p=1$ 时, 与一元回归分析的参数置信区间是一致的. 实际应用中, 参数置信区间越窄说明估计值越接近真值, 置信区间通常不应包含原点.

类似于一元线性回归模型, 通过检验后的多元线性模型也可以用来进行预测. 多元线性回归模型的预测包括点预测和区间预测. 类似一元模型的情形可以给出相应的预测区间, 具体可以参考相应的数理统计课本, 这里不再详细描述.

10.4 非线性回归问题

从线性回归模型的一般形式 $y=\beta_0+\beta_1 x_1+\beta_2 x_2+\cdots+\beta_p x_p+\varepsilon$ 可以看出, 因变量

关于各个自变量和参数都是线性的，因此线性模型的含义包括变量的线性和参数的线性. 但在实际经济活动中，经济变量的关系是复杂的，直接表现为线性关系的情况并不多见. 对于仅存在变量非线性的模型，可采用重新定义的方法将模型线性化，对存在参数非线性的模型，仅有一部分可通过数学变换（主要是取对数）的方法将模型线性化，如经济学里著名的柯布-道格拉斯生产函数 $Y = AL^\alpha K^\beta$. 对于那些无法线性化的模型，只能采用非线性回归技术估计模型参数，如非线性最小二乘法（NLS）.

处理非线性回归模型的基本思想是把非线性关系转化为线性关系，然后再运用线性回归的分析方法进行估计. 非线性模型转换成线性模型的常用方法是变量代换法，有时是直接代换，有时需要取对数后再代换. 下面给出一些常见的可线性化的非线性模型.

1. 多项式模型

多项式模型的一般形式为
$$y = \beta_0 + \beta_1 x + \beta_2 x^2 + \cdots + \beta_p x^p,$$
令 $Z_i = x^i$，则上述模型可化为多元线性模型：
$$y = \beta_0 + \beta_1 Z_1 + \beta_2 Z_2 + \cdots + \beta_p Z_p.$$

对多元多项式模型可以同样作类似代换，如对交叉项 $x_1 x_2$，令 $w = x_1 x_2$ 后一样可以线性化.

2. 双曲线模型

双曲线模型的一般形式为
$$\frac{1}{y} = \beta_0 + \frac{\beta_1}{x},$$
令 $u = \dfrac{1}{y}$，$v = \dfrac{1}{x}$，则上述模型可化为线性模型
$$u = \beta_0 + \beta_1 v.$$

3. 对数模型

对数模型的一般形式为
$$y = \beta_0 + \beta_1 \ln x$$
或
$$\ln y = \beta_0 + \beta_1 \ln x,$$
可令 $u = \ln y$，$v = \ln x$，即可化为线性模型
$$y = \beta_0 + \beta_1 v$$

或

$$u=\beta_0+\beta_1 v .$$

4. S 形曲线模型

S 形曲线模型的一般形式为

$$y=\frac{1}{\alpha+\beta e^{-x}} .$$

对于上式先求倒数 $\frac{1}{y}=\alpha+\beta e^{-x}$，然后令 $u=\frac{1}{y}$，$v=e^{-x}$ 即可化为线性模型:

$$u=\alpha+\beta v .$$

上述非线性模型有一个共同特点，就是因变量直接关于参数是线性的，或作简单变换后（如取倒数）是线性的，因此可以直接利用变量代换的方法将模型线性化. 在用线性回归方法估计参数时，先要对原始数据进行相应处理，而这些处理，利用软件工具是很容易实现的. 对因变量关于参数非线性的情形不能仅凭直接变量代换来处理. 如果模型的右端由一系列的 x^β 或 $e^{\beta x}$ 项相乘，并且扰动项也是乘积形式的，可通过两边取对数线性化. 常见的有如下几种情形.

5. 指数函数模型

指数函数模型的一般形式为

$$y=\alpha e^{\beta x} .$$

对上式两边取自然对数，得 $\ln y=\ln\alpha+\beta x$，令 $u=\ln y$，$A=\ln\alpha$ 则得

$$u=A+\beta x .$$

对上述一元线性模型估计出参数 $\hat{A}$，$\hat{\beta}$ 后，所求参数 $\hat{\alpha}=e^{\hat{A}}$.

更一般地，对像著名的柯布-道格拉斯生产函数（C-D 函数）$Q=AK^\alpha L^\beta v$ 这样的多元非线性函数，取对数后为

$$\log Q=\log A+\alpha \log K+\beta \log L+\log v ,$$

只要做相应的变量代换就可以变成多元线性回归模型.

6. 倒指数函数模型

倒指数函数模型的一般形式为

$$y=\alpha e^{\beta/x} .$$

对上式两边取自然对数，得 $\ln y=\ln\alpha+\beta/x$，令 $u=\ln y$，$v=\frac{1}{x}$，$A=\ln\alpha$，则得

$$u=A+\beta v .$$

7. 幂函数模型

幂函数模型的一般形式为

$$y = \alpha x^{\beta}.$$

对上式两边取常用对数，得 $\log y = \log \alpha + \beta \log x$. 令 $u = \log y$，$v = \log x$，$A = \log \alpha$，则得

$$u = A + \beta v.$$

估计出参数 $\hat{A}$，$\hat{\beta}$ 后，所求参数 $\hat{\alpha} = 10^{A}$.

上面列举了一些常见的可线性化的非线性回归模型. 但现实中还有很多模型是不能线性化的，如非线性模型

$$y = \alpha(x - \gamma)^{\beta}.$$

其中，α、β 和 γ 是要估计的参数. 此模型无法用取对数的方法线性化，只能用非线性回归技术进行估计，如非线性最小二乘法，该方法的原则仍然是残差平方和最小. 关于非线性回归的原理本书不再详细介绍，在后面将具体介绍 MATLAB 工具箱中的非线性回归命令及其应用.

值得注意的是，能线性化的回归模型可以线性化后进行估计，也可以直接用非线性回归方法估计. 线性模型也可以用非线性工具求解，大家在应用时可以进行对比，看哪种方法更准确、更简单.

10.5　MATLAB 统计工具箱中回归分析命令及其应用

能够做统计回归分析的软件很多，如 MATLAB、SAS、SPSS、Eviews、Excel等，这里主要介绍 MATLAB 统计工具箱. 它是 MATLAB 提供给人们的一个强有力的统计分析工具，其中回归分析工具可以帮我们解决大量繁琐的相关计算，使用起来非常方便. 下面结合例子逐一介绍多元线性回归、多项式回归、非线性回归和逐步回归命令.

10.5.1　多元线性回归

多元线性回归模型的一般形式为

$$Y = \beta_0 + \beta_1 x_1 + \beta_2 x_2 + \cdots + \beta_p x_p + \varepsilon.$$

在 MATLAB 统计工具箱中使用 regress( ) 函数实现多元线性回归.

regress( )函数的调用格式为

```
b=regress(Y,X)                  %确定回归系数的点估计值
[b,bint,r,rint,stats]=regrss(Y,X,alpha)
%求回归系数的点估计和区间估计,并检验回归模型
rcoplot(r,rint)                 %绘制残差图
```

说明　1）其中因变量数据向量 Y 和自变量数据矩阵 X 按以下排列方式输入

$$Y=\begin{pmatrix} y_1 \\ y_2 \\ \vdots \\ y_n \end{pmatrix}, \quad X=\begin{pmatrix} 1 & x_{11} & x_{12} & \cdots & x_{1p} \\ 1 & x_{21} & x_{22} & \cdots & x_{2p} \\ \vdots & \vdots & \vdots & & \vdots \\ 1 & x_{n1} & x_{n2} & \cdots & x_{np} \end{pmatrix}$$

对于一元线性回归，取 $p=1$ 即可. 若一元回归模型不含常数项，则命令 $b=$ regress(y,x) 返回基于观测值 y 和 x 的最小二乘拟合系数的结果.

2）alpha 为显著性水平（省略时设定为 0.05）.

3）输出向量 b, bint 为回归系数估计值和它们的置信区间（列向量形式输出）.

4）r, rint 为残差及其置信区间.

5）stats 是用于检验回归模型的统计量，有 4 个数值，第一个是 R^2，根据前面介绍的统计学知识，一般 R^2 越接近 1 说明模型对数据拟合程度越好；第二个是 F 统计量值，F 值越大说明回归方程整体越显著；第三个是与统计量 F 对应的概率 P，一般 $p<\alpha$ 时可以拒绝 H_0，认为回归模型成立；第四个是误差项方差 $\sigma(\varepsilon)$.

6）如果回归模型显著性强，拟合优度高，那么残差图中，所有残差应该接近零点，并且置信区间都应包含零点，否则可视为异常数据.

例 10.9　用统计回归工具箱重解引例.

解　1）在 MATLAB 中输入程序代码如下：

```
x=[152 158   163 165   168 170 173 178 183 188]';
y=[162 166   168 166   170 170 171 174 178 178]';
X=[ones(length(x),1)x];
[b,bint,r,rint,stats]=regress(y,X)
```

2）输出结果及分析.

输出结果：

```
b =
    92.4572
    0.4584
```

```
bint =
   78.9895  105.9248
    0.3793    0.5376
r =
   -0.1398
    1.1096
    0.8174
   -2.0995
    0.5252
   -0.3917
   -0.7670
   -0.0592
    1.6486
   -0.6436
rint =
   -2.3491    2.0695
   -1.1779    3.3971
   -1.6978    3.3326
   -4.0104   -0.1886
   -2.1077    3.1581
   -3.0465    2.2632
   -3.3448    1.8108
   -2.6439    2.5255
   -0.3142    3.6114
   -2.7597    1.4726
stats =
  0.9571  178.3386    0.0000   1.3100
```

即模型参数估计值为 $\hat{\beta}_0$=92.4572，$\hat{\beta}_1$=0.4584；$\hat{\beta}_0$ 的置信区间为 (78.9895，105.9248)，$\hat{\beta}_1$ 的置信区间为(0.3793, 0.5376)，r 及 rint 为残差向量及其置信区间；检验统计量显示 R^2=0.9571，逼近 1；F=178.3386，远大于临界值；p=0.0000<0.05，说明模型对样本数据的拟合程度高，方程显著性强，因此前面给出的回归模型是可用的.

3）残差分析.

在 MATLAB 中用命令 rcoplot(r，rint)绘制残差图，如图 10.27 所示.

图 10.27　残差分析图

从图 10.27 看出除第 4 个数据外，其余残差离零点较近，并且残差的置信区间都包含零点，说明模型能较好拟合原始数据，是可用的．第 4 个数据可视为异常数据，可予以剔除后重新计算回归系数．

4）模型预测．

通过下面语句可以实现回归模型预测值与实际测量值的对比，效果如图 10.26 所示．

```
w=b(1)+b(2)*x;
plot(x,y,'o',x,w,'r-')
```

例 10.10　中国税收增长的分析．

问题描述：改革开放以来，随着经济体制改革的深化和国民经济的快速增长，中国的财政收支状况发生了很大变化，因此研究影响中国税收收入增长的主要原因，分析中央和地方税收收入的增长规律，预测中国税收未来的增长趋势是非常有必要的．表 10.8 给出了中国从 1981～2012 年的全国各项税收收入、国内生产总值、财政支出和商品零售价格指数的统计数据．试分析它们之间的相关关系，建立税收收入的预测模型．

表 10.8　中国历年税收收入、国内生产总值等统计数据

年份	各项税收收入/亿元	国内生产总值/亿元	财政支出/亿元	商品零售价格指数/%
1981	629.89	4862.40	1138.41	102.40
1982	700.02	5294.70	1229.98	101.90
1983	775.59	5934.50	1409.52	101.50

续表

年份	各项税收收入/亿元	国内生产总值/亿元	财政支出/亿元	商品零售价格指数/%
1984	947.35	7171.00	1701.02	102.80
1985	2040.79	8964.40	2004.25	108.80
1986	2090.73	10202.20	2204.91	106.00
1987	2140.36	11962.50	2262.18	107.30
1988	2390.47	14928.30	2491.21	118.50
1989	2727.40	16909.20	2823.78	117.80
1990	2821.86	18547.90	3083.59	102.10
1991	2990.17	21617.80	3386.62	102.90
1992	3296.91	26638.10	3742.20	105.40
1993	4255.30	34634.40	4642.30	113.20
1994	5126.88	46759.40	5792.62	121.70
1995	6038.04	58478.10	6823.72	114.80
1996	6909.82	67884.60	7939.55	106.10
1997	8234.04	74462.60	9233.56	100.80
1998	9262.80	78345.20	10798.18	97.40
1999	10682.58	82067.50	13187.67	97.00
2000	12581.51	89468.10	15886.50	98.50
2001	15301.38	97314.80	18902.58	99.20
2002	17636.45	104790.60	22053.15	98.70
2003	20450.00	116694.00	24649.95	99.90
2004	25718.00	136515.00	28486.90	102.8
2005	30866.00	182321.00	33930.30	100.8
2006	37636.00	209407.00	38373.38	100.6
2007	49442.73	246619.00	49781.40	103.8
2008	57840.51	300670	60786.4	105.9
2009	63104.00	335353	76235.0	98.8
2010	77390.00	397983	89530.2	102.5
2011	89720.31	471564	108930	104.9
2012	100600.88	519322	124300	102.0

问题分析: 首先从定性角度简单分析一下影响中国税收收入增长的主要因素, 以及大致的关系, 以便后面建模分析.

1) 从宏观经济看, 经济整体增长是税收增长的基本源泉, 因此两者具有一定的同步性.

2) 社会经济的发展和社会保障等都对公共财政提出要求, 公共财政的需求对当年的税收收入可能会有一定的影响，事实上财政支出来源于税收，财政的投入支出可能促进经济的进一步发展，反过来又有利于税收征收，所以两者互相影响.

3）物价水平. 中国的税制结构以流转税为主，以现行价格计算的国内生产总值和经营者的收入水平都与物价水平有关.

4）税收政策因素. 税收政策直接影响税收收入，例如，2008 年经济危机，中国为促进经济增长而实施的减免税政策使税收增速明显回落.

模型建立：以上分析说明，税收收入、国内生产总值、财政支出和物价水平确实有不可分割的关系. 为此，以各项税收收入 Y 作为被解释变量，以 x_1 表示国内生产总值，它反映了经济整体增长水平，以 x_2（财政支出）表示公共财政的需求，以 x_3（商品零售价格指数）表示物价水平，至于税收政策，由于因素较难用数量表示，暂时不予考虑.

考虑如下线性回归模型：

$$Y = \beta_0 + \beta_1 x_1 + \beta_2 x_2 + \beta_3 x_3 + \varepsilon .$$

模型求解：

在 MATLAB 中输入程序代码如下：

```
Tax=[629.89      4862.40      1138.41      102.40
     700.02      5294.70      1229.98      101.90
     775.59      5934.50      1409.52      101.50
     947.35      7171.00      1701.02      102.80
    2040.79      8964.40      2004.25      108.80
    2090.73     10202.20      2204.91      106.00
    2140.36     11962.50      2262.18      107.30
    2390.47     14928.30      2491.21      118.50
    2727.40     16909.20      2823.78      117.80
    2821.86     18547.90      3083.59      102.10
    2990.17     21617.80      3386.62      102.90
    3296.91     26638.10      3742.20      105.40
    4255.30     34634.40      4642.30      113.20
    5126.88     46759.40      5792.62      121.70
    6038.04     58478.10      6823.72      114.80
    6909.82     67884.60      7939.55      106.10
    8234.04     74462.60      9233.56      100.80
    9262.80     78345.20     10798.18       97.40
   10682.58     82067.50     13187.67       97.00
   12581.51     89468.10     15886.50       98.50
   15301.38     97314.80     18902.58       99.20
   17636.45    104790.60     22053.15       98.70
```

```
    20450.00     116694.00     24649.95     99.90
    25718.00     136515.00     28486.90     102.80
    30866.00     182321.00     33930.30     100.80
    37636.00     209407.00     38373.38     100.60
    49442.73     246619.00     49781.40     103.80
    57840.51     300670.00     60786.40     105.90
    63104.00     335353.00     76235.00     98.80
    77390.00     397983.00     89530.20     102.50
    89720.31     471564.00     108930.00    104.90
    100600.88    519322.00     124300.00    102.00]};
[n,m]=size(Tax)
Y=Tax(:,1);
X=[ones(n,1),Tax(:,2),Tax(:,3),Tax(:,4)];
[b,bint,r,rint,stats]=regress(Y,X)
b=vpa(b,5)                               %保留小数点后 5 位数
stats=vpa(stats,5)
%计算 t 统计量的值
sigm=sqrt(sum(r.^2)/(n-m))
%计算残差均方和的方根 σ̂，这里 m=p+1
C=inv(X'*X)
for i=1:m
c_ii(i)=C(i,i);                          %取对角线元素
end
t_beta=vpa(b'./(sqrt(c_ii)*sigm),5)      %输出各参数的 t 统计量
```

输出结果及分析：

程序输出结果如下：

```
b =
   [-5867.4,  .10404,  .39950,  45.916]
stats =
   [ .99648,  2643.1,   0.,   .30676e7]
t_beta =
[-1.0611,  4.8198,  4.3130,  .88683]
```

即所求回归模型为

$$Y = -5867.4 + 0.10404x_1 + 0.3995x_2 + 45.916x_3 .$$

$$R^2 = 0.9965, \quad F = 2643.1, \quad p = 0 .$$

R 检验：可决系数 $R^2 = 0.9965$ 较高，表明模型拟合较好.

F 检验：针对假设 H_0：$\beta_1 = \beta_2 = \beta_3 = 0$，取 $\alpha = 0.05$，查自由度为 3 和 $n-p$

$-1=32-3-1=28$ 的临界值 $F_\alpha(3,28)=2.29$. 由于明显 $F=2643.1>F_\alpha(3,28)$，应拒绝 H_0，说明回归方程整体显著性强，即"国内生产总值"、"财政支出"、"商品零售价格指数"等变量联合起来对"各项税收收入"有显著影响.

t 检验：给定 $\alpha=0.05$，查 t 分布表，在自由度为 28 时临界值为 $t_{0.025}(28)$ $=2.0484$，其中因变量 x_1、x_2 的参数对应的 t 统计量绝对值均大于 2.0484. 这说明在 5%的显著性水平下，各变量系数均显著不为零，表明国内生产总值、财政支出对税收收入分别都有显著影响. 但商品零售价格指数 x_3 对应的 t 统计量绝对值小于 2.0484，说明该变量对被解释变量既税收收入的影响不是很显著. 为此，剔除变量 x_3，调整参数重新计算后得到：

```
b =
  [-983.73, .10202, .40601]
stats =
  [.99638, 3993.7, 0, 0.30450e7]
t_beta =
[-1.9715, 4.7702, 4.4133].
```

此时各统计量的值都说明模型不仅整体相关，而且各个变量也与被解释变量显著相关. 所以最终的线性回归模型为
$$Y=-983.73+0.10202x_1+0.40601x_2.$$

10.5.2 多项式回归

1. 一元多项式回归

一元多项式的一般形式为
$$y=a_1x^m+a_2x^{m-1}+\cdots+a_mx+a_{m+1}.$$
这是一个非线性回归模型，MATLAB 提供了几个专门的求解命令，如 polyfit，polytool，polyval，polyconf，其调用格式分别为

```
[p,S]=polyfit(x,y,m)
%确定多项式系数,其中 x=(x1,x2,…,xn),y=(y1,y2,…,yn);p=(a1,a2,…,am+1)
是上述多项式的系数;S 是一个矩阵,用来估计预测误差
polytool(x,y,m)    %调用多项式回归 GUI,参数意义同 polyfit
Y=polyval(p,x)     %求 polyfit 所得的回归多项式在 x 处的预测值 Y
[Y,DELTA]=polyconf(p,x,S,alpha)
%求 polyfit 所得的回归多项式在 x 处的预测值 Y 及预测值的显著性为 1-alpha 的
置信区间 Y±DELTA,alpha 省略时为 0.5
```

说明　1）命令 polytool 产生交互式图形界面，其中有拟合曲线和 Y 的置信区间，通过左下方的 Export 下拉式菜单，可以输出回归系数等信息.

2）一元多项式回归也可以转化成多元线性回归处理.

3）一元多项式回归和前面讲到的多项式拟合采用的都是最小二乘原理，所以是等效的.

例 10.11　表 10.9 给出了某种产品生产数量 x（件）与每件平均成本 y（元）之间的关系数据. 选取回归模型为 $Y=\beta_0+\beta_1 x+\beta_2 x^2+\varepsilon,\ \varepsilon\sim N(0,\sigma^2)$，试确定各个回归系数.

表 10.9　某种产品生产量与成本的关系数据

x/件	10	15	20	25	30	35	40	45	50	60	70	80
y/元	1.90	1.78	1.60	1.55	1.40	1.36	1.32	1.22	1.20	1.12	1.08	1.06

解　1）输入程序代码如下：

```
x=[10   15   20   25   30   35   40   45   50   60   70   80];
y=[1.90 1.78 1.60 1.55 1.40 1.36 1.32 1.22 1.20 1.12 1.08 1.06];
[p,S]=polyfit(x,y,2)     %用一元二次多项式进行回归
```

2）输出结果：

```
p =
   0.0002   -0.0296    2.1553
S =
   R: [3x3 double]
   df: 9
   normr: 0.0851
```

即所求回归模型为 $\hat{y}=2.1553-0.0296x+0.0002x^2$.

3）预测与作图.

```
[Y,DELTA]=polyconf(p,x,S,0.05)    %求预测值及其置信区间
plot(x,y, 'o',x,Y,'r-')           %对比图
```

下面是所得的二次多项式在 x 处的预测值 Y 及置信区间对应的 DELTA 值：

```
Y =
1.8791 1.7562 1.6433 1.5406 1.4480 1.3655 1.2932 1.2309 1.1788
1.1048 1.0713 1.0783
   DELTA =
0.0780 0.0723 0.0693 0.0682 0.0682 0.0688 0.0694 0.0698 0.0698
0.0697 0.0723 0.0833
```

预测值与实际值对比如图 10.28 所示.

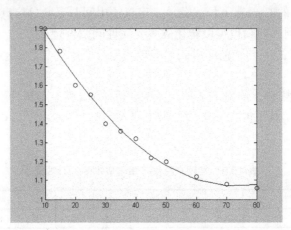

图 10.28   预测值与实际值对比图

2. 多元二项式回归

用于求解多元二项式回归模型的命令为 rstool，其调用格式为

```
rstool(x,y,'model',alpha)
```

说明   1）输入参数说明：x 表示 $n \times m$ 矩阵；y 表示 n 维列向量；alpha 表示显著性水平（省略时为 0.05）；model 表示由下列 4 个模型中选择 1 个（用字符串输入，省略时为线性模型）.

linear（线性）：$y = \beta_0 + \beta_1 x_1 + \cdots + \beta_m x_m$；

purequadratic（纯二次）：$y = \beta_0 + \beta_1 x_1 + \cdots + \beta_m x_m + \sum_{j=1}^{n} \beta_{jj} x_j^2$；

interaction（交叉）：$y = \beta_0 + \beta_1 x_1 + \cdots + \beta_m x_m + \sum_{1 \leqslant j \neq k \leqslant m} \beta_{jk} x_j x_k$；

quadratic（完全二次）：$y = \beta_0 + \beta_1 x_1 + \cdots + \beta_m x_m + \sum_{1 \leqslant j, \ k \leqslant m} \beta_{jk} x_j x_k$.

2）此命令产生一个交互式画面，画面中有 m 个图形，每一个图形给出了一个独立变量 x_i（此时其余变量取定值）与 y 的拟合曲线以及 y 的置信区间，通过输入不同的 x_i 值来获得相应的 y 值. 在图的左下方有两个下拉式菜单. 一是 Export 菜单，用来向 MATLAB 工作区传送数据，包括回归系数 beta、剩余标准差 rmse、残差 residuals；另一个是 model 菜单，用以在上面 4 个多元二项式模型中切换. 具体应用的时候可以反复比较 4 个模型获得的估计参数，其中 rmse 最接近零的模型应该是最理想的.

例 10.12　表 10.10 给出了 15 名志愿者每日抽烟量、饮酒量与其心电图指标的对应数据，试建立心电图指标关于日抽烟量和日饮酒量的回归模型，并说明这两种习惯对心脏机能是否有影响.

表 10.10　抽烟饮酒者心电图指标

志愿者序号	心电图指标	日抽烟量/支	日饮酒量/L
1	280	30	10
2	260	25	11
3	330	35	13
4	400	40	14
5	410	45	14
6	170	20	12
7	210	18	11
8	280	25	12
9	300	25	13
10	290	23	13
11	410	40	14
12	420	45	15
13	425	48	16
14	450	50	18
15	470	55	19

解　记志愿者日抽烟数量为 x_1 支，日饮酒量为 x_2 L，对应的心电图指标为 z.

1）考虑用如下线性回归模型分析三者之间的关系：

$$z = \beta_0 + \beta_1 x_1 + \beta_2 x_2.$$

线性回归程序代码如下：

```
x1=[30 25 35 40 45 20 18 25 25 23 40 45 48 50 55]';
%日抽烟量/支
x2=[10 11 13 14 14 12 11 12 13 13 14 15 16 18 19]';
%日饮酒量/L
Y=[280 260 330 400 410 170 210 280 300 290 410 420 425 450 470]';
%心电图指标
X=[ones(length(x1),1)x1 x2];
[b,bint,r,rint,stats]=regress(Y,X)
%计算 t 统计量
sigm=sqrt(sum(r.^2)/(length(x1)-3))
C=inv(X'*X)
c_ii=[];
```

```
for i=1:3
  c_ii(i)=C(i,i);
end
t_beta=vpa(b'./(sqrt(c_ii)*sigm),5)
```

输出结果：

```
b =
66.0944
6.9774
2.2314
bint =
  -38.5544  170.7431
    4.3205    9.6342
  -10.4242   14.8869
stats =
    0.9246   73.5741    0.0000   751.65
t_beta =
[ 1.3761, 5.7220, .38416]
```

结果分析：$R^2=0.9246$，$F=73.5741$，$P=0$，说明回归模型整体显著性还是比较强的，但从回归系数的估计值的置信区间看，β_2(变量x_2的系数)的置信区间包含零点，且对应的 t 统计量的值为 0.38416，低于对应的临界值，表明回归变量 x_2 对因变量 y 的影响不是太显著．因此必须改进模型．下面用非线性模型进行拟合．

2）用多元二项式回归命令．

```
X=[x1 x2];
rstool(X,Y,'quadratic')   %初始选择的是完全二次型
```

执行上面多元二项式回归命令后得到如图 10.29 所示的交互式界面（此时选择的是纯二次型），左侧是 Y 关于 x_1 的图形，右侧是关于 x_2 的图形，均为二次曲线（图中实线，虚线为置信区间上下限）．用鼠标移动交互式界面中的十字线，或在图下方的文本框中输入 x_1，x_2 的值，在左侧的"Predicted Y1"下方显示相应的预测值和预测区间．例如，$x_1=32$，$x_2=11$，则预测值 $\hat{y}=311.1199$，预测区间为 311.1199 ± 57.0341．

在界面左下方的 Export 菜单里面有 4 种 model 可供选择，可以反复比较每种模型输出参数值．选定其中一种后，即可根据界面计算预测值．

在 Export 下方的菜单中有若干参数，选择 All 并确定，即将 beta、rmse 和 residuals 传送到 MATLAB 工作区，在 MATLAB 命令提示符下输入 beta，rmse，residuals 并按 Enter 键，便可看到相应的参数估计值．通过比对几种模型发现纯二

次型的 rmse 最小，相应参数估计值为

```
beta =(-281.1348,18.0833,21.4186,-0.1839,-0.2789)
%整理后的回归系数
rmse = 23.3337                                        %剩余标准差
```

故所求回归模型为

$$Y = -281.1348 + 18.0833x_1 + 21.4186x_2 - 0.1839x_1^2 - 0.2789x_2^2.$$

注：上述二次回归模型只要令 $x_3 = x_1^2$，$x_4 = x_2^2$ 即可转换成线性回归模型. 但用线性回归求解并作显著性检验发现虽然模型整体显著性较强，但 t 检验显示 x_2 和 x_1^2 两变量对因变量 Y 的影响并不显著（具体验证略），所以模型还需改进，下面考虑进一步改进的模型.

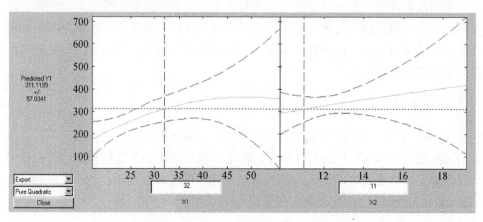

图 10.29 多元二项式回归命令运行结果

3）改进的不完全二项式回归.

在 2）的分析基础上，考虑如下不完整的二次回归模型：

$$Y = \beta_0 + \beta_1 x_1 + \beta_2 x_1 x_2 + \beta_3 x_2^2,$$

化成线性回归求解，程序代码如下：

```
XX=[ones(length(x1),1)x1 x1.*x2 x2.^2];
[b,bint,r,rint,stats]=regress(Y,XX)
sigm=sqrt(sum(r.^2)/(length(x1)-4));
C=inv(XX'*XX);
for i=1:4
c_ii(i)=C(i,i);
end
t_beta=vpa(b'./(sqrt(c_ii)*sigm),5) %输出各参数的 t 统计量
```

输出结果：

```
b =( -230.2497, 22.9811, -1.2793, 2.1271)        %整理后的回归系数
bint =
 -509.5395    49.0401
     8.9652    36.9970
    -2.4096    -0.1489
     0.2237     4.0305                            %回归系数置信区间
stats = 0.9512   71.4914      0.0000    530.54   %各统计量值
t_beta =[ -1.8145, 3.6088, -2.4909, 2.4597]
```

故所求模型为 $Y = -230.2497 + 22.9811x_1 - 1.2793x_1x_2 + 2.1271x_2^2$.

从结果看各变量参数置信区间不再包含零点，各统计量也显示方程整体显著性和各变量对因变量的显著性都比较强，所以所求回归模型更好. 从分析结果可以看出，抽烟喝酒对心电指标有显著影响，而且两者还有交叉作用，可见这两种行为都会影响心脏机能.

10.5.3 非线性回归

前面提到的多项式回归模型其实都可以转换成线性回归模型处理，但并非所有的非线性模型都可以化为线性模型，对于不能线性化的非线性模型，应直接用非线性最小二乘法处理，MATLAB 也提供了相应的非线性回归函数，如 nlinfit( )，nlintool( )，nlpredci( )，其调用格式分别为

```
[beta,r,J]=nlinfit(x,y,'modelfun',beta0) %确定非线性回归系数的命令
nlintool(x,y,'modelfun',beta0,alpha)       %调用非线性回归 GUI
[Y,DELTA]=nlpredci('modelfun',x,beta,r,J)
%预测和预测误差估计. 获取 x 处的预测值 Y 及预测值的显著性为 1-alpha 的置信区
间 Y±DELTA
nlparci(beta,R,J)                          %确定参数β的置信区间
```

说明 1）输入参数说明：beta 表示估计出的回归系数；r 表示残差；J 表示用于估计预测误差的 Jacobi 矩阵；输入数据 x、y 分别为 $n \times m$ 矩阵和 n 维列向量，对一元非线性回归，x 为 n 维列向量，注意该矩阵与线性回归输入矩阵的区别；modelfun 表示用 M 文件定义的非线性回归函数，形式为 $y = f(beta, x)$；beta0 表示回归系数的初值；alpha 表示显著性水平，省略时为 0.05.

2）类似于 rstool，nlintool 也产生一个交互式界面，其中有拟合曲线和 y 的置信区间. 也可以在 Export 菜单中输出参数估计值到 MATLAB 工作区.

例 10.13　在前面已经知道人口增长规律一般遵循 Logistic 模型

$$y(t)=\frac{a}{1+be^{ct}},$$

其中，$y(t)$ 为 t 时刻人口数，a,b,c 为参数. 表 10.11 给出了 1975～2012 年的中国人口数据，试根据统计数据利用非线性回归得出中国人口增长预测模型.

表 10.11　中国人口统计数据

年份	人口/亿	年份	人口/亿
1975	9.242	1994	11.985
1976	9.372	1995	12.112
1977	9.497	1996	12.239
1978	9.626	1997	12.363
1979	9.754	1998	12.476
1980	9.871	1999	12.579
1981	10.007	2000	12.674
1982	10.165	2001	12.763
1983	10.301	2002	12.845
1984	10.436	2003	12.923
1985	10.585	2004	12.999
1986	10.751	2005	13.076
1987	10.930	2006	13.145
1988	11.103	2007	13.213
1989	11.270	2008	13.280
1990	11.433	2009	13.347
1991	11.582	2010	13.409
1992	11.717	2011	13.474
1993	11.852	2012	13.540

解　1）定义外部非线性函数：

```
function f=renkou(beta,time)
f=beta(1)./(1+beta(2)*exp(beta(3)*time));
%beta(1)=a;beta(2)=b; beta(3)=c
```

2）输入程序代码：

```
rk=[9.242 9.372 9.497 9.626 9.754 9.871 10.007 10.165 10.301
10.436 10.585 10.751 10.930 11.103 11.270 11.433 11.582 11.717 11.852
11.985 12.112 12.239 12.363 12.476 12.579 12.674 12.763 12.845 12.923
```

```
12.999 13.076 13.145 13.213 13.280  13.347 13.409 13.474 13.540]';
        %注意使用续行符号…
        time=1:38;                           %将1975年记为1,则2012年为38
        beta0=[2 0.5 1]';
        [beta,r,J]=nlinfit(time',rk,'renkou',beta0);
        [rkp,DELTA]=nlpredci('renkou',time,beta,r,J);
        beta
        betaci=nlparci(beta,r,J)
        plot(time,rk,'*',time,rkp,'r-')   %绘制预测值与实际值对比图
        xlabel('时间(1975-2012年)'); ylabel('中国人口(亿人)')
                                          %坐标轴加标签
```

3）输出结果：

```
        beta =                            %回归系数
            15.1607
             0.7022
            -0.0477
        betaci =
            14.8135    15.5078            %回归系数置信区间
             0.6711     0.7334
            -0.0516    -0.0438
```

即所求模型为

$$y(t)=\frac{15.1607}{1+0.7022e^{-0.0477}}.$$

人口实际值和预测值对比效果如图10.30所示.

图 10.30　人口实际值和预测值对比效果

　　注：非线性回归的假设检验没有做，但从图形直观反映说明，回归模型的效果是可以接受的. 该题和例 10.6 非常相似，其实模型是一致的，只不过用的数据不同，方法不同，前者是拟合，后者是回归，但两者对一元函数而言在本质上是一致的，事实上 nlinfit( )，lsqnonlin( )，lsqcurvefit( ) 3 个函数的功能是相似的.

　　例 10.14　对例 10.12 改进的二次回归模型：

$$Y=\beta_0+\beta_1x_1+\beta_2x_1x_2+\beta_3x_2^2,$$

用非线性回归命令求解.

　　解　1）定义外部非线性函数：

```
function y=heart(beta,X)
x1=X(:,1);x2=X(:,2);
y=beta(1)+beta(2)*x1+beta(3)*x1.*x2+beta(4)*x2.^2;
```

2）输入主程序代码如下：

```
x1=[30 25 35 40 45 20 18 25 25 23 40 45 48 50 55]';  %日抽烟量/支
x2=[10 11 13 14 14 12 11 12 13 13 14 15 16 18 19]';  %日饮酒量/L
Y=[280 260 330 400 410 170 210 280 300 290 410 420 425 450 470]';
%心电图指标
X=[x1,x2];
beta0=[1 0.5 1 0.5]';
[beta,r,J]=nlinfit(X,Y,'heart',beta0);
[hp,DELTA]=nlpredci('heart',X,beta,r,J);
beta
betaci=nlparci(beta,r,J)
```

3）输出结果：

```
beta =
   -230.2476
     22.9810
     -1.2793
      2.1271                              %参数估计值
betaci =
 -509.5374   49.0421
      8.9651   36.9969
     -2.4096   -0.1489
      0.2237    4.0305                    %参数估计值的置信区间
```

　　这与例 10.12 用线性回归方法处理的结果是一致的. 也就是说，线性回归都可以用非线性回归命令求解，而非线性的有些可以转换成线性回归处理，不能转换的就必须用非线性回归工具求解. 事实上例 10.14 中的多项式回归模型变量虽是非线性的, 但参数却是线性的, 当参数是非线性时, 多数只能用非线性方式处理, 如例 10.13.

10.5.4 逐步回归

实际问题中影响因变量的因素可能很多, 但我们希望从中挑选出对因变量影响显著的自变量来建立回归模型, 这就涉及变量选择的问题. 在研究对象机理不清楚的情况下, 很难确定该选择哪些变量加入模型当中, 而逐步回归正是一种从众多变量中有效地选择重要变量, 寻找最优回归模型的方法. 其变量选择的标准就是所有对因变量影响显著的变量都应选入模型, 而影响不显著的变量都不应选入模型, 从便于应用的角度应使模型中变量个数尽可能少. 通常以回归模型剩余标准差 σ 最小作为衡量变量选择的一个数量标准.

选择"最优"的回归方程有以下几种方法:

1) 从所有可能的变量组合的回归方程中选择最优者.

2) 从包含全部变量的回归方程中逐次剔除不显著变量.

3) 从一个变量开始, 把变量逐个引入方程.

4) "有进有出"的逐步回归分析.

其中逐步回归分析法在筛选变量方面较为理想, 其基本思想为, 先确定一变量的初始子集, 然后每次从子集外影响显著的变量中引入一个对 y 影响最大的, 再对集合中的变量进行检验, 从变得不显著的变量中剔除一个影响最小的, 这个过程一直下去, 直到既无不显著的变量从回归方程中剔除, 又无显著变量可引入回归方程时为止. 引入一个自变量或从回归方程中剔除一个自变量, 为逐步回归的一步. 每一步产生的剩余标准差是判断模型显著性的一个指标.

使用逐步回归要注意几点: 一是由于各个变量之间的相关性, 一个新的变量引入后, 会使原来认为显著的某个变量变得不显著, 从而被剔除, 所以在最初选择变量时应尽量选择相互独立性强的那些变量; 二是逐步回归是以线性回归为基础.

逐步回归的命令是 stepwise, 它提供了一个交互式界面, 通过此工具可以自由地选择变量, 进行统计分析.

stepwise 命令的调用格式为

```
stepwise(x,y,inmodel,alpha)        %根据数据进行逐步回归,调用GUI
```

说明 1) 输入参数说明: x 是自变量数据, y 为因变量数据, 分别为 $n \times m$ 矩阵和 n 维列向量, n 是样本数, m 是变量个数; inmodel 为矩阵的列数的指标, 给出初始模型中包括的子集 (省略时设定为全部自变量); alpha 为显著性水平 (省略时为 0.5).

2）stepwise 命令产生 3 个图形界面，在 MATLAB 中合为一个窗口.

3）stepwise 是线性回归，可根据 Stepwise Table 窗口中列出的各统计量的值及各置信区间是否包含零点来判断模型是否有显著性.

例 10.15　某公司对当年 22 个地区的建筑材料销售量 y（千方）、销售费用（千元）、实际账目数（千方）、同类产品竞争数（千方）和地区潜在销售量（千方）分别进行了统计（见表 10.12）. 试用回归分析方法分析销售费用 x_1、实际账目数 x_2、同类商品竞争数 x_3 和地区潜在销售量 x_4 对建筑材料销售量的影响作用.

表 10.12　统计 22 个地区的建材销售

序号	销售量/千方	销售费用/千元	实际账目数/千方	同类竞争数/千方	潜在销售量/千方
1	79.3	5.5	31	10	8
2	200.1	2.5	55	8	6
3	163.2	8.0	67	12	9
4	200.1	3.0	50	7	16
5	146.0	3.0	38	8	15
6	177.7	2.9	71	12	17
7	30.9	8.0	30	12	8
8	291.9	9.0	56	5	10
9	160.0	4.0	42	8	4
10	339.4	6.5	73	5	16
11	159.6	5.5	60	11	7
12	86.3	5.0	44	12	12
13	237.5	6.0	50	6	6
14	107.2	5.0	39	10	4
15	155.0	3.5	55	10	4
16	201.4	8.0	70	6	14
17	100.2	6.0	40	11	6
18	135.8	4.0	50	11	8
19	223.3	7.5	62	9	13
20	195.0	7.0	59	9	11
21	200.0	8.7	80	11	15
22	225.4	9	100	13	14

解　1）输入程序代码如下：

```
A=[5.5 31  10  8    79.3
   2.5 55  8   6    200.1
   8.0 67  12  9    163.2
```

```
    3.0 50   7    16   200.1
    3.0 38   8    15   146.0
    2.9 71   12   17   177.7
    8.0 30   12   8    30.9
    9.0 56   5    10   291.9
    4.0 42   8    4    160.0
    6.5 73   5    16   339.4
    5.5 60   11   7    159.6
    5.0 44   12   12   86.3
    6.0 50   6    6    237.5
    5.0 39   10   4    107.2
    3.5 55   10   4    155.0
    8.0 70   6    14   201.4
    6.0 40   11   6    100.2
    4.0 50   11   8    135.8
    7.5 62   9    13   223.3
    7.0 59   9    11   195.0
    8.7   80  11   15   200.0
    9.0   100 13   14   225.4];
x1=A(:,1);x2=A(:,2);x3=A(:,3);x4=A(:,4);Y=A(:,5);
X=[x1,x2,x3,x4];
stepwise(X,Y)
```

2）逐步回归过程.

执行以后会在一个窗口中产生 3 个图形界面，如图 10.31 所示. 第一个图形界面是输出界面，分为两个部分：左侧是图形输出，其中红色线条表示所对应的变量相关性较差，属于剔除范畴，蓝色线条表示该变量在逐步回归过程中应该引入；右侧是 3 列数据，分别代表此状态下各自变量系数估计值、t 检验值和 p 值.

第二个图形界面（中间的图形界面）的一系列模型数据分别表示如下：

Intercept——截距（常数项的估计值）；F——F 检验统计量的观测值；R-square——相关系数；Adj R-sq——判断系数；RMSE——标准剩余差；p——p 值.

第三个图形界面是逐步回归过程的历史记录.

具体操作有两种方式：一是逐次单击图形界面右侧的 Next Step 按钮，直到该按钮变为灰色为止；二是直接单击图形界面右侧的 All Steps 按钮.

最后直接在窗口中就可以得到模型，不需要再进行线性回归.

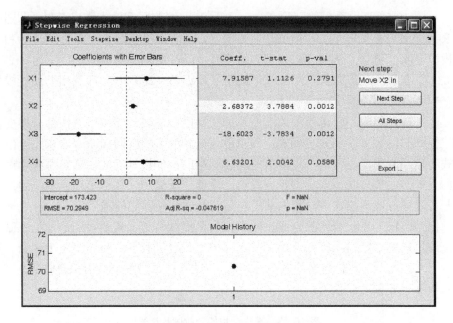

图 10.31　例 10.15 代码运行效果图

在窗口中逐次单击 Next Step 按钮, x_1 和 x_4 变成红色, 表示剔除 x_1 和 x_4 两个
变量, 得到的结果如图 10.32 所示.

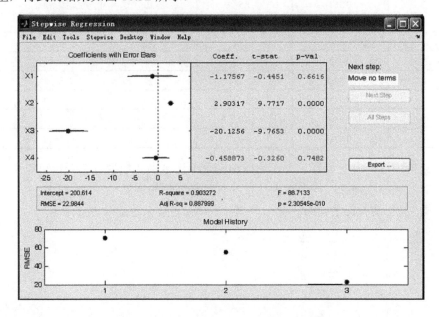

图 10.32　剔除 x_1 和 x_4 两个变量后的效果

从图 10.32 可以看出，剔除变量 x_1 和 x_4 后，置信区间远离零点，R^2（即图中的 R-square）逐步变大，但 RMSE 明显降低，F 值也明显增大，说明只含 x_2 和 x_3 的模型显著性更强. 从图 10.32 可以看出 x_2 和 x_3 的回归系数的估计值为 $b(2) = 2.90317$，$b(3) = -20.1256$，回归模型的常数项 $b(0) = 200.614$，即选用的最佳模型为 $y = 200.614 + 2.90317x_2 - 20.1256x_3$.

注：逐步回归不仅可以解决多变量的线性回归问题，还可以解决部分多变量非线性回归问题，特别是多项式回归. 前面提到的多项式回归命令要求先给出多项式经验回归模型，但这一点恰恰是比较困难的，你很难确定该选择哪些项进入回归方程，如果一味地全部选择或只选二次项或交叉项，都是不严谨的. 用逐步回归可以很好地解决这个问题，其思想是转换成线性回归问题处理.

例 10.16 在化合物的合成试验中，为了提高产量，需要找到最佳的配制方法，这里选取了原料配比 x_1、溶剂量 x_2（g）和反应时间 x_3（min）3 个因素，共进行了 9 组实验，试验结果见表 10.13 所示，试根据试验数据分析拟合收率 y（%）与其他 3 个变量的函数关系.

表 10.13　某化合物的合成试验结果

试验序号	收率 y/%	原料配比 x_1	溶剂量 x_2/g	反应时间 x_3/min
1	0.353	1.0	12	1.5
2	0.368	1.5	16	3.0
3	0.294	1.8	25	1.0
4	0.465	2.2	10	2.5
5	0.236	2.6	14	0.5
6	0.436	3.0	22	2.0
7	0.482	3.4	26	3.5
8	0.454	3.8	14	4.0
9	0.475	4.0	16	4.5

分析 这里自变量有 3 个，组成的完全二次多项式模型有 9 项，可以用逐步回归的方法加以筛选，找出对因变量 y 有显著影响的选项.

解 1）输入程序代码：

```
A=[0.353  1.0 12 1.5
0.368  1.5 16 3.0
0.294  1.8 25 1.0
0.465  2.2 10 2.5
0.236  2.6 14 0.5
0.436  3.0 22 2.0
```

```
0.482   3.4 26  3.5
0.454   3.8 14  4.0
0.475   4.0 16  4.5];
x1=A(:,2);x2=A(:,3);x3=A(:,4);Y=A(:,1);
X=[x1, x2, x3, x1.^2, x2.^2, x3.^2, x1.*x3, x2.*x3, x1.*x2];
%所有可能的选项列表
stepwise(X,Y,[1,2,3],0.05)    %先将x1,x2,x3这3个变量进入回归模型中
```

2）逐步回归过程.

运行程序后效果如图 10.33 所示，后面的 6 个变量都是红色，是因为开始只选择了前 3 个变量，所以后面都是红线. 可见此时只有变量 x_3 对 y 的影响是显著的，x_1、x_2 这两变量的置信区间接近零点，影响不显著，而且 $R^2 = 0.713991$，说明含 x_1、x_2 和 x_3 的线性回归模型不显著.

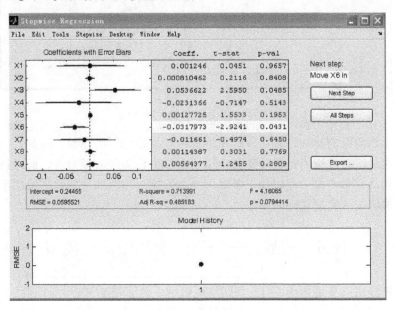

图 10.33　例 10.16 程序运行后的效果

单击 All Steps 按钮得到最后结果，如图 10.34 所示，其中变量 1，2，4，5，8，9（分别对应 x_1，x_2，x_1^2，x_2^2，$x_2 x_3$，$x_1 x_2$）都为红色，应该剔除. 此时剩余的 3 个变量置信区间远离零点，而且 R^2，F 值、各参数的 t 检验值和 P 值表明此时模型整体显著性强且各自变量对被解释变量具有显著相关性. 因此所求模型最终确定为

$$y = \beta_0 + \beta_1 x_3 + \beta_2 x_3^2 + \beta_3 x_1 x_3.$$

从窗口中得出各参数值为

$\beta_0=0.13271$，$\beta_1=0.18028$，$\beta_2=-0.0412886$，$\beta_3=0.0190886$.

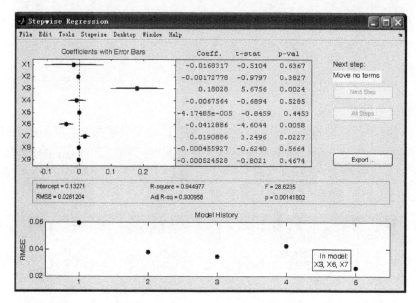

图 10.34 单击 All Steps 按钮的效果

注：该问题的解决过程比较典型地体现了逐步回归的思想．试想，一开始如果没有通过机理分析，是很难想到给出所求模型作为经验模型的，而通过逐步回归，我们从众多变量中逐步找出了对因变量影响最显著的自变量，给出了在变量尽量少地情况下的最佳回归模型．

10.6 实战篇——气象观测站优化模型

问题提出：某地区内有 12 个气象观测站，为了节省开支，计划减少气象观测站的数目．已知该地区的 12 个气象观测站的位置（见图 10.35）以及 10 年来各站测得的年降水量，见表 10.14，减少哪些观测站可以使所得到的降水量信息足够大？

表 10.14 各观测站的 10 年降水量

单位：mm

年份 \ 地点	x_1	x_2	x_3	x_4	x_5	x_6	x_7	x_8	x_9	x_{10}	x_{11}	x_{12}
1981	276.2	324.5	158.6	412.5	292.8	258.4	334.1	303.2	292.9	243.2	159.7	331.2

续表

年份\地点	x_1	x_2	x_3	x_4	x_5	x_6	x_7	x_8	x_9	x_{10}	x_{11}	x_{12}
1982	251.6	287.3	349.5	297.4	227.8	453.6	321.5	451.0	466.2	307.5	421.5	455.1
1983	192.7	433.2	289.9	366.3	466.2	239.1	357.4	219.7	254.7	411.1	357.0	353.2
1984	246.2	232.2	243.7	372.5	460.4	158.9	298.7	314.5	256.6	327.0	296.5	423.0
1985	291.7	311.0	502.4	254.0	245.6	324.8	401.0	266.5	251.3	289.9	255.4	362.1
1986	466.5	158.9	223.5	425.1	251.4	321.0	315.4	317.4	246.2	277.5	304.2	410.7
1987	258.6	327.4	432.1	403.9	256.6	282.9	389.7	413.2	466.5	199.3	282.1	387.6
1988	453.4	365.5	357.6	258.1	278.8	467.2	355.2	228.5	453.6	315.6	456.3	407.2
1989	158.5	271.0	410.2	344.2	250.0	360.7	376.4	179.4	159.2	342.4	331.2	377.7
1990	324.8	406.5	235.7	288.8	192.6	284.9	290.5	343.7	283.4	281.2	243.7	411.1

图 10.35 气象观测站分布图

基本假设： 1）相似地域的气象特性具有较大的相似性和相关性，它们之间的影响可以近似为一种线性关系.

2）该地区的地理特性具有一定的均匀性，而不是表现为复杂多变的地理特性.

3）在距离较近的条件下，由于地形、环境等因素而造成不同区域的年降水量相似的可能性很小，可以被忽略. 不同区域年降水量的差异主要与距离有关.

4）不考虑其他区域对本地区的影响.

分析与建模： 减少观测站个数，得到的信息量也将减少，但由此可以节省开支. 因此最优结果是站数比较少，同时得到的信息量足够大. 在这两个互相制约的方面，站的个数和信息量之间，应主要考虑信息量，因为信息量减少到一定程度，气象观测就失去了意义. 因此，问题就是求怎样减少观测站个数，即在信息量不小于一定条件下使站数尽量少.

但是，信息量是一个比较模糊的概念，怎样才算信息量足够大，这就涉及气象部门怎样分析利用观测数据. 气象部门用这些数据的主要目的是为了预报，为此，必须分析数据的变化规律. 由于影响气象的因素很多，在气象观测中，一般应比较全面地观测各种因素，从而汇总出具有一定特点、一定代表性的观测站的数据. 大气系统由于其自身的规律, 地理位置上相近似的区域在气象上往往具有一定的相似性, 各气象因素之间往往存在一些客观联系. 根据这些知识, 当需要剔除几个观测站时, 为了保证信息量, 应使剩下的点反映出各自的规律. 因此在原始数据中反映同一规律, 即相关性、相似性好的 n 个站可以剔除 $n-1$ 个站, 而只剩下一个站来反映这 n 个站共同的特点, 而原始数据中与其他站联系不大的站就要保留下来. 保留下来的站中一个观测点的观测值实际是作为相似区域或相近的区域的代表值而使用的, 因此除考虑观测站的特色外, 还应注意到一个观测站所代表的区域的大小. 由于剔除的站是相关性好的, 因此剔除的站可以用剩下的站表示, 而且误差较小.

气象部门利用观测站测得的实际数据来估计一个地区降水量的分布, 通常用观测站测得的数据（降水量）来求出结构函数 $b(L)$. 结构函数 $b(L)$ 反映了该地区降水量随地区分布的基本规律. 理论上, 结构函数 $b(L)$ 是指地面上任意相距为 L 的两点的降水量之差的平均值. 实践中因为只给出 n 个站的数据（$n=12$）, 所以近似求 $b(L)$ 的方法是: 求得任意两站之间的距离及相应的两站之间的降水量之差, 得 到 C_n^2 个 距 离 值 $l_i(i=1,2,\cdots,C_n^2)$, 及 相 应 的 降 水 量 之 差 的 绝 对 值 $f_i(i=1,2,\cdots,C_n^2)$, 令

$$a=\min_{i=1,2,\cdots,C_n^2}(l_i), \quad b=\max_{i=1,2,\cdots,C_n^2}(l_i),$$

将 $[a, b]$ 区间划分成 m 等份, 设落在第 k 段小区间 $\left[a+(k-1)\dfrac{b-a}{m}, a+k\dfrac{b-a}{m}\right]$ 内的 l_i 值有 j 个, 记为 $l_{i1}, l_{i2}, \cdots, l_{ij}$. 因此在此区间的中点 C_k 上, 结构函数的值为

$$b(a+\frac{2k-1}{2}\cdot\frac{b-a}{m})=\frac{f_{i1}+f_{i2}+\cdots+f_{ij}}{j}=\frac{\sum_{n=1}^{j}f_{in}}{j},$$

这样可求得 m 个点上的 $b(L)$ 的值, 用折线连起来, 则得到连续的 $b(L)$ 曲线.

由于给出的是每站 10 年的数据, 先求得两个站每年的降水量之差, 然后再做平均, 以求得 f_i 的值, 根据原始数据, 取 $m=8$, 即把 L 分成 $[10,20]$, $[20,30]$, $\cdots$, $[80,90]$ 8 个区, 求得每个区间中点上的 $b(L)$ 的值, 见表 10.15.

表 10.15　$b(L_i)$ 的值

L_i	15	25	35	45	55	65	75	85
$b(L_i)$	23.61	25.46	19.46	26.45	31.25	24.11	43.43	55.53

从表 10.15 可以看出, $b(L)$ 大体上是递增的趋势, 也就是距离越远, 降水量之差越大. 但是, 有几个点的值不甚理想, 为更好地反映这种单调递增的趋势, 引

入修正的结构函数 $\bar{b}(L)$，即

$$\bar{b}(L_i)=\frac{\sum\limits_{j\geqslant i}b(L_j)}{9-i},$$

这样得到 $\bar{b}(L_i)$ 的数值，见表 10.16.

表 10.16　修正的 $\bar{b}(L_i)$ 值

L_i	15	25	35	45	55	65	75	85
$\bar{b}(L_i)$	31.13	32.24	33.73	36.15	38.58	41.02	49.48	55.53

　　一般地可以认为某两点之间相对误差大于 10%，用一点去估计另一点的误差就超过了可允许的范围. 由表 10.14 中的数据得到该地区年平均降水量为 320 mm，这样，用一点近似另一点时，降水量之差最大为 $\varDelta=320\times10\%=32(\text{mm})$. 由表 10.16 及线性插值的办法可知，当 $\bar{b}(L)=32$ 时，$L_0=22.78$. 因此，用一个站去估计另一个站时，它们之间的距离就不能大于 L_0，否则误差将超过 10%. 由于最后剩下的站要去估计整个区域的气候特征，因此，问题也就是：估计有多少站足以保证该地区任意一点都有一个观测站与之距离小于 $L_0=22.78$，这样每一点的降水量都可以用最近的站的降水量来估计.

　　易计算得该地区面积为 $S=8\times10^3$ 单位，不妨把该区域近似为正方形，记为 Q，且观测站均匀分布，以 n 个站为中心把 Q 分为 n 个面积为 d^2 的小方格，A 为该区域的任意一点，设 $l_{\min}(A)$ 为与 A 相距最近的站到 A 点的距离，为了达到要求，必须有

$$\max_{A\in Q}(l_{\min}(A))\leqslant L_0=22.78,$$

容易得到

$$\max_{A\in Q}(l_{\min}(A))=\frac{\sqrt{2}}{2}d,$$

即

$$d\leqslant32.21.$$

而每个小方格面积为 d^2，最小的方格数，也即应该剩余的站数为

$$n=\frac{s}{d_{\max}^2}=\frac{8000}{32.21^2}=7.7\approx8.$$

　　当保留 8 个站时，正好能保证该地区内任意与之足够靠近的一个或多个站可以预报该点的降雨量，因此这 8 个观测站所提供的数据足以为该地区提供足够的信息量.

　　模型的算法：为了确定从 12 个站中剔除哪 4 个站，且仍能是信息尽可能多保留下来，模型的算法如下：

　　1）对每个站确定一集合 $A_i=\left\{x_j\big|d(x_i,x_j)\leqslant d_0\right\}$，即与 x_i 距离上于 d_0 的所有 x_j

的集合，这里的 d_0 取 31.5.

2）对每个集合 $A_i(i=1, 2, \cdots, n)$ 以 x_i 为因变量，以所有 $x_j \in A_i$ 为自变量进行多元线性回归，得到回归方程 $e(i)(i=1, 2, \cdots, n)$ 并求出每个方程的残差平方和 S_i 及回归方程显著性检验 F_i.

3）显著性水平取 0.1，对线性回归方程 $e(i)$ 的判别 F_i，如果 $F_i>F_\alpha$ 则表示 $e(i)$ 有显著的线性关系，因此若每个方程 $e(i)$ 的 $F_i>F_\alpha$，则跳到步骤 4），否则

① 对线性关系不显著的方程 $e(k)$ 检验 A_k 中的每一个自变量的显著性，对不显著的自变量从 A_k 中剔除，剔除不显著的自变量后，重新以 A_k 为自变量，以 $x_j \in A_k$ 为自变量进行线性回归，得到新的回归方程 $e(k)$.

② 再判断显著性检验 F_k，若 $F_k>F_\alpha$，保留回归方程；若不成立，再返回①，直到 $F_k>F_\alpha$ 成立或 A_k 为空集.

③ 对线性关系不显著的方程都做①、②的处理.

4）对有显著性线性关系的回归方程 $e(i)$，判断应该剔除哪个变量，即观测站. 设 x_j 在 $e(i)$ 中的系数为 β_{ij}，则对每一变量定义权数 W_j，即

$$W_j = \sum_{i=1}^{k} \frac{|\beta_{ij}|}{\sum_{r=1}^{11} |\beta_{ir}|} .$$

选出权数 W 最大的变量 x_l，同时考虑若这个站开始认为是不应该剔除的，则选权数次之的变量，这样变量 x_l 就应该是剔除的站.

5）把变量 x_l 剔除，剩下的变量中，重新定义 A_i，回到步骤 1），直到剔除 4 个变量，即 4 个站.

结果及分析：利用以上算法，得到的结果为剔除 x_{10}，x_7，x_{12}，x_6 4 个站. 剔除 4 个站前后各站管辖的区域如图 10.36 所示.

图 10.36　站点分布及管辖区域图

剔除 4 个站后，再用剩下的站将降雨量估计出来，用最小二乘法求得

$$x_{10}=219.2+0.178x_2-0.07x_{13}-0.137x_4+0.199x_5-0.372x_9+0.489x_{11}.$$

残差平方和 1248.2，显著性检验值

$$F=11.315>F(6,3)=5.28,$$

$$x_7=86.95+0.136x_2+0.363x_3+0.288x_4-0.001x_5.$$

残差平方和 2388.8，显著性检验值

$$F=5.568>F(4,5)=3.52,$$

$$x_{12}=206.3+0.416x_8+0.188x_9+0.373x_{11}.$$

残差平方和 2737.8，显著性检验值

$$F=6.918>F(3,6)=3.29,$$

$$x_6=302.9-0.1x_4-0.641x_5+0.029x_9-0.726x_{11}.$$

残差平方和 9386.7，显著性检验值

$$F=9.36>F(4,5)=3.52.$$

对于这个结果，可以初略验证如下：

1）根据给出的数据，求得两两相关系数可以看出：

① x_{12} 有 3 个站和它的相关系数大于 0.5.

② x_{10} 有 5 个站和它的相关系数大于 0.4.

③ x_6 有 3 个站和它的相关系数大于 0.4.

④ x_7 和其中 x_3 的相关系数为 0.83，线性程度非常高. 因此这 4 个站与其他站的相关系数是很高的.

2）虽然我们没有考虑每个站的降水量随年的变化情况，但对剔除的 4 个站，随时间变化的标准差是比较小的. 对于观测站，当然是标准差大的包含的信息量大，求得的各站降水量的标准差，见表 10.17.

表 10.17　各站年降水量的标准差

站	x_1	x_2	x_3	x_4	x_5	x_6	x_7	x_8	x_9	x_{10}	x_{11}	x_{12}
$\sqrt{D(x)}$	95.1	76.8	102.7	60.7	89.3	89.4	36.1	80.7	103.8	54.3	82.1	34.9

从表 10.17 中可以看出 x_{12}，x_7，x_{10} 和 x_6 的标准差较小，包含的信息量也较少. 因此，利用文中的算法得到的结果是令人满意的.

模型评价：本模型中先估计出应留下几个站，然后再决定剔除哪几个站，这样做大大简化了计算. 本模型中采用的算法既合理又使运算简化，其原因如下.

1）当测量站的距离增大时，两点间的相互影响变弱，模型中以 d_0 为界限；考虑下一个站与其他站的影响时，仅考虑与之距离小于 d_0 的站，使之运算大大简化.

2）在决定剔除哪个站时，采用算法步骤 4）的权 W. 事实上，对回归方程 $y=\sum x_i\beta_i+\beta_0$，$|\beta_i|$ 愈小，反映 x_i 对 y 的作用影响愈小，$\beta_i=0$，说明 x_i 与 y 无关，

删除 x_i，则 x_i 所代表的信息就不能从其他变量中恢复，因此 x_i 应保留下来.

3）对剔除的变量，因为剩下与之相关性好的变量，所以仍可用剩余的变量去估计它.

4）对算法步骤 3）中①、②的处理，是因为集合 A 中的元素，虽然距离小于等于 d_0，但相关性不一定好，因此用 A_i 的所有元素线性回归时，仍可能存在与 x_i 相关性很差的变量，使显著性下降，因此剔除 A_i 中与 x_i 相关性差的变量重新回归，以提高显著性.

对应该留下站数的估计，当数据个数较少时，估计的误差就越大；但当数据较多时，误差就较小. 因此，本模型需要的数据越多越好.

题目中只给出 12 个站及 10 年的降水量资料，未给出该地区的地理情况. 从统计的观点看，10 年的数据尚不具有良好的代表性，且又无其他信息资料，因此，只能根据所给数据进行处理. 尽管模型中的一些估计较为粗略，但所得结果还是令人满意的.

注：该模型首先利用数据和气象分布图，构造了结构函数，由此确定所要保留的站的个数及所辖范围，还利用多元统计方法，确定出了剔除的气象站.

10.7   实战篇——高等教育学费标准的探讨

问题提出：高等教育属于非义务教育，高等学校（以下简称高校）学费标准的制定兼顾了政府、学校和学生家庭三方利益. 高校的学费是用以补偿部分高等教育成本的费用，高等教育学费方面的主要问题不是某一时点上学费的绝对水平问题，而是工资与薪水的增加以及通货膨胀给高等教育带来的特殊压力. 高等教育基本教学成本不断上升，造成学费不断上涨. 学费问题涉及每一个大学生及其家庭，是一个敏感而又复杂的问题，学费过高使得学生无力支付，学费过低就无法保证教学质量. 同时为了给学生家长、社会各界明了大学生培养成本的实际支出，由此，针对高等教育学费标准的制定问题，要求根据中国国情搜集相关数据，如国家生均拨款、培养费用、家庭收入等.

根据所收集的相关数据建立相应的模型，对高校的学费标准进行定量的分析. 最后要求根据所建模型分析的结果给相关部门提出具体的建议.

问题分析：据教育部有关资料，高校每年收取学费的标准，既要参照年生均培养成本，还要充分考虑政府财政拨款情况和当地经济发展水平及社会、学生家庭或个人的承受能力.

以我国普通高校为例，分析影响高校学费收取标准的因素.

1. 影响我国普通高校学费收取标准因素的分析

高校学费标准受多方面因素影响，如学生及其家庭的支付能力、学生培养成本、政府财政拨款、其他社会团体和个人的资助、专业热门程度和需求方的竞争情况，维持大学声誉和选择度（吸引优秀学生）的需要等. 同时，由于近年来对经济关注程度的提升，引入通货膨胀指数对学费收取的影响是有必要的. 由于学费与人均国内生产总值的比值在一定程度上反映了国家或地区对高等教育的财政支持能力，因此，在探讨学费标准问题时人均国内生产总值也是一个重要的影响因素.

首先定性分析全国普通高校学费收取的影响因素，主要考虑生均拨款、培养费用、家庭收入、人均国内生产总值、通货膨胀对普通高校学费的影响.

（1）学费标准与国家生均拨款

全国教育经费中的大部分一直为国家财政性教育经费（包括各级财政对教育的拨款、城乡教育费附加、企业办中小学支出以及校办产业减免税等项），普通高等学校的收费是为了补偿部分教育费用支出，若国家生均拨款经费减少，为了保持收支平衡，则必然导致高校学费标准的增长，因此，国家生均拨款对高校学费收取的影响是显著易见的.

（2）学费标准与学生培养费用

生均培养成本反映了高校的教育成本，生均培养成本与学费水平比较可以进一步反映学费水平与教育成本的相关关系，由于教育产业是按事业单位进行统计的，统计资料中没有生均培养成本的数据，按照我国统计口径，以生均教育经费支出指标替代生均培养成本.

（3）学费标准与家庭收入

居民用于包括学费在内的教育支出是其总支出的一部分，支付学费的能力取决于居民的支出结构和水平，最终取决于其收入水平. 改革开放以来，随着我国经济的快速发展，居民的收入水平也得到了大幅度提高，但是居民的收入水平存在着巨大差异，呈现非均衡状态. 如果学费水平过低，则不能达到有效地分担与补偿高等教育成本的目的，同时也会给高等教育带来过高的需求与压力；如果学费水平过高，超出多数居民的支付能力，不仅会降低他们对高等教育投资的积极性，抑制高等教育需求，而且会直接涉及教育均等这一人们普遍关心的社会问题，甚至会导致高等教育性质的变化，进而危及社会稳定. 对于诸多家庭来说，培养一个大学生已经成为家庭最重的负担之一，因此，必须充分考虑居民的收入水平和支付能力，确定一个合适的学费标准.

学费必须考虑居民的承受能力，尤其是经济欠发达地区的学生考入经济发达地区的高校后，面临的问题是偏高的高校收费和偏低的家庭收入，这加剧了落后地区的居民负担，因此，高等教育的学费在定价时应充分考虑地区之间的经济差异，让来自不同类别地区的学生接受高等教育的不同来促进社会公平，缩小地区贫富差距.

（4）学费标准与人均GDP

人均国内生产总值一般被用来衡量一个国家或一个地区的经济发展水平，而高等教育学费水平的制定不可能视当地的经济发展水平而不顾，学费与人均GDP的比值在一定程度上反映了这个国家或地区对高等教育的财政支持能力，单独分析可以作为影响高校收费的因素.

（5）学费标准与通货膨胀

随着通货膨胀影响，各种费用支出就越大，学费变得越来越高，因此通货膨胀与学费是呈正相关的.

2. 数据信息的收集及其描述

（1）近几年我国普通高校的相关信息

高等教育属于非义务教育，它的经费主要是由政府财政拨款、学校自筹、社会捐赠和学费收入等几部分组成，高校收取学费是为了补偿部分教育支出.

从国家统计数据库收集到2000～2005年的普通高等学校教育经费情况如表10.18所示.

表10.18   2000～2005年的普通高等学校教育经费情况

单位：元

年份	教育经费	国家财政性教育经费	社会团体和公民个人办学经费	社会捐资和集资办学经费	实际收取的学费	其他教育经费
2000	9133504	5311854	65941	151828	1926109	1677772
2001	11665761.8	6328003.5	181992.7	172774.7	2824417.1	2158573.8
2002	14878590	7521463	331363	278253	3906526	2840985
2003	17543468	8405779	603015	256375	5057306	3220992
2004	21297613	9697909	1121982	215440	6476921	3785362
2005	25502370.8	10908368.7	1801315.4	210796.3	7919249.3	4662641.1

由表中数据可看出在2000年时是学费占教育经费的比例为21.9%，在2005年已经增加到31.05%，增长了近10个百分点，学费收入已经成为普通高校教育经费的第二大来源. 我国普通高校教育经费各组成部分的平均含量百分比如图10.37所示.

图 10.37　表 10.18 的数据透视图

　　近几年来，社会团体和公民个人办学经费、社会捐资和集资办学经费以及其他教育经费在高校教育经费中所占的百分比都波动不大，因此，可以忽略它们对高校学费收取标准的影响.

　　表 10.19 是根据国家统计数据库教育经费情况，以及全国教育经费执行情况统计公告整理的 2000～2005 年国家普通高等教育经费的部分收支情况，表中实际收取的学费是以国家统计数据库普通高校教育经费中学费和杂费的收入为准. 表 10.20 为我国普通高校 2000～2005 年的招生数和在校学生人数.

表 10.19　2000～2005 年国家普通高等教育经费的部分收支情况

年份	教育经费/万元	国家财政性教育经费/万元	实际收取的学费/万元	预算内生均事业经费支出/元	预算内生均公用经费支出/元
2000	9133504	5311854	1926109	7309.58	2921.23
2001	11665761.8	6328003.5	2824417.1	6816.23	2613.56
2002	14878590	7521463	3906526	6177.96	2453.47
2003	17543468	8405779	5057306	5772.58	2352.36
2004	21297613	9697909	6476921	5552.5	2298.41
2005	25502370.8	10908368.7	7919249.3	5375.94	2237.57

表 10.20　2000～2005 年我国普通高校的招生数和在校学生人数

单位：人

年份	2000	2001	2002	2003	2004	2005
招生数	2206000	2683000	3205000	3822000	4473422	5044581
在校学生数	5561000	7191000	9034000	11086000	13334969	15617767

　　从表 10.19 中数据可以看出随着我国高等教育经费以及财政性教育经费的提高，学费也在不断上涨，生均事业经费的支出却在逐年下降．根据我国国情，这种情况的发生是由于从我国 1998 年开始实行扩招以来，2000 年以后普通高校招生人数仍然在迅速增长（见图 10.38），国家教育经费的增长不满足学生人数的快速增长．

图 10.38　表 10.20 的数据透视图

　　同时，表 10.19 中还表现出财政性教育经费总量的增长并未超过全国教育经费总量的增长速度，反映出非财政性教育经费总量有了一定增长（见图 10.39）．
　　因此，降低非财政性教育经费的支出，增大财政性教育经费的支出有利于降低学费在教育经费中的比例．

图 10.39　表 10.19 的数据透视图

（2）对影响普通高校学费的有关因素数据的分析
　　主要考虑生均拨款、培养费用、家庭收入、人均 GDP、通货膨胀对普通高校学费的影响．

随着我国从 1998 年开始实行扩招以来，普通高校招生人数迅速增长，普通高校的生均实际学费不断提高（见表 10.21），年平均增长 7.97%，2005 年达到 5070.67 元，同时，生均事业性经费支出却呈逐年下降的趋势，致使我国普通高校生均实际学费与生均事业性经费支出之比从 2000～2005 年提高了近 50%. 2005 年我国生均实际学费与生均事业性经费支出之比已经达到 66.6%，远远高于国家规定的 25%.

表 10.21　2000～2005 年我国普通高校教育经费的部分收支情况

年份	教育经费/万元	招生数/人	在校学生数/人	生均教育经费支出/元	实际收取的学费/万元	生均实际学费/元	生均事业经费支出/元	生均实际学费与生均事业性经费支出之比/%
2000	9133504	2206000	5561000	16424.21	1926109	3463.6	7309.58	47.38
2001	11665761.8	2683000	7191000	16222.73	2824417.1	3927.71	6816.23	57.62
2002	14878590	3205000	9034000	16469.55	3906526	4324.45	6177.96	70
2003	17543468	3822000	11086000	15824.89	5057306	4561.89	5772.58	79.03
2004	21297613	4473422	13334969	15971.25	6476921	4857.09	5552.5	87.48
2005	25502370.8	5044581	15617767	16329.08	7919249.3	5070.67	5375.94	94.32

注：1）表中有关数据是根据国家统计数据库教育经费情况计算而得.

2）生均事业经费支出数据源于各年的全国教育经费执行情况统计公告.

3）实际收取的学费是由国家统计数据库普通高等学校教育经费中学费和杂费的收入为准.

4）生均教育经费支出是由教育经费除以年平均学生数得到.

国家财政性教育经费即财政拨款，同理，我们用以下等式来定义相关名词：

高校教育经费＝财政拨款＋学费收入＋学校自筹＋社会捐赠＋其他教育经费；

高校教育经费支出＝事业性经费支出＋公用经费支出＋其他支出；

生均拨款＝国家财政性教育经费/学生数；

培养费用＝生均教育经费支出＝教育经费/学生数.

3. 分析定义合理的学费标准

一个合理的学费标准应该考虑到不能超过学生及家庭的最大承受能力，并按照国家教育部规定向学生收取学费，即学费可为学生培养成本的 25%，同时还应考虑生均拨款和生均最低成本来建立评价标准.

我国对不同地区和不同类别普通高校的生均拨款不同，由于国家拨款对高校运行有非常重要的作用，从我国现实情况看，国家对某个学校的生均拨款与该学校的类型有关，也与该校所在的地区有关，由于各高校贫困生的比例不同，我们认为高校的生均拨款也应该与该校的贫困生比例有关.

从现实情况看，国家的拨款与学费占高校的正常运行经费的绝大部分，为了保证高校培养学生的质量，假设国家生均拨款与学费的和不小于学校的日常运行成本，从而根据此来给出学费区间评价高校收费的合理程度．

模型假设：

模型假设如下：

1）生均培养费用生均教育经费支出代替．

2）生均事业经费支出以及生均公用经费支出由预算内经费决定．

3）实际收取的学费是由国家统计数据库普通高校教育经费中学费和杂费的收入为准．

4）假设学校自筹、社会捐赠、其他教育经费占据高校教育经费中稳定的百分比．

5）假设人均收入服从正态分布．

6）假设学校生均日常运转费用是生均教育事业支出费用．

符号说明：

Y——高校实际收取费用；

X_1——生均培养成本；

X_2——城镇居民人均可支配费用；

X_3——农村居民人均可支配费用；

X_4——生均拨款；

X_5——人均 GDP；

X_6——通货膨胀指数；

β_i——置信度为 0.95 的回归系数，$i=0,1,\cdots,5$；

R——回归或残差；

L——贫困线；

L_i——北京、四川、天津、重庆、新疆、安徽、湖南、山东的贫困线，$i=1,2,\cdots,8$；

$P(x)$——表示变量 x 概率密度函数；

$F(x)$——表示变量 x 概率分布函数；

r——可以承受大学费用的人数比例；

k——学生实际所交学费与学生培养成本之比；

S——个人收入；

μ——地区的人均收入；

σ——收入方差；

σ_i——北京、四川、天津、重庆、新疆、安徽、湖南、山东的收入方差，$i=1,2,\cdots,8$；

a——与学校（或专业）类型有关的因子；

b——学校所在地区相关的因子；

c——与学校贫困生所占比例有关的因子．

模型的建立：

1. 收费模型的建立

通过对收集数据的处理和分析，我们用人均 GDP、家庭人均可支配收入、生均拨款、生均培养成本、通货膨胀指数来确定影响实际收费的因素，根据普通高校生均实际学费的特点，对影响因素进行定性分析. 传统的收费模型只是各种因素的简单回归分析，这样往往导致结果不准确，事实上随着时代变化，影响收费标准的因素越来越多，其中通货膨胀就是一个很重要的因素，鉴于此，在考虑通货膨胀因子的情况下，我们提出了如下关于收费标准的改进的非线性模型：

$$Y=\left(\beta_0+\sum_{i=1}^{5}\beta_i X_i\right)(1+X_6),$$

其中，Y 表示高校实际收取费用，$X_i(i=1,2,\cdots,6)$ 分别表示生均培养成本、城镇居民人均可支配费用、农村居民人均可支配费用、生均拨款、人均 GDP、通货膨胀指数，$\beta_i(i=0,1,2,\cdots,5)$ 表示待估计的参数.

2. 高校收费标准合理性探讨

根据收费标准不能超过学生及家庭的最大承受能力，按照国家教育部规定向学生收取学费可为学生培养成本的 25%，同时考虑生均拨款和生均最低成本来建立评价标准. 首先提出几条假设.

1) 假设个人的收入 S 服从正态分布 $S\sim N(\mu,\sigma^2)$，某个地区的贫困线为 L，高校学费要使大多数比例的人能够承受，不妨假设这个比例为 $r=70\%$，即

(个人收入≥学费＋贫困线)的概率≥70%，

则

$$P(Y+L<S)\geqslant r$$
$$\Rightarrow 1-F(Y+L)\geqslant r$$
$$\Rightarrow F(Y+L)\leqslant 1-r$$
$$\Rightarrow Y+L\leqslant L_0,$$

其中，$F(L_0)=1-r$.

$$F(L_0)=\frac{1}{\sqrt{2\pi}\sigma}\int_{-\infty}^{L_0}e^{-\frac{(x-\mu)^2}{2\sigma^2}}dx$$

$$=\frac{1}{\sqrt{2\pi}}\int_{-\infty}^{\frac{L_0-\mu}{\sigma}}e^{-\frac{x^2}{2}}dx$$

$$=\Phi\left(\frac{L_0-\mu}{\sigma}\right)\qquad\left(\diamondsuit x_0=\frac{L_0-\mu}{\sigma}\right)$$

$$=\Phi(x_0)=1-r,$$

则

$$Y+L \leqslant L_0 = \mu + \sigma x_0,$$

即

$$Y \leqslant \mu + \sigma x_0 - L. \tag{10.14}$$

2）由于学费与高校的最低运行成本有关，假设

$$\frac{\text{学费}}{\text{高校的最低运行成本}} \leqslant k, \tag{10.15}$$

现阶段我国采用 $k=25\%$.

3）由于国家拨款对高校运行有非常重要的作用，从我国现实情况看，国家对某个学校的生均拨款与该学校的类型有关，也与该学校所在的地区有关，由于各高校贫困生的比例不同，我们认为高校的生均拨款也应该与该学校的贫困生比例有关，据此假设

$$\text{国家生均拨款} = \text{学费} \times abc. \tag{10.16}$$

其中，a 表示与高校类型有关的因子，b 表示与高校所在地区有关的因子，c 表示与高校贫困生比例有关的因子.

4）从现实情况看，国家的拨款与学费占高校的正常运行经费的绝大部分，为了保证高校培养学生的质量，假设

$$\text{国家生均拨款} + \text{学费} \geqslant \text{学校日常运行成本}. \tag{10.17}$$

由以上 4 条假设，以及式（10.14）～式（10.17）可得到如下关系：

$$\begin{cases} Y \leqslant \mu + \sigma x_0 - L \\ \dfrac{Y}{X_1} \leqslant k \\ X_4 = abcY \\ X_4 + Y \geqslant X_1 \end{cases}, \tag{10.18}$$

其中，μ——地区的个人平均收入；

σ——个人收入的方差；

L——当地的贫困线；

Y——学费；

S——个人收入；

X_1——高校的正常运行成本

X_4——国家对高校的生均拨款. 通过查表可得 $x_0 = 0.5244$.

从不等式组（10.18）得到学费的上下限分别是 $\max[\mu + \sigma x_0 - L, kX_1]$，$\dfrac{X_1}{1+abc}$，

即学费 Y 范围是

$$\frac{X_1}{1+abc} \leqslant Y \leqslant \max[\mu+\sigma x_0-L,\ kX_1],$$

这就是学费的允许范围. 同样可以得出国家对高校人均拨款的下限为

$$X_4 \geqslant \frac{X_1}{1+\dfrac{1}{abc}}.$$

由此可以给出学费区间, 进而评价高校收费的合理程度.

模型的求解与检验:

1. 收费模型的求解

对于高校收费模型, 将统计年鉴中的数据处理后 (见表 10.22) 用于估计模型参数.

表 10.22　相关统计数据

年份	2000	2001	2002	2003	2004	2005
教育经费/万元	9133504	11665761.8	14878590	17543468	21297613	25502370.8
生均教育经费支出/元	16424.21	16222.73	16469.55	15824.89	15971.25	16329.08
生均事业经费支出/元	7309.58	6816.23	6177.96	5772.58	5552.5	5375.94
城镇居民人均收入（可支配）/元	6280.00	6859.00	7702.00	8472.00	9422.00	10493.00
农村居民人均收入（可支配）/元	2253.00	2366.00	2475.00	2622.00	2936.00	3255.00
生均拨款/元	9551.98	8799.89	8325.73	7582.34	7272.54	6984.59
人均 GDP/元	7078.00	7678.42	8217.71	9090.16	10548.62	14207.98
通货膨胀指数/%	0.40	0.70	−0.80	1.20	3.90	1.80
生均实际学费/元	3463.60	3927.71	4324.45	4561.89	4857.09	5070.67

在 MATLAB 中编写程序得到回归系数估计值及置信区间 (置信水平 $\alpha=0.05$). 相应模型如下:

$$Y=(62.4237-16319.46X_1-1324.8X_2+2199.13X_3+12053.09X_4+190.8X_5)(1+X_6)$$

计算得 $R^2=0.9801$, 残差图如图 10.40 所示.

图 10.40 残差图

由于判定系数接近于 1，通过残差分析效果良好，比传统的线性回归模型精度更高，更贴近于实际值，因此可以作为高校收费模型.

2. 收费模型的检验

下面根据 2003 年部分地区的高校收费情况（见表 10.23）进行评价，根据日常生活经验取 $r=0.7$.

表 10.23 2003 年部分地区的高校收费情况

地区	教育经费支出	生均拨款	生均实际学费	人均年收入	贫困线	方差
北京	24578.49	25753.09	6620.62	12454	1684	1204
四川	8628.19	2919.50	4136.92	8970	668	509
天津	18909.06	11852.47	4951.15	10000	1540	1085
重庆	11790.73	5634.14	4441.63	7200	700	560
新疆	9541.67	2683.36	4466.38	8530	670	498
安徽	9131.37	4541.14	3787.42	7124	683	520
湖南	9875.99	3652.42	5646.18	9560	726	589
山东	9872.99	4853.18	4620.50	8721	700	545

由公式

$$\begin{cases} Y \leqslant \mu + \sigma_i \lambda - L_i \\ Y \leqslant kX_1 \end{cases}$$

计算得到各地区 2003 年的学费上界如表 10.24 所示.

表 10.24　各地区 2003 年的学费上界

单位：元

地区	北京	四川	天津	重庆	新疆	安徽	湖南	山东
学费上界	6144.62	2157.05	4727.27	2947.68	2385.42	2282.84	2468.99	2486.25

从表 10.24 中的数据可以看出经济发展较快的地方的费用收取较为合理，而中西部较为落后的地方收费都超出了合理收费标准的上界.

总体来看，近几年全国高校的收费水平各地区差异不大，而经济发展较快的地区由于生均拨款、人均年收入等都比中西部较为落后的地方情况要好，故收费合理亦正常. 而中西部经济落后的地方，家庭人均年收入水平较低，尤其是农村居民收入几乎是要十年以上的收入才能保证一个大学生完成学业，说明现有标准对经济发展落后地区明显不公平. 综合地区差异、经济发展情况、城乡差别，我们发现新的评价体系更能客观真实地反应一个地区所能承受的合理的学费标准.

将人均教育经费支出提高（以不超过 GDP 的增长速度稳定增长），同时提高生均拨款. 在这样的情况下即使从 2005 年按照 5%的速度增长，2005 年的人均教育经费支出为 16329.08 元，那么 $16329.08 \times (1+5\%)^7 \approx 22976.66$(元)才符合国家规定，超过现有全国平均学费的上界，即等到 2012 年学费才会超过现有的收费情况. 因此全国生均学费应该稳定在 5000 元，直到 2012 年后才可以适当提高.

另外，还可以根据此标准计算出全国可以承受高校收费的人数比例，具体计算公式如下：

$$\int_{Y+L}^{\infty} \frac{1}{\sqrt{2\pi}} e^{-\frac{(x-\mu)^2}{2\sigma^2}} dx = 1 - \int_{-\infty}^{Y+L} \frac{1}{\sqrt{2\pi}} e^{-\frac{(x-\mu)^2}{2\sigma^2}} dx = 1 - \Phi\left(\frac{Y+L-\mu}{\sigma}\right) \tag{10.19}$$

根据中国统计年鉴数据的计算得出表 10.25 的数据.

表 10.25　根据中国统计年鉴数据计算后的数据

年份	2003	2004	2005
人均收入	5021	5660	6367
实际学费	4562	4857	5071
收入方差	4819	6001	6857

根据式（10.19）可以计算出 2003 年、2004 年、2005 年全国可以承受高校收费的人数比例分别为 47.2%，49.2%，49.5%. 从侧面反映出随着居民年收入的增长可以承受的人数比例逐渐增加.

习　题

1. 在一天 24 小时内，从零点开始每间隔 2 小时测得的环境温度（摄氏度）为 12，9，9，10，18，24，28，27，25，20，18，15，13. 推测在每一秒时的温度，并利用不同的插值方法描绘温度曲线.

2. 预测 2000 年奥运会男子铅球的成绩并用实际值进行检验，数据见表 10.26.

表 10.26　2000 年奥运会男子铅球成绩

单位：m

届次	成绩	届次	成绩	届次	成绩
7	14.81	15	17.41	21	21.05
8	14.955	16	18.57	22	21.35
9	15.87	17	19.68	23	21.26
10	16.005	18	20.33	24	22.47
11	16.20	19	20.54	25	21.70
14	17.12	20	21.18	26	

3. 预测 2000～2005 年我国进出口总额并用实际值进行检验，数据见表 10.27.

表 10.27　2000 年我国进出口总额

单位：亿美元

年份	进出口总额	年份	进出口总额	年份	进出口总额
1981	4	1987	6.8	1993	19.6
1982	3.9	1988	7.9	1994	24
1983	4	1989	11.2	1995	28.1
1984	5	1990	11.5	1996	29
1985	6	1991	13.5	1997	32.5
1986	6	1992	16.6	1998	32.4

4. 在某一反应工程实验中，测得了如表 10.28 所示的实验数据.

表 10.28　某一反应工程实验数据

序号	1	2	3	4	5	6	7	8
温度 T	10	20	30	40	50	60	70	80
转化率 y	0.1	0.3	0.7	0.94	0.95	0.68	0.34	0.13

现在要确定在其他条件不变的情况下，转化率 y 和温度 T 的具体关系，现拟用两种模型去拟合实验数据，两种模型分别是

$$y=a_1+b_1T+c_1T^2, \quad y=\frac{c_2}{a_2+b_2(T-45)^2}.$$

如何求取上述模型中的参数？并判断两种模型的优劣.

5. 血液流量问题.

小哺乳动物与小鸟的心跳速度比大哺乳动物与大鸟的快. 如果动物的进化为每种动物确定了最佳心跳速度，为什么各种动物的最佳心跳速度不一样呢？由于热血动物的热量通过身体表面散失，所以它们要用大量的能量维持体温，而冷血动物在休息时只需要极少的能量，所以正在休息的热血动物似乎在维持体温. 可以认为，热血动物可用的能量与通过肺部的血液流量成正比. 表 10.29 和表 10.30 给出了相关实验数据，试建立一个模型，将体重与通过心脏的基础（休息时的）血液流量联系起来，用下面的数据检验你的模型.

表 10.29　关于某些哺乳动物的数据

哺乳动物名称	兔	山羊	狗	狗	狗
体重/kg	4.1	24	16	12	6.4
基础血液流量/(dL /min)	5.3	31	22	12	11

表 10.30　关于人类的数据

年龄	5	10	16	25	33	47	60
体重/kg	18	31	66	68	70	72	70
基础血液流量/(dL /min)	23	33	52	51	43	40	46
脉搏/(次/min)	96	90	60	65	68	72	80

6. 水塔流量估计.

某居民区有一供居民用水的圆柱形水塔，一般可以通过测量其水位来估计水的流量. 但面临的困难是，当水塔水位下降到设定的最低水位时，水泵自动启动向水塔供水，到设定的最高水位时停止供水，这段时间无法测量水塔的水位和水泵的供水量. 通常水泵每天供水一两次，每次约两个小时.

水塔是一个高 12.2 m、直径 17.4 m 的正圆柱. 按照设计,水塔水位降至约 8.2m 时,水泵自动启动,水位升到约 10.8 m 时水泵停止工作.

表 10.31 是某一天的水位测量记录,试估计任何时刻(包括水泵正供水时)从水塔流出的水流量,及一天的总用水量(其中"//"表示水泵工作).

表 10.31　某一天的水位测量记录

时刻/h	0	0.92	1.84	2.95	3.87	4.98	5.90	7.01	7.93	8.97
水位/cm	968	948	931	913	898	881	869	852	839	822
时刻/h	9.98	10.92	10.95	12.03	12.95	13.88	14.98	15.90	16.83	17.93
水位/cm	//	//	1082	1050	1021	994	965	941	918	892
时刻/h	19.04	19.96	20.84	22.01	22.96	23.88	24.99	25.91		
水位/cm	866	843	822	//	//	1059	1035	1018		

7. 出钢时所用的盛钢水的钢包,由于钢水对耐火材料的侵蚀,容积不断增大. 我们希望找到使用次数与增大的容积之间的关系. 对一钢包做试验,测得数据如表 10.32 所示.

表 10.32　钢包容积的试验数据

使用次数	增大容积	使用次数	增大容积	使用次数	增大容积
2	6.42	7	10.00	12	10.60
3	8.20	8	9.93	13	10.80
4	9.58	9	9.99	14	10.60
5	9.50	10	10.49	15	10.90
6	9.70	11	10.59	16	10.76

(1)试绘制出散点图.

(2)求 y 关于 x 的经验回归方程.

8. 钢的强度和硬度都是反映钢质量的指标. 现在炼 20 炉中碳钢,它们的抗拉强度 y 与硬度 x 的 20 对实验值如表 10.33 所示.

(1)试绘制出散点图.

(2)求 y 对 x 的经验回归直线方程.

表 10.33　中碳钢的抗拉强度与硬度实验值

编号	x_i	y_i	编号	x_i	y_i
1	277	103	11	286	108
2	257	99.5	12	269	100
3	255	93	13	246	96.5

续表

编号	x_i	y_i	编号	x_i	y_i
4	278	105	14	255	92
5	306	110	15	253	94
6	268	98	16	255	94
7	285	103.5	17	269	99
8	286	103	18	297	109
9	272	104	19	257	95.5
10	285	103	20	250	91

9．在一丘陵地带测量高程，x 和 y 方向每隔 100 m 测一个点，得高程如表 10.34 所示，试拟合一曲面，确定合适的模型，并由此找出最高点和该点的高程．

表 10.34　一丘陵地带各点高程数据

单位：m

高程		x				
	100	100	200	300	400	500
	200	636	697	624	478	450
y	300	698	712	630	478	420
	400	680	674	598	412	400
	100	662	626	552	334	310

10．已知某湖 8 年来湖水中 COD 浓度实测值（y）与影响因素：湖区工业产值（x_1）、总人口数（x_2）、捕鱼量（x_3）、降水量（x_4）资料如表 10.35 所示，试建立污染物 y 的水质分析模型．

表 10.35　COD 浓度值与影响因素数据

年份	y	x_1	x_2	x_3	x_4
1	5.19	1.3760	0.4500	2.1700	0.8922
2	5.30	1.3750	0.4750	2.5540	1.1610
3	5.60	1.3870	0.4850	2.6760	0.5346
4	5.82	1.4010	0.5000	2.7130	0.9589
5	6.00	1.4120	0.5350	2.8230	1.0239
6	6.06	1.4280	0.5450	3.0880	1.0499
7	6.45	1.4450	0.5500	3.1220	1.1065
8	6.95	1.4770	0.5750	3.2620	1.1387

11．中国当前正处在社会主义市场经济逐步完善，宏观经济平稳运行的阶段．国债发行总量（DEBT）应该与经济总规模、财政赤字的多少、每年的还本

付息能力以及财政收入有关. 已知 1980～2005 年国内生产总值、财政赤字额、年还本付息额和财政收入数据（见表 10.36）. 根据提供的数据，建立中国国债发行额（DEBT）的数学模型. 其中 GDP 表示年国内生产总值，DEF 表示年财政赤字额，REPAY 表示年还本付息额，FIN 表示财政收入.

表 10.36　1980～2005 年国债发行额、国内生产总值等数据

年份	DEBT /亿元	DEF /亿元	GDP /百亿元	REPAY /亿元	FIN /亿元
1980	43.01	68.9	45.178	28.58	1159.93
1981	121.74	−37.38	48.624	62.89	1175.79
1982	83.86	17.65	52.947	55.52	1212.33
1983	79.41	42.57	59.345	42.47	1366.95
1984	77.34	58.16	71.71	28.9	1642.86
1985	89.85	−0.57	89.644	39.56	2004.82
1986	138.25	82.9	102.022	50.17	2122.01
1987	223.55	62.83	119.625	79.83	2199.35
1988	270.78	133.97	149.283	76.76	2357.24
1989	407.97	158.88	169.092	72.37	2664.9
1990	375.45	146.49	185.479	190.07	2937.1
1991	461.4	237.14	216.178	246.8	3149.48
1992	669.68	258.83	266.381	438.57	3483.37
1993	739.22	293.35	346.344	336.22	4348.95
1994	1175.25	574.52	467.594	499.36	5218.1
1995	1549.76	581.52	584.781	882.96	6242.2
1996	1967.28	529.56	678.846	1355.03	7407.99
1997	2476.82	582.42	744.626	1918.37	8651.14
1998	3310.93	922.23	783.452	2352.92	9875.95
1999	3715.03	1743.59	820.6746	1910.53	11444.1
2000	4180.1	2491.27	894.422	1579.82	13395.2
2001	4604	2516.54	973.148	1923.42	16386.0
2002	5679	3096.87	1039.35	2563	18903.6
2003	6280.1	3198	1167.41	2956	21715.3
2004	6876	3000	1598.78	3711.9	26355.9
2005	7042	2080	1823.21	3923.4	31649.3

附　　录

附录1　流量百分比统计程序

```
clear all;
%shop1,shop2,shop3:问卷中消费统计数据,[1 2 3 4 5 6].
shop1=[683 833 1590 313 47 34];shop2=[629 816 1392 269 60 34];
shop3=[748 980 1686 401 50 35];
%walk1,walk2,walk3:问卷中出行统计数据
%[公交(南北) 公交(东西) 出租 私家车  地铁(东) 地铁(西)]
walk1=[612 598 680 308 645 657];walk2=[538 558 595 294 605 610];
walk3=[624 672 735 356 756 757];
%eat1,eat2,eat3:问卷中餐饮统计数据,[中  西  商场]
eat1=[783 1837 880];eat2=[724 1672 804];eat3=[875 2058 967];
shop=shop1+shop2+shop3;walk=walk1+walk2+walk3;eat=eat1+eat2+e
    at3;%总统计量

pnc=0.5;pty=0.3;psl=0.2; %去鸟巢、体育馆、水立方人数百分比
tot=sum(shop);            %回收问卷总数
W=200000;                 %假设人数,用来计算流量百分比
W0=10000;                 %一个看台的人数
r1=eat(1)/tot;            %吃中餐的人的比例
r2=eat(2)/tot;            %吃西餐的人的比例
r3=eat(3)/tot;            %在商场吃饭的人的比例
R1=walk(1)/tot;           %乘公交(南北)的人的比例
R2=walk(2)/tot;           %乘公交(东西)的人的比例
R3=walk(3)/tot;           %乘出租的人的比例
R4=walk(4)/tot;           %乘私家车的人的比例
R5=walk(5)/tot;           %乘地铁(东)的人的比例
R6=walk(6)/tot;           %乘地铁(西)的人的比例

%计算到每个区入口的人数
num1=(walk(2)+walk(3)+walk(4)*0.5)*psl;
num2=(walk(1)+walk(4)*0.5+walk(5)+walk(6))*psl;
num3=(walk(2)+walk(3)+walk(4))*pty;
```

```
num4=(walk(1)+walk(5)+walk(6))*pty;
num5=(walk(2)+walk(3)+walk(4))*pnc;
num6=(walk(1)+walk(5)+walk(6))*pnc;
tnum1=num1/tot*W;tnum2=num2/tot*W;tnum3=num3/tot*W;
tnum4=num4/tot*W;tnum5=num5/tot*W;tnum6=num6/tot*W;

%流量第一部分数据,进入场馆
%进入场馆A,鸟巢
a=10;N6=zeros(1,a/2+1);N6(1)=tnum6;
for k=1:a/2
    N6(k+1)=(1/2*(1-1/a)-(k-1)*1/a)*N6(1);
end
N5=zeros(1,a/2+1);N5(1)=tnum5;
for k=1:a/2
    N5(k+1)=(1/2*(1-1/a)-(k-1)*1/a)*N5(1);
end
A11=N5(1)+N6(6)*2;A21=N5(2)+N6(5);A31=N5(3)+N6(4);A41=N5(4)+N
    6(3);
A51=N5(5)+N6(2);A61=N5(6)*2+N6(1);A71=N5(5)+N6(2);A81=N5(4)+N
    6(3);
A91=N5(3)+N6(4);A101=N5(2)+N6(5);
A1=[A11,A21,A31,A41,A51,A61,A71,A81,A91,A101]

%进入场馆B,体育馆
a=6;N3=zeros(1,a/2+1);N3(1)=tnum3;
for k=1:a/2
    N3(k+1)=(1/2*(1-1/a)-(k-1)*1/a)*N3(1);
end
N4=zeros(1,a/2+1);N4(1)=tnum4;
for k=1:a/2
    N4(k+1)-(1/2*(1-1/a)-(k-1)*1/a)*N4(1);
end
B11=N3(3)+N4(2);B21=N3(2)+N4(3);B31=N3(1)+N4(4)*2;
B41=N3(2)+N4(3);B51=N3(3)+N4(2);B61=N3(4)*2+N4(1);
B1=[B11,B21,B31,B41,B51,B61]

%进入场馆C,水立方
a=4;N1=zeros(1,a/2+1);N1(1)=tnum1;
for k=1:a/2
```

```
    N1(k+1)=(1/2*(1-1/a)-(k-1)*1/a)*N1(1);
end
N2=zeros(1,a/2+1);N2(1)=tnum2;
for k=1:a/2
    N2(k+1)=(1/2*(1-1/a)-(k-1)*1/a)*N2(1);
end
C11=N1(2)+N2(2);C21=N1(1)+N2(3)*2;C31=N1(2)+N2(2);C41=N1(3)*2
    +N2(1);
C1=[C11,C21,C31,C41]
```

%流量第二部分数据,去吃饭
%由鸟巢出去
```
A12=W0+9*W0*r1;  %A12 A62 去吃饭总流量,A**1 去吃中餐的流量
A221=W0+7*W0*r1/2;A1021=A221;A321=W0+5*W0*r1/2;A921=A321;
A421=W0+3*W0*r1/2;A821=A421;A521=W0+W0*r1/2;A721=A521;
A62=W0+9*W0*(r2+r3);%A**2 去吃西餐和在商场吃饭流量
A222=W0*(r2+r3)/2;A1022=A222;A322=3*W0*(r2+r3)/2;A922=A322;
A422=5*W0*(r2+r3)/2;A822=A422;A522=7*W0*(r2+r3)/2;A722=A522;
t1A2=[A12,(A221+A222),(A321+A322),(A421+A422),(A521+A522)];
t2A2=[A62,(A721+A722),(A821+A822),(A921+A922),(A1021+A1022)];
A2=[t1A2,t2A2]
```

%由体育馆出去
```
B12=W0+W0*r1/2 + W0*(r2+r3)*3/2 + W*psl*(r2+r3)/2; B52=B12;
B22=W0+W0*r1*3/2 + W0*(r2+r3)/2 + W*psl*(r2+r3)/2; B42=B22;
B32=W0+5*W0*r1 + W*psl*(r2+r3);B62=W0+5*W0*(r2+r3)
    +W*psl*(r2+r3);
B2=[B12,B22,B32,B42,B52,B62]
```

%由水立方出去
```
C12=1.5*W0;C32=C12;C22=W0;C42=W0*4;C2=[C12,C22,C32,C42]
```

%流量第三部分数据,饭后回去
```
back5=W*r1*(R5+R6);back6=W*r2*R2;back3=W*r1*R4;back4=W*r3*R2;
A3=ones(1,10).*((back5+back6)/2);A3(1)=back5+back6;A3(6)=A3(1);
B3=ones(1,6).*((back3+back4)/2);B3(3)=back3+back4;B3(6)=A3(3);
```

%总流量
```
A=A1+A2+A3
```

```
B=B1+B2+B3
C=C1+C2
```

%最终流量百分比统计
```
sum1=sum(A);sum2=sum(B);sum3=sum(C);
nosum=sum1+sum2+sum3;
pa1=A(1)/nosum;pa2=A(2)/nosum;pa3=A(3)/nosum;pa4=A(4)/nosum;
pa5=A(5)/nosum;pa6=A(6)/nosum;pa7=A(7)/nosum;pa8=A(8)/nosum;
pa9=A(9)/nosum;pa10=A(10)/nosum;
pa=[pa1,pa2,pa3,pa4,pa5,pa6,pa7,pa8,pa9,pa10]
pb1=B(1)/nosum;pb2=B(2)/nosum;pb3=B(3)/nosum;
pb4=B(4)/nosum;pb5=B(5)/nosum;pb6=B(6)/nosum;
pb=[pb1,pb2,pb3,pb4,pb5,pb6]
pc1=C(1)/nosum;pc2=C(2)/nosum;pc3=C(3)/nosum;pc4=C(4)/nosum;
pc=[pc1,pc2,pc3,pc4]
```

附录2　各个商区不同 MS 个数的计算程序

```
clear all;
C1=150000;C2=300000; %商场规模

A1=zeros(20,40);
for i=1:20
    A1(i,(2*i-1))=-C1; A1(i,(2*i))=-C2;
end
A2=[1 1 1 1 1 1 1 1 1 1 1 1 1 1 1 1 1 1 1 1 0 0 0 0 0 0 0 0 0 0
    0 0 0 0 0 0 0 0 0 0;
    0 0 0 0 0 0 0 0 0 0 0 0 0 0 0 0 0 0 0 0 1 1 1 1 1 1 1 1 1 1
    1 1 0 0 0 0 0 0 0 0;
    0 0 0 0 0 0 0 0 0 0 0 0 0 0 0 0 0 0 0 0 0 0 0 0 0 0 0 0 0 0
    0 0 1 1 1 1 1 1 1 1];
A3=A2.*(-1);
A=[A1;A2;A3];
```

%平均消费额上界的计算,数据来源于调查问卷
```
MAX=2060*100+2629*200+4668*300+983*400+157*500+103*600;
aMAX=MAX/10600;
peoplecount=200000;
```

```
gamma=0.75*0.7;
totalMax=peoplecount*aMAX*gamma;

%流量百分比
pa=[0.0749;0.0438;0.0480;0.0521;0.0563;0.1124;0.0563;0.0521;0
    .0480;0.0438];
pb=[0.0420;0.0378;0.0629;0.0378;0.0420;0.0869];
pc=[0.0193;0.0208;0.0193;0.0437];
p=[pa;pb;pc];

b1=(-totalMax).*p;
b2=[200;120;80;-30;-18;-12];
    b=[b1;b2];

lb=ones(40,1).*2;ub=ones(40,1).*25;

f=zeros(40,1);
for i=1:20
    f(2*i-1)=C1;
    f(2*i)=C2;
end
[X,fval]=linprog(f,A,b,[],[],lb,ub)
```

参 考 文 献

姜启源，谢金星，叶俊. 2003. 数学模型. 第3版. 北京：高等教育出版社.

姜启源，谢金星，叶俊. 2011. 数学模型. 第4版. 北京：高等教育出版社.

赵静，但琦. 2008. 数学建模与数学实验. 第3版. 北京：高等教育出版社.

刘来福，黄海洋，曾文艺. 2009. 数学模型与数学建模. 北京：北京师范大学出版社.

白其峥. 2000. 数学建模案例分析. 北京：海洋出版社.

杨威，高淑萍，陈怀琛. 2009. 线性代数机算与应用指导. 西安：西安电子科技大学出版社.

陈怀琛，高淑萍，杨威. 2007. 工程线性代数（MATLAB版）. 北京：电子工业出版社.

Lay David C. 2007. 线性代数及其应用. 第3版. 沈复兴，傅莺莺，等译. 北京：人民邮电出版社.

张小向，陈建龙. 2008. 线性代数学习指导. 北京：科学出版社.

张运杰. 2005. 数学建模讲义. 大连：大连海事大学出版社.

Giordano F. R, Fox W. P, Horton S. B. 2009. 数学建模. 第4版. 叶其孝，姜启源译. 北京：机械工业出版社.

Lucas W. F. 1988. 微分方程模型（应用数学模型丛书第1卷）. 朱煜民，等译. 北京：国防科技大学出版社.

Lucas W. F. 1996. 离散与系统模型（应用数学模型丛书第3卷）. 成礼智，等译. 北京：国防科技大学出版社.

徐全智，杨晋浩. 2008. 数学建模. 第2版. 北京：高等教育出版社.

韩中庚. 2009. 数学建模方法及其应用. 第2版. 北京：高等教育出版社.

杨启帆，边馥萍. 1990. 数学建模. 杭州：浙江大学出版社.

任善强，雷鸣. 2006. 数学模型. 第2版. 重庆：重庆大学出版社.

姜启源，谢金星. 2006. 数学建模案例选集. 北京：高等教育出版社.

戴明强，李卫军，杨鹏飞. 2007. 数学模型及其应用. 北京：科学出版社.

杨启帆，方道元. 1999. 数学建模. 杭州：浙江大学出版社.

朱德通. 2004. 最优化模型与实验. 上海：同济大学出版社.

薛毅. 2011. 数学建模基础. 第2版. 北京：科学出版社.

陈汝栋，于延荣. 2009. 数学模型与数学建模. 第2版. 北京：国防工业出版社.

徐裕生，张海英. 2006. 运筹学. 北京：北京大学出版社.

黄桐城，王金桃. 2010. 运筹学基础教程. 第2版. 上海：格致出版社，上海人民出版社.

Duane Hanselman，Bruce Littlefield. 2006. 精通MATLAB 7. 朱仁峰译. 北京：清华大学出版社.

谢云荪，张志让. 1999. 数学实验. 北京：科学出版社.

胡良剑，孙晓君. 2006. MATLAB数学实验. 北京：高等教育出版社.

万福永，戴浩晖，潘建瑜. 2006. 数学实验教程（MATLAB版）. 北京：科学出版社.

焦光虹，等. 2006. 数学实验. 北京：科学出版社.

张国权. 2008. 数学实验. 北京：科学出版社.

张志涌，杨祖樱. 2006. MATLAB教程. 北京：北京航空航天大学出版社.

王兵团. 2006. 数学实验基础（修订本）. 北京：北方交通大学出版社.

李辉来，刘明姬，等. 2007. 数学实验. 北京：高等教育出版社.

王正盛. 2005. MATLAB数学工具软件实例简明教程. 南京：南京航空航天大学出版社.

周义仓，赫孝良. 2007. 数学建模实验. 第2版. 西安：西安交通大学出版社.

李尚志，陈发来，等. 2010. 数学实验. 第2版. 北京：高等教育出版社.